U0156623

中国航天科技前沿出版工程·中国航天空间信息技术系列

Stastical Signal Processing for
Deep Space Radiometric Navigation

深空探测无线电地基导航的统计信号处理方法

郝万宏 潘程吉 著

清华大学出版社
北 京

内 容 简 介

本书以我国深空测控网系统设计与建设为背景,从经典的统计信号处理原理出发,较为全面地分析、梳理和总结了深空探测无线电地基跟踪测量的信号处理理论与方法,以及深空再生伪码测距的捕获、跟踪测量模型与性能分析,并给出了多种实用信号处理算法。本书以解决工程中的实际问题为目标,力求从基本的数学模型出发,提出具体处理算法,并利用我国"嫦娥"任务的实际飞行原始数据进行了验证。

本书主要面向深空探测无线电信号处理领域的工程技术、科学研究及教学人员,对于对无线电跟踪测量信号处理方向感兴趣的读者也具有一定的参考价值。

图书在版编目(CIP)数据

深空探测无线电地基导航的统计信号处理方法/郝万宏,潘程吉著.—北京:清华大学出版社,2020.10
　(中国航天科技前沿出版工程.中国航天空间信息技术系列)
　ISBN 978-7-302-56642-7

Ⅰ.①深… Ⅱ.①郝… ②潘… Ⅲ.①空间探测－无线电导航－统计信号－信号处理 Ⅳ.①V1

中国版本图书馆 CIP 数据核字(2020)第 194268 号

责任编辑:戚　亚
封面设计:傅瑞学
责任校对:王淑云
责任印制:丛怀宇

出版发行:清华大学出版社
　　　　　网　　　址:http://www.tup.com.cn,http://www.wqbook.com
　　　　　地　　　址:北京清华大学学研大厦 A 座　邮　　编:100084
　　　　　社 总 机:010-62770175　　　　　　　邮　　购:010-62786544
　　　　　投稿与读者服务:010-62776969,c-service@tup.tsinghua.edu.cn
　　　　　质量反馈:010-62772015,zhiliang@tup.tsinghua.edu.cn
印 刷 者:三河市铭诚印务有限公司
装 订 者:三河市启晨纸制品加工有限公司
经　销:全国新华书店
开　本:153mm×235mm　　**印　张:**21.25　　**字　数:**369 千字
版　次:2020 年 10 月第 1 版　　　　　　**印　次:**2020 年 10 月第 1 次印刷
定　价:129.00 元

产品编号:086076-01

"中国航天空间信息技术系列"序

自古以来,仰望星空,探索浩瀚宇宙,就是人类不懈追求的梦想。从1957年10月4日苏联发射第一颗人造地球卫星以来,航天技术已成为世界各主要大国竞相发展的尖端技术之一。当前,航天技术的应用已经渗透到生活的方方面面,并成为国家科技、经济领域的重要增长点和保障国家安全的重要力量。

中国航天通过"两弹一星"、载人航天和探月工程三大里程碑式的跨越,已跻身于世界航天先进行列,航天技术也成为中国现代高科技领域的代表。航天技术的进步始终离不开信息技术发展的支撑,两大技术领域的交叉融合形成了空间信息技术,包括对空间和从空间的信息感知、获取、传输、处理、应用以及管理、安全等技术。在空间系统中,以测量、通信、遥测、遥控、信息处理任务为代表的导弹航天测控系统,以空间目标探测、识别、编目管理任务为代表的空间态势感知系统,都是典型的空间信息系统。随着现代电子和信息技术的快速发展,大量的技术成果被应用到空间信息系统中,成为航天系统效能发挥的倍增器。同时,航天任务和工程的实施又为空间信息技术的发展提供了源源不断的牵引和动力,并不断凝结出一系列新的成果和经验。

习近平总书记指出,到2020年要使我国进入创新型国家行列。在空间领域,我国陆续实施的载人空间站、探月工程三期、二代导航二期、火星探测等航天工程将为引领和推动创新提供广阔的平台。其中,以空间信息技术为代表的创新和应用面临着众多新挑战。这些挑战既有认识层面上的,也有理论、技术和工程实践层面上的。如何解放思想,在先进理念和思维的牵引下,取得理论、技术以及工程实践上的突破,是我国相关领域科研、管理及工程技术人员必须思考和面对的问题。

北京跟踪与通信技术研究所作为直接参与国家重大航天工程的总体单位,主要承担着航天测控、导航通信、目标探测、空间操作等领域的总体规划与设计工作,长期致力于推动空间信息技术的研究、应用和发展。为传播知识、培养人才、推动创新,北京跟踪与通信技术研究所精心策划并组织一线科技人员总结相关理论成果、技术创新及工程实践经验,开展了"中国航天空间信息技术系列"丛书的编著工作。希望这套丛书的出版能够为我国空间信息技术领域的广大科技工作者和工程技术人员提供有益的帮助与借鉴。

沈荣骏

2016年 9月10日

前言

　　浩瀚星空，茫茫宇宙，充满了未知与挑战。人类对未知世界的探索从未止步，从陆地到海洋，从地球到太空，未来必将走向更遥远的星球，不断扩展认知边界，推动文明发展。同时，航天梦也是中国梦的重要组成部分，习近平同志曾指出："探索浩瀚宇宙，发展航天事业，建设航天强国，是我们不懈追求的航天梦"。深空探测是航天领域未来发展的重点，能够帮助人类研究太阳系及宇宙的起源、演变和现状，认识空间现象和地球自然系统之间的联系。无线电跟踪测量是深空科学探测的重要基础，一方面为深空探测器提供遥控、遥测和测量的基础保障，另一方面为信号传输时延、多普勒等的高精度测量，星体运动规律、内部构造及固体潮等自然现象的研究提供科学数据支撑。

　　本书以我国深空测控网系统设计与建设为背景，从统计信号处理原理出发，较为全面地分析、梳理和总结了深空探测地基无线电跟踪测量信号处理的理论与方法，具体包括：无线电跟踪测量的基本数学模型，主要测量体制的信号调制模型，深空探测载波多普勒及其变化率，到达时延（time difference of arrival，TDOA）测量的最优估计模型，以及深空再生伪码测距的捕获、跟踪测量模型，并开展了性能分析，在此基础上给出了负反馈跟踪环路、序贯立方相位函数及用于 TDOA 测量的载波辅助等多种实用算法，最后结合"嫦娥"任务的实际跟踪测量结果及对未来深空多目标联合测量的初步体制设计，介绍了我国在月球和深空探测无线电跟踪测量领域取得的最新技术成果。

　　本书主要面向深空探测无线电信号处理领域的工程技术、科学研究及教学人员，对于开展深空探测无线电测量通信系统总体设计及相关技术的研究具有一定的参考价值和借鉴意义。

　　本书共 7 章，其中第 1,5,6 章内容主要由郝万宏完成，第 7 章内容主要由潘程吉完成，第 2,3,4 章内容由两人共同完成。本书在编写和出版过程中得到了北京跟踪与通信技术研究所董光亮所长、李海涛研究员，清华大学陆明泉教授，罗马大学 Luciano Iess 教授的大力支持和帮助，在此表示衷心感谢。

作　者

2020 年 3 月 28 日

主要符号对照表

CAF   互模糊函数(cross ambiguity function)

CCSDS   空间数据咨询委员会(The Consultative Committee for Space Data Systems)

CEI   短基线干涉测量(connected element interferometry)

CICPF   相干积分立方相位函数(coherently integrated cubic phase function)

CNR   载噪谱密度比(carrier power to noise power density ratio)

CPF   立方相位函数(cubic phase function)

CRLB   克拉美罗界(Cramer-Rao lower bound)

ΔDOR   相对差分单向测距(delta-differential one-way ranging)

DOR   差分单向测距(differential one-way ranging)

DPD   直接定位(direct position determination)

EDL   进入、下降和着陆(entry,descent and landing)

ESA   欧洲航天局(European Space Agency)

FFT   快速傅里叶变换(fast Fourier transform)

GNSS   全球导航卫星系统(global navigation satellite system)

HAF   高阶模糊函数(high-order ambiguity function)

ICPF   积分立方相位函数(integrated cubic phase function)

IGAF   广义积分模糊函数(integrated generalized ambiguity function)

IIT   脉冲不变变换(impulse invariance transformation)

ISECG   国际空间探索协调组(International Space Exploration Coordination Group)

JPL   喷气推进实验室(Jet Propulsion Laboratory)

MLE   极大似然估计(maximum likelihood estimator)

MSE   均方误差(mean squared error)

NARO   美国国家射电天文台(National Radio Astronomy Observatory)

NASA   美国国家航空航天局(National Aeronautics and Space Administration)

NCO   数字控制振荡器(numerically controlled oscillator)

PCPF   乘积立方相位函数(product cubic phase function)

PDF 概率密度函数(probability density function)

PDI 预检测积分(pre-detection integration)

PHAF 乘积高阶模糊函数(product high-order ambiguity function)

PPS 多项式相位信号(polynomial phase signal)

PRI 相位参考干涉测量(phase referencing interferometry)

PWVD 多项式维纳-维利分布(polynomial Wigner-Ville distribution)

RCRLB 克拉美罗界方差平方根(root of Cramer-Rao lower bound)

RMSE 均方根误差(root of mean squared error)

SBI 同波束干涉测量(same-beam interferometry)

TDOA 到达时延(time difference of arrival)

TOA 到达时间(time of arrival)

TT&C 跟踪遥测与遥控(tracking, telemetry and command)

USB 统一 S 频段测控通信系统(unified S-band telecommunication system)

VCO 电压控制振荡器(voltage-controlled oscillator)

VLBI 甚长基线干涉测量(very long baseline interferometry)

目录

第1章

绪论

1.1 引言

深空探测是人类了解地球、太阳系和宇宙,进而考察、勘探和定居太阳系内其他天体的第一步,能够帮助人类研究太阳系及宇宙的起源、演变和现状,认识空间现象和地球自然系统之间的联系。从 1958 年 8 月 17 日美国发射第一颗月球探测器"先驱者 0 号"开始,人类迈向太阳系的深空探测活动已有 60 多年的历史。在经历长达 35 年的太空飞行之后,美国"旅行者 1 号"探测器于 2012 年到达了太阳系的边界区域,标志着人类探索太空的能力达到了一个全新的高度。由美国国家航空航天局(National Aeronautics and Space Administration,NASA)、欧洲航天局(European Space Agency,ESA)等全球主要航天机构组成的国际空间探索协调组(International Space Exploration Coordination Group,ISECG)于 2013 年正式发布了全球空间探索路线图和任务规划,确立了"寻找生命""拓展人类生存边界""开发新探索技术与能力"等八大任务,将 2030 年前后可持续的载人火星探测作为规划的阶段性终极目标[1]。随着深空探测活动的不断深入,可以预期在不久的将来深空探测必将成为继 15 世纪哥伦布发现美洲大陆之后又一个对人类发展历程产生重要影响的探索实践。

测控系统在深空探测中承担着天-地通信、测量导航和任务操作的重要使命,是深空探测工程体系内不可或缺的重要组成部分,其主要职能是对探测器进行状态监视、轨道测量、飞行控制、在轨管理和应急处置,在深空探测任务中发挥着至关重要的作用[2]。由于深空探测任务受到严格的时间和空间约束,为了最大限度地满足对探测器各种关键事件的测控通信保障,深空测控网的最优布局是在全球经度上每相隔 120°布设 1 个深空站(DSS),以实现尽可能高的测控覆盖率,完成探测器与地面之间所有数据信息的通信传输及对探测器的高精度测量导航[3]。目前,美国、欧洲和俄罗斯均已建立了深空测控网,主要用于支持月球、火星和太阳系内其他天体的探测活动[4]。

随着未来我国"嫦娥五号"任务的实施,我国探月工程"绕、落、回"三步走的战略目标即将完成。2016 年公布的《"十三五"国家科技创新规划》中明确将深空探测作为"科技创新 2030-重大项目"[5],未来我国将陆续开展首次火星"绕、着、巡",月球极区和小行星探测,火星取样返回和对木星系的探测活动,我国的深空探测活动也将进入一个新的历史时期。为满足我国深空探测任务的需要,通过探月工程任务的实施,我国陆续建成了喀什 35m 深空站、佳木斯 66m 深空站及位于南美洲的 35m 深空站,拥有了较为完善的深空测控能力,对月球和深空航天器的测控覆盖率已达到90%以上[2]。

从探测器由地面发射起飞的时刻开始,探测器与地面间的唯一联系便是测控系统,具体包括遥测、遥控和测量跟踪。遥测是指将探测器上的数据通过下行通信链路返回地球,这些数据包括反映探测器自身平台状态参数的工程数据、图像数据和有效载荷采集的科学数据;遥控是指地面将数据指令通过上行链路注入探测器,这些指令用以实现对探测器的控制,包括变轨机动、姿态指向机动和其他机动动作;测量跟踪是指通过对星地通信链路信号传输时延、多普勒变化等信道参数的测量确定探测器的位置、速度等飞行状态信息[6]。载波多普勒和到达时延(time difference of arrival, TDOA)是深空任务无线电测控通信中的基本信道参数,而在深空遥远距离上对高动态飞行的探测器实现载波多普勒和 TDOA 的精确测量是深空无线电跟踪测量的关键技术。载波多普勒不仅包含探测器的飞行动态信息,还是实现星-地信号同步、完成遥测和遥控信息解调并开展深空无线电科学研究的基础;而 TDOA 测量在实现深空数亿公里距离上探测器精确轨道、弹道和位置的确定和导航方面发挥着关键作用,同时也是深空通信天线组阵技术中实现信号分集接收、相干合成的重要信道参数。

本书以我国深空测控网系统设计与建设为背景,从统计信号处理原理出发,较为全面地分析、梳理和总结了深空探测地基无线电跟踪测量信号处理的理论与方法,主要包括以下内容:较为完整地梳理和总结了深空探测地基无线电跟踪测量的基本数学模型、主要测量体制的信号调制模型;基于统计信号处理的理论与方法,总结概括了载波多普勒及其变化率、测距和 TDOA 测量的最优估计模型,并分析了性能影响因素,在此基础上给出了负反馈跟踪环路、序贯立方相位函数及用于 TDOA 的载波辅助等多种实用算法,并介绍了相关领域的最新进展;最后,结合"嫦娥"任务的实际跟踪测量结果和对未来深空多目标联合测量的初步体制设计,介绍了我国在月球和深空探测无线电跟踪测量领域取得的最新技术成果。

1.2 研究现状

1.2.1 相关领域的研究进展

下面首先介绍在无线电导航通信等相关领域,TDOA 测量技术和载波估计技术的研究现状与进展。

1. TDOA 测量技术

TDOA 测量技术由于只需利用传感器接收目标发出的信号即可实现对目标的定位,在导航定位领域有着广泛的用途,包括对水下目标的定位[7-8]、对飞机等合作目标的导航[9-10]、基于雷达的目标探测[11-12]、卫星导航[13-14]和无线传感器网络[15-16]。下面从 TDOA 测量技术的信号模型、信号处理方法、观测数据处理方法及近些年发展较快的直接定位理论等几个方面介绍 TDOA 领域的研究进展。

在 TDOA 测量信号建模方面,由于早期的 TDOA 测量技术主要用于声纳对水下目标的定位,对其信号测量模型的研究也主要围绕这一类目标开展。基于马达机械振动信号在水中的传播特性,通常将水下目标发出的信号建模为广义宽平稳(或高斯)信号,并据此提出了估计器模型及其克拉美罗下界(Cramer-Rao lower bound,CRLB)[17-18]。虽然 TDOA 技术的应用已拓展到无线电导航定位领域,但对该场景下信号模型的严谨讨论并不多。文献[19]指出将通信和雷达传输的信号建模为确定性信号将比随机信号模型更为恰当。文献[20]明确指出了确定性信号和广义宽平稳信号间的差异对于 TDOA 估计器模型和 CRLB 的显著影响,并以调频信号为例作了具体分析。文献[21]进一步指出当信道存在非理想特性时,文献[20]给出的确定性信号时延估计的 CRLB 过于松弛,因此该文献给出了依赖于信号特征的 CRLB 并进行了仿真验证。

在 TDOA 测量信号的处理方面,TDOA 测量中的信号源可分为高斯/广义宽平稳信号、已知确定性信号和未知确定性信号,不同的信号特性对应不同的 TDOA 估计方法。当信号具有高斯/广义宽平稳特性时,基于互模糊函数(cross ambiguity function,CAF)计算两个传感器接收信号的二维(时间差-频率差)相关矩阵是最优的估计方法[22]。文献[23]给出了通过快速傅里叶变换(fast Fourier transform,FFT)或抽取的方法实现 CAF 高效计算的方法。文献[24]在传感器噪声均为高斯分布的前提下提出利用高阶统计方法计算 CAF,进而降低了热噪声互相关运算带来的不利影响。为了克服信号动态过大带来的 CAF 性能恶化问题,文献[25]提出了三种对短时 CAF 求和的方法,以提高 CAF 时延估计的性能。在电子战场景下,待估计 TDOA 信号的带宽很宽,传感器采集和回传的数据量急剧增大,为准确计算 CAF 并估计 TDOA 带来了计算上的困难。文献[26]提出了基于粗估计和精估计的两步法,用于降低宽带信号计算 CAF 的运算量。为了进一步降低两步法估计 TDOA 的计算量,文献[27]提出将插值方法引入粗估计并给出了对于给定的数据,实现最小计算量所对应的插值因子计算方法。此外,文献[28]在传感器的噪声功率谱已知且互不相关的前提下提出了基于互相关器的矢量时延估计器,并且估计了所有 $M(M-1)/2$ 个传感器组合间的 TDOA(假设传感器个数为 M),而不是估计 $(M-1)$ 个 TDOA,然后将 $M(M-1)/2$ 个时延估值通过高斯-马尔可夫滤波得出期望的 $(M-1)$ 个时延估值,并且证明了这种方法更趋近于 CRLB。当信号确定已知时,对 TDOA 的估计可以退化为对到达时间(time of arrival,TOA)时延的估计。对 TOA 时延进行估计的经典处理方法是匹配滤波,当信号特征为正弦信号时,文献[29]~文献[32]分别提出了基于 MUSIC、线性预测和极大似然估计提高时延分辨率的估计方法。当信号特征为伪随机(PN)码时,文献[33]提出了基于相关矩阵特征值分解提高时延分辨率的估计方法。对于无线传感器网络,当信号形式已知而信号发射时间未知时,文献[34]和文献[35]则利用半定规划直接处理 TOA 原始观测量获取对目标位置的估计,避免了将 TOA 观测量差分转换为 TDOA 观测量带来的噪声放大问题。当信号为未知的确定性信号时,文献[19]指出对信号自身的估计可改进 TDOA 估计的性能,但仍认为时延的极大似然估计是两个传感器接收信号间的互相关。而文献[20]从原理上指出了这一情形下 TDOA 的极大似然估计器中包含对信号本身的估计,而不再是简单地利用互模糊函数找出最大相关峰值估计 TDOA。

在 TDOA 测量的观测量数据处理方面,基于 TDOA 双曲线定位的特性,在二维平面内需要 3 个传感器接收信号源的信号以判断交汇点和估计信号源的空间位置,因此由 TDOA 观测量估计信号源位置是一个非线性问题。文献[35]将待估计的信号源位置做泰勒级数展开,进而提出了线性最小二乘估计器,但这一类估计方法对初始条件的选择有一定要求[36-37]。另一部分学者试图对这一问题提出闭式解,其基本思想是通过引入中间量对非线性的观测方程进行线性化并利用两次估计来求得信号源的最终估计值,这种方法被证明是渐进有效的[38-39]。文献[40]给出了一类特殊场景下 TDOA 定位的闭式解,该方法也具有较好的性能。对于利用 TDOA 进行定位的加权问题,文献[41]基于利用似然函数的曲率计算权值的方法提出了加权最小二乘定位估计方法,该方法在低信噪比环境下表现出了较优异的性能。

文献[42]从理论上给出了 TOA 和 TDOA 的等价性,并认为从性能而言两种技术并无本质差异。文献[43]首次提出了无线电导航定位领域中的直接定位(direct position determination,DPD)概念,并指出其先进性在于该模型注意到 TOA/TDOA 测量中信号均来自于同一信号源,而无论是 TOA 测量还是 TDOA 测量,各传感器在进行信号同步和参数估计时并未考虑到这一先验信息,因此 TOA 测量和 TDOA 测量均不是最优的,并给出了窄带信号和宽带信号的 DPD 模型,分析了其性能[44-45]。文献[46]对 DPD 的理论性能进行了更为严谨的讨论和分析,分别给出了信号未知、发射时间未知和信号已知、发射时间未知两种典型情况下的 DPD 估计器及其 CRLB。文献[47]~文献[49]则给出了卫星导航定位领域对 DPD 估计器的研究成果,其结果表明 DPD 相对于传统的两步法(接收机先捕获跟踪卫星信号、提取时延和多普勒,再确定接收机的空间位置),在多径和低信噪比条件下具有更好的定位性能。此外,文献[50]和文献[51]还分别报道了 DPD 方法在相干脉冲雷达和可见光定位领域中应用的性能分析。

2. 载波估计技术

从无线通信和导航系统诞生以来,载波同步和载波估计在同步收发信机之间的信号频率与相位、解调传输信息和测量收发信机间的距离方面一直发挥着至关重要的作用。20 世纪 70 年代,集成电路技术的发展带动了锁相环由纯模拟电路向模拟/数字混合电路和纯数字电路的发展,文献[52]对早期纯数字电路锁相环的性能进行了较为完整的分析与总结。随着移动通信技术和民用卫星导航技术的发展,消费类电子产品对可靠性和功耗的苛刻要求促使学界和产业界对数字锁相环技术开展了更为深入和广泛的讨论,在高动态、低信噪比场景下,为实现可靠的载波相位跟踪提出了对锁相环中各个环节进行改进的载波同步方法。下面对这些方法的基本思想和主要特点进行总结归纳。

锁相环的基本工作流程如图 1.1 所示。其基本工作原理是输入的原始信号首先与本地重建信号进行相关运算并积分,将该积分结果送入鉴别器得出本地信号与输入信号间的相位差,该相位差经过环路滤波后生成对数字控制振荡器(numerically controlled oscillator, NCO)的控制信号并对 NCO 中的相位模型进行更新,以产生下一个环路计算周期的本地重建信号[53]。锁相环环路设计的主要困难是在高动态、低信噪比场景下,环路参数设计面临着两难的选择:根据环路跟踪特性,一方面需要环路具有较宽的跟踪带宽以适应信号的高动态特性,另一方面又要求尽可能延长环路积分时间以减小热噪声带来的随机相位抖动[54]。因此设计具有大时间带宽积的环路是锁相环领域的研究热点。为改善环路跟踪特性,对锁相环的改进可简要归纳为三类:对环路滤波器的改进、对 NCO 建模的改进和对鉴别器的改进。

数字环路滤波器设计的核心是计算滤波器系数,以达到期望的滤波器性能。早期的滤波器设计方法借助于 Z 变换,直接将模拟环路滤波器的设

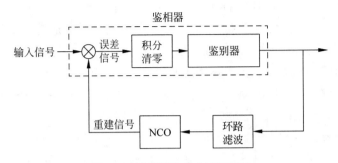

图 1.1　锁相环的基本工作流程

计公式变换为数字域滤波器系数的计算公式[55],该设计方法的局限性是当环路噪声带宽与环路积分时间同时增大时,会导致数字域滤波器系数对应的滤波器性能明显偏离模拟滤波器的性能,甚至会使环路失去稳定性[56]。为解决这一困难,美国加州理工大学喷气推进实验室(Jet Propulsion Laboratory,JPL)的学者分别提出了基于衰减记忆滤波[57]和基于经典控制论[58]的滤波器设计方法,但未达到优于 Z 变换滤波器设计的性能。直至 JPL 的学者重新认识了 Gupta 提出的在锁相环环路滤波器设计中应用维纳滤波理论的价值[59],才提出了一种有效的设计方法[60]。Kazemi 对这一方法进行了复现并拓展至卫星导航接收机的载波环路设计中[56]。随后,有 JPL 的学者重新由经典控制论入手,提出了基于极点配置法设计数字环路滤波器系数的方法,环路的带宽时间积最大可达到 5,有效避免了将模拟环路设计结果经 Z 变换导出数字滤波器系数这一方法的内在局限性[61-62]。改善数字滤波器性能的另一思路是动态地调整环路滤波器系数,以适应输入信号的时变特性,这一类方法的典型代表是:①快变自适应带宽技术[63],即将鉴别器的输出与预设值比较并估计真实的信号接收功率以动态调整带宽的最优值;②带宽的模糊控制技术[64],即利用信号动态的先验信息对模糊控制策略进行训练,这类技术在一些场景下展现了较好的性能。

　　NCO 的建模在分析环路动态特性方面也发挥着重要的作用,不恰当的建模方法会得出与环路客观特性不符的结论和环路性能。虽然在模拟环路中,NCO 的模拟形式电压控制振荡器(voltage-controlled oscillator,VCO)仅仅是积分器,但是数字环路固有的延迟特性使 NCO 的模型表现得更为复杂,具体表现为两个方面:一个是 NCO 模型的阶数;另一个是环路滤波器给 NCO 的反馈量形式。Lindsey 等学者认为将 NCO 建模为 $T/(z-1)$ 已足够精确[52,65-66]，但 JPL 的学者早在 1984 年给出的分析中就表明当环路积分时间为 T 时，数字锁相环存在一个由输入信号与本地信号相乘开始至 NCO 完成更新为止时长为 T 的天然延迟，并且给出了适用于长时间环路积分的 NCO 模型[55]。关于环路滤波器给 NCO 的反馈量形式，Thomas 提出一种能够提高环路的动态响应特性同时反馈相位和相位变化率的跟踪策略[67]，Kazemi 给出了这种反馈形式的 NCO 模型[56]。

　　针对鉴别器的改进主要体现在两个方面：一是积分时间；二是鉴别器类型。文献[68]已指出延长预检测积分(pre-detection integration，PDI)时间有助于提高检测信噪比，降低环路失锁风险。但是由于存在残余信号动态，过长的积分时间会导致相干性损失并引起相位模糊[69]。如果将鉴别器类型由鉴相器替换为鉴频器，由于频率误差数值通常远小于相位误差数值，预检测积分时间可有效延长，锁频环更有利于跟踪高动态信号[70-71]。但是，基于鉴频器直接将原始信号样本相乘的运算方式会天然地引入热噪声乘积项带来的平方损失，虽然在相同信号动态条件下锁频环的跟踪门限略低于锁频环，但在同样的信噪谱密度比条件下，锁相环的跟踪误差约为锁频环的 1/3[72]。为了同时利用锁频环的低门限特性和锁相环的高精度特性，有学者提出了锁频环辅助锁相跟踪的复合环路，并具体分为并联模式[73]和序贯模式[74]。表 1.1 给出了各类鉴相器和鉴频器的计算形式。

表 1.1　各类鉴相器和鉴频器的计算形式

类　型	名　称	计　算　形　式
相干鉴相器	归一化 Q 鉴相器	$\dfrac{Q_k}{\text{Ave}(\sqrt{I_k^2 + Q_k^2})}$
相干鉴相器	四象限正切鉴相器	$\text{arccot2}(Q_k, I_k)$
非相干鉴相器	Costas 鉴相器	$Q_k \cdot I_k$
非相干鉴相器	直接判定鉴相器	$Q_k \cdot \text{sign}(I_k)$
非相干鉴相器	二象限正切鉴相器	$\text{arccot}(Q_k, I_k)$
非相干鉴相器	直接判定四象限正切鉴相器	$\text{arccot2}(Q_k \cdot \text{sign}(I_k), I_k \cdot \text{sign}(I_k))$
鉴频器	叉乘鉴频器	$Q_k I_{k-1} + I_k Q_{k-1}$
鉴频器	直接判定叉乘鉴频器	$(Q_k I_{k-1} + I_k Q_{k-1}) \times (I_k I_{k-1} + Q_k Q_{k-1})$
鉴频器	四象限正切鉴频器	$\text{arccot2}(I_k I_{k-1} + Q_k Q_{k-1}, Q_k I_{k-1} + I_k Q_{k-1})$

注：Q_k 和 I_k 分别为图 1.1 中积分清零滤波器输出的正交和同相分量。

文献[75]和文献[76]分别证明了二阶锁相环、三阶锁相环与相应的卡尔曼滤波模型的等价性。从最优状态估计的角度而言,在加性高斯白噪声的影响下,卡尔曼滤波通过动态地调整滤波器使恢复的信号波形与输入信号波形的均方误差最小[77]。由于每一次估计迭代计算均会更新卡尔曼增益系数,相当于每一次估计中都使环路跟踪带宽设置为最优值,因此可变噪声带宽的锁相环可以视为卡尔曼滤波的一种特殊实现形式。基于这些原因,全球导航卫星系统(global navigation satellite system,GNSS)和移动通信领域的学者已将载波同步算法拓展到对扩展卡尔曼滤波(extended Kalman filter,EKF)[72,78-80]和无迹卡尔曼滤波(unscented Kalman filter,UKF)[81]等算法的研究中,并在一些场景下展现了较好的性能。

相比于锁相/频环和卡尔曼滤波等需要闭环反馈的序贯估计方法,基于批处理的开环估计方法具有不可替代的应用特性,尤其是对于载波信号的可靠跟踪。文献[82]重点分析比较了 GNSS 接收机中应用开环批处理估计方法和闭环序贯处理估计方法的差异,并指出开环批处理估计方法的三个优势:更加直观的信号特征显示(如信号的时频二维分布)、易于并行处理计算和跟踪性能的鲁棒性。最经典的开环估计方法莫过于极大似然估计[83],对于高动态载波信号的估计,该方法的主要问题是多维搜索带来的计算复杂度提高和局部极小导致的收敛性问题。为解决计算复杂度的问题,学界分别提出了基于傅里叶系数插值的方法[84]和基于加权相位平均的估计方法[85-86],但这些方法很难保证估计的渐进性能。对于受加性高斯噪声污染且频率不变的正弦信号,由于其天然地满足 ARMA(2,2)模型,Quinn 等学者提出了一类基于陷波滤波器的频率估计方法[87],并且在低信噪比下展现了较好的估计性能。由于该 ARMA 模型未考虑正弦信号的动态,目前仍未看到基于该方法对高动态正弦信号参数进行估计的研究报道。Boashash 将高动态载波信号的估计问题看作对信号瞬时频率参数的估计问题,并对一些频率估计器的性能进行了分析和比较,发现一类用于表示信号时频特征的方法对于估计瞬时频率变化率具有较好的渐进特性,达到了与极大似然估计相当的性能[88-89]。

上述基于闭环跟踪和开环估计的载波同步方法均是在载波信号受到加性高斯白噪声污染的前提下导出的统计意义上最优的估计器。当实际的载波信号受到信道非线性的严重影响、对载波信号的原始测量值具有相关性或噪声具有非高斯特性时,这些估计器的最优性难以保证。为此,有学者把研究目光转向了非线性滤波、自适应滤波和压缩感知等信号处理与参数估计的前沿领域。粒子滤波算法由于采用了对待估计参数状态空间的采样值,避免了 EKF 算法中动力学模型近似带来的问题,这在仿真环境[90]和实际的场景[91]中被证明是有效的。基于有限脉冲响应(finite impulse response,FIR)滤波器的自适应线性预测模型的基本思想是通过对输入信号样本进行处理找到一组最优的滤波器系数以使输入信号与本地模型信号的均方误差最小。虽然该算法的渐进性能不理想并限制了其在常规场景下的应用,但其良好的估计鲁棒性和自学习特性使其在非平稳低信噪比场景下显示出优势[92]。目前已有 JPL 的学者在 2010 年发布了基于该算法对火星进入、下降和着陆(entry,descent and landing,EDL)开展的载波频率自适应估计仿真研究[93],但目前尚未看到 JPL 的学者利用该算法对 2012 年美国"好奇号"探测器 EDL 载波原始数据进行处理的报道。Schnelle 等人给出了一种在稀疏采样条件下对载波信号进行锁相跟踪的处理方法,该算法有利于进一步降低参数估计的计算量并可用于实时的载波同步[94]。

　　时频方法在估计载波瞬时频率方面表现出的良好特性,激发了学界对更一般的时频方法的研究。载波在高动态场景下可建模为一类多项式相位信号(polynomial phase signal,PPS)。早期对 PPS 参数的估计方法主要有高阶模糊函数(high-order ambiguity function,HAF)[95]和乘积高阶模糊函数(product high-order ambiguity function,PHAF)[96]。HAF 通过对原始信号样本进行逐级对折相乘的方式降低信号阶数直至可以基于一维搜索估计信号的参数,其主要问题是信号样本自乘增大了噪声的影响,提高了估计门限和估计的均方误差。PHAF 在一定程度上减小了信号样本自乘带来的负面影响。虽然有学者提出了广义积分模糊函数(integrated generalized ambiguity function,IGAF)的估计模型,但由于计算复杂度过高而限制了其在低阶 PPS 参数估计的应用[97]。对于三阶 PPS 的参数估计,O'Shea 提出了立方相位函数(cubic phase function,CPF)的估计模型[98],为学界将研究目光由瞬时频率估计转向瞬时频率变化率估计进而为实现低阶 PPS 的参数估计提出了潜在的解决方法。与 Wigner 分布等时频方法不同,CPF 将信号变换至时间-瞬时频率变化率的二维域中,它提供了关于信号瞬时频率变化率随时间变化的信息。CPF 的简洁性及其对于信号动态估计的有效性激发了学界对 CPF 特性及其拓展应用的研究。Wang 等人基于 CPF 提出了一般的高阶相位模型,相比于 HAF 和多项式维纳-维利分布(polynomial Wigner-Ville distribution,PWVD)具有更低的估计门限[99]。Djurovic 等人提出的 CPF-HAF 混合估计器对 10 阶 PPS 实现了相比于 HAF 更低的估计门限[100]。基于 CPF 非均匀采样的计算特性,CPF 的计算不能采用估计信号频率进行快速傅里叶变换,文献[101]和文献[102]对这一问题进行了讨论。当利用 CPF 模型估计稀疏采样的信号时,由于 CPF 需要样本自乘消除频率项,而稀疏采样本身并不能保证采样样本的对称性,文献[103]和文献[104]分别提出了对信号样本变换后的频域表示进行插值和对样本自相关函数进行插值的方法以估计缺失的信号样本,进而抵消频率。CPF 的另一局限性是信号自乘带来的平方损失和同时估计多个信号分量带来的交叉乘积伪信号问题。为了克服交叉乘积伪信号问题,文献[105]和文献[106]分别提出了乘积立方相位函数(product cubic phase function,PCPF)和积分立方相位函数(integrated cubic phase function,ICPF)。PCPF 通过将不同时刻的 CPF 统计量进一步做乘法以抵消 CPF 在处理多分量信号时的交叉乘积问题,ICPF 则是通过将不同时刻 CPF 统计量的绝对值求和来抑制交叉乘积问题。但 PCPF 的问题是信号自相关项的能量未充分利用,因而 PCPF 对噪声是敏感的;而 ICPF 的非相干累加属性使其对噪声的抑制能力有限。Li 等学者提出的相干积分立方相位函数(coherently integrated cubic phase function,CICPF)[107]在 CPF 相加之前使各个时刻的 CPF 统计量相位对齐,从而最大化累加后信号的信噪比,相比于 PCPF 和 ICPF,显著降低了参数估计门限,但是相位对齐增加了使用该估计器的计算复杂度和难度。

1.2.2 深空领域研究进展

航天器 TDOA 测量技术和载波估计与同步技术是深空探测无线电导航通信的关键技术,两项技术的发展几乎贯穿了深空无线电导航通信的发展历程。下面对两项技术在深空探测领域的研究进展进行总结和回顾。

1. 航天器 TDOA 测量技术

对自然天体进行测量和物理研究的射电天文领域为测量自然射电源的空间方位开发了基于 TDOA 的无线电测量技术,该领域将其称为"甚长基线干涉测量"(very long baseline interferometry,VLBI)技术。通常参与测量的地面站(相当于传感器)间的空间距离长达数千甚至上万公里(地基测量基线的极限长度约为地球的直径——约 12 000 km),目前自然射电源的典型角测量精度优于纳弧度水平[108]。早期深空航天器的测定轨主要依赖于无线电多普勒和测距测量技术,但这些技术对低赤纬航天器赤纬信息测量的不敏感性[109]使研究人员不得不将目光转向其他测量技术。基于 VLBI 技术超高精度的空间方位测量能力,JPL 的学者最早提出了将 VLBI 技术应用于深空航天器空间方位测量的概念,并在美国阿波罗任务中取得了成功应用[110],但当时 JPL 的学者对航天器干涉测量技术的认识并不充分,对于具体的信号设计和检测处理并未开展深入分析。直至文献[111]的发表,JPL 代表才认识到航天器干涉测量技术的本质是站间航天器差分测距技术,并对观测量的能观性和信号设计进行了充分讨论。

目前典型的航天器 TDOA 测量技术包括相对差分单向测距(delta-differential one-way ranging,ΔDOR)技术、同波束干涉测量(same-beam interferometry,SBI)技术、短基线干涉测量(connected element interferometry,CEI)技术和相位参考干涉测量(phase referencing interferometry,PRI)技术。下面对这四种测量技术的基本原理和主要应用情况进行介绍,并重点介绍国外相关研究机构对航天器 TDOA 测量信号处理算法的研究情况和我国探月工程中研究和应用航天器 TDOA 测量技术的情况。值得一提的是,这四种技术均由美国研究机构提出,其中前三种技术来源于 JPL,PRI 技术来源于美国国家射电天文台(National Radio Astronomy Observatory,NARO)。

ΔDOR 技术是目前航天器 TDOA 测量技术中发展最为成熟、应用最为广泛的测量技术。其基本原理是航天器向地面深空站发送载波信号和对载波信号调相的 DOR 正弦音(或利用对载波调相的遥测信号高阶项),通过带宽综合技术[112]获得航天器到两个测站(或多个测站)的 TDOA,基于多频信号测量 TDOA 的方法与卫星导航领域的宽巷解模糊技术[113]相似。为校准信号传播路径上的各种介质误差和多个深空站间的钟差,通常将航天器 TDOA 与以类似方式获取的自然射电源时延做进一步差分,得到精度更高的差分 TDOA 观测量[108]。ΔDOR 技术是 JPL 进行美国深空探测航天器导航主要使用的 TDOA 测量技术,在历次任务中均发挥了重要作用,目前最高的测量精度已达到 1nrad[114-116]。欧洲航天局采用了与美国相似的技术路线,并开发了自己的 ΔDOR 测量系统,在历次任务中也取得了成功应用[117-118]。基于 ΔDOR 技术的简洁性(只需两个测站即可实现有效的测量)和高精度特性,国际航天技术标准规范组织——空间数据咨询委员会(The Consultative Committee for Space Data Systems,CCSDS)将 ΔDOR 技术选定为主要使用的深空航天器 TDOA 测量技术,并发布和持续更新相应的标准规范[119-121]。

为实现高精度的航天器 TDOA 测量,提取载波相位时延成为工程实现追求的目标。虽然对于典型的 X 频段航天器 TDOA 测量,提取载波相位时延十分困难,但在一些特殊场景下这一目标仍存在实现的技术途径,并分别衍生出了 SBI,CEI 和 PRI 技术。当两个航天器在同一地面深空站天线的主波束内同时几何可见时,SBI 技术可以同时接收两个目标的信号,因而能够几乎完全抵消路径介质误差[117]。CEI 技术的基本思想与 SBI 类似,其主要特点是进行 TDOA 测量的两个深空天线相距数十公里至数百公里,可以实时获取 TDOA 观测量[122];当进行 TDOA 观测的深空站数目很多时(如甚长基线阵列(very long baseline array,VLBA)具有分布在北美洲及东太平洋地区的 10 个大天线),PRI 技术则可以综合利用地球旋转的时间累积和对航天器信号的空间采样提取相位时延[123]。这些技术在一些特殊场景下取得了较好的应用效果[124],但各技术自身的特点使其广泛适用性受到了限制。

为满足探月工程和后续深空探测高精度航天器导航的需要,我国利用现有的天文 VLBI 观测网在历次"嫦娥"月球探测任务中开展了干涉测量观测,并由传统的天文测量模式逐渐向 CCSDS 推荐的 ΔDOR 技术过渡,目前典型的测量精度约为 0.5 ns[125]。同时,我国最新建成的深空测控网也配备了航天器 TDOA 测量能力[126]。在"嫦娥三号"任务中,基于天文 VLBI 观测网开展的 PRI 技术实现了地月距离上低信号动态条件下巡视器相对于着陆探测器米级的定位精度[127]。但是当前我国相关领域的学界和工程界对深空探测航天器 TDOA 测量的信号检测与处理尚未形成最优化的理论模型,特别是在"嫦娥三号"动力落月的过程中,由于短时间内着陆器飞行动态过大,信号电平受星上发射天线非理想方向特性影响而显著降低,导致天文 VLBI 观测网在落月初始的几分钟内未能获取"嫦娥三号"探测器的 TDOA 数据[128]。此外,在我国探月任务中已经采用了口径为 40~65m 的大天线进行信号接收,地面天线接收能力已接近极限,而当探测距离由月球距地球的 40 万公里拓展到火星至地球的 4 亿公里时,信号电平会显著下降。JPL 关于航天器 TDOA 测量的信号检测与处理的报道并不多,只是提及按照航天器测距方式进行处理,并未给出理论模型和具体的信号处理算法[129]。欧洲航天局认识到航天器信号特征与自然射电源信号特征的差异,并注意到多站接收信号互相关运算带来的平方损失,但仅通过压低相关带宽来减小平方损失的影响[130]。文献[131]提出了类似于欧洲航天局的处理思路,但由于依赖航天器先验轨道信息进行航天器信号动态的补偿,仍无法处理航天器高动态飞行段的信号以开展 TDOA 测量。

此外,在深空天线组阵通信中,为实现多站分集接收信号的相干累加与合成,需要求取航天器信号到多个信号接收测站的 TDOA 参数,因此也涉及由原始的接收信号样本估计 TDOA 的问题。根据文献[132]和文献[134]的描述,对航天器宽带数传原始信号进行处理以估计 TDOA 参数的算法仍是基于互模糊函数的计算原理,并未按照文献[20]中确定性信号 TDOA 参数估计的最优处理算法实现。

2. 载波与多普勒估计技术

在空间通信领域,载波同步是实现探测器和地面站间无线电测控通信的第一步。早在 20 世纪 50—60 年代美国执行载人空间探测的水星计划和双子星计划[135]时,NASA 就开发了用于载人航天器和地面间的各类通信设备[136],这些设备横跨 5 个通信频段(HF,VHF,UHF,C 和 S 频段),使用非常不便。为了执行载人登月的阿波罗任务,NASA 委托 JPL 开发了一套统一 S 频段测控通信系统(unified S-band telecommunication system, USB),将探测器与地面间的无线电跟踪测量、地面的遥控指令注入和话音上传、探测器遥测信息与话音回传等多种功能集于一体,各类信号共同对载波信号进行调相,依靠星地间载波信号的同步实现各类信号的传输和解调[137]。USB 系统中采用模拟锁相环作为载波同步的技术手段,文献[138]对模拟锁相环的物理模型、线性化分析模型、环路噪声、相位跟踪误差及环路跟踪门限等进行了较为完整的讨论,并分析了对模拟锁相环加装限幅器的影响。自阿波罗任务开始,统一测控通信体制在美国后续的载人航天任务、月球和深空探测任务中一直占据着主导地位。基于锁相环的优异特性和技术成熟性,负责美国深空网建设、管理和技术升级的 JPL 将锁相跟踪技术作为深空测控通信信号处理和参数估计方面的研究重点。目前在美国深空站内的无线电深空接收机内仍将 3 阶锁相环作为主要的载波同步手段[139],在 JPL 开发的用于未来深空探测任务的可重构宽带数字接收机中,依然采用锁相环实现载波同步[140]。欧洲航天局在部署其深空站内的深空数字接收机时,基本沿用了 JPL 的技术思路,分别采用锁相环和科斯塔斯环实现对残留载波信号、抑制载波信号的载波同步[141-142]。我国建立的深空测控通信网[143]采用了统一测控通信体制,地面站内的接收机中也采用锁相环实现载波同步。此外,在深空通信的另一端——深空应答机内,锁相环也是最主要的载波同步手段[144]。目前在正在开展试验研究和空间技术验证的激光通信领域中,锁相环也是实现载波恢复和相干解调的主要手段[145-146]。可以预见,锁相环技术在未来深空测控通信的载波同步方面仍将发挥十分重要的作用。

载波估计不仅可用于深空通信的信号同步和信息解调,对载波多普勒频率的估计也是对深空无线电科学进行研究的重要原始资料。例如,在VEGA[147],Galieo[148]和Huygens[149]任务中,通过接收探空气球和无人探测器在行星大气下降过程中的信号并估计载波信号多普勒,即可获取行星大气特性的信息。而在JPL著名的"机遇号""勇气号"火星着陆探测任务中,则是利用交叉信号链路的多普勒之差来测量火星大气特性[150]。在Rosetta任务中,通过测定载波多普勒频移对日冕产生的等离子体和磁场特性进行了研究[151]。在无线电科学实验中的载波信号处理算法方面,实验对载波实时估计的要求并不高,而在实验场景中由于受到行星大气、等离子体等介质影响,信号电平很不稳定,因此锁相跟踪并不适用。JPL的无线电科学家将目光转向了基于FFT实现的谱估计方法,但由于FFT的频率估计精度不高,进一步采取了对FFT估计结果进行插值和优化的方法[152-153]。此外,文献还报道了一种基于贝叶斯的谱估计方法,实现了低动态弱信号下多普勒信息的提取[154]。但并未看到JPL基于上述方法对火星EDL段高动态弱载波信号多普勒频率进行估计研究的报道。

JPL根据历次火星EDL任务的成败经验,总结了成熟的EDL段信号接收方案和信号检测处理算法。其信号接收方案是指着陆器在EDL段飞行期间,同时发送X频段信号和UHF频段信号,地面同时利用X频段大口径天线(或天线阵)和UHF频段大口径天线进行信号接收、检测和估计,并利用同时在轨飞行且对探测器几何可见的轨道器对探测器的UHF信号进行接收,三条链路相互冗余互为备份[155-156]。以"好奇号"探测器为例,其X频段信号地面接收方案如图1.2所示[157]。欧洲航天局在Schiaparelli火星EDL段飞行期间利用印度普纳巨型米波阵列和火星轨道器同时接收了探测器返回的UHF信号[158]。

在信号检测处理算法上,JPL采用了基于信号功率检测的极大似然估计算法,该算法的基本思想是对高动态载波信号,首先在多普勒高阶动态的搜索空间内按照一定步长选取多普勒高阶动态的数值,基于该数值对载波信号进行多普勒动态的补偿,然后对补偿后的信号做周期图估计。对所有可能的高阶多普勒动态进行遍历后,找出最大的信号相关值(对应信号能量),该信号相关值对应的多普勒高阶动态数值及频率估计值即为载波信号参数的极大似然估计值。文献[156]给出了算法的主要计算过程,文献[156]和文献[157]给出了载波捕获概率的计算模型,但二者给出的概率计算模型存在差异。

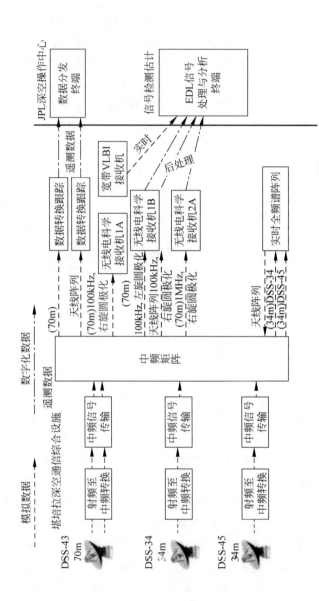

图 1.2 美国"好奇号"EDL 段飞行期间地面信号接收与处理框图

1.3 内容安排

全书共分为 7 章。

第 1 章为绪论,主要介绍了深空测控系统的基本概念,地基无线电导航在深空测控系统中的作用与重要性,并指明了载波多普勒和 TDOA 是深空任务无线电测控通信中的基本信道参数。本书讨论的各种统计信号处理方法主要是围绕载波多普勒和信号时延等参数估计问题展开的。

第 2 章为深空探测地基无线电跟踪测量原理与基础,主要介绍了包括多普勒、测距和 TDOA 干涉测量的各种测量技术的基本原理,从对探测器空间飞行状态信息测量的敏感性上说明了各种测量技术的必要性和优势。重点对应用于深空的再生伪码测距和 TDOA 干涉测量的信号调制模型与特性进行了分析,同时给出了用于数字信号处理中接收信号的数学模型、噪声特性和信噪比分析,作为后续讨论地基无线电跟踪测量统计信号处理方法和性能分析的基础。

第 3 章为无线电测量信号参数估计的经典理论与方法,首先简要回顾了极大似然估计原理的基本数学模型,并基于该原理介绍了载波多普勒、信号时延测量的经典估计模型与方法。对于载波参数估计,重点介绍了用于批处理开环测量的周期图估计方法和用于信号实时跟踪的锁相跟踪方法;对于信号时延参数估计,重点阐述了广义宽平稳信号和确定性信号两种信号特性假设前提下的不同估计模型,并简要介绍了基本处理方法。

第 4 章为深空探测无线电测量处理方法的新进展,主要围绕深空探测场景下高动态、低信噪比跟踪测量信号的多普勒、时延参数估计难题,重点介绍了这一领域的最新研究成果与进展。具体包括用于直接估计载波多普勒变化率的序贯立方相位函数方法,该方法能够有效抑制信号降阶自乘运算引起的噪声平方损失,在估计高动态、低信噪比的载波动态方面表现出良好的性能;对再生伪码测距的码片同步与码相位的闭环、开环跟踪测量处理方法进行了较完整的描述,并对伪码的捕获性能进行了较为全面的分析及仿真,同时对伪码测量性能进行了分析;最后重点介绍了基于 TDOA 的深空干涉测量航天器信号的相关处理算法,在量化分析基于互模糊函数的相关处理算法性能的基础上,通过分析干涉测量信号用于时延估计的克拉美罗界,提出了用于航天器干涉测量信号的处理思路与方法。

第 5 章为月球任务高动态飞行段信号处理,本章以处理"嫦娥三号"动力落月段实际接收原始信号为切入点,在 2~4 章理论与算法设计的基础上,围绕 TDOA 干涉测量信号的处理重点提出了用于高动态飞行段多正弦侧音信号的相关处理算法和远距离异地载波辅助算法,这些算法无需探测器的先验动态模型,且能够克服传统互相关处理算法的噪声平方损失;基于同一航天器下行信号空间链路传播的几何相关性和矢量跟踪思想,采用大天线辅助小天线捕获跟踪的方式可显著提升现有系统的测量跟踪能力。基于佳木斯、喀什深空站和欧洲航天局新诺舍深空站实测数据的分析表明上述算法正确且有效。

第6章为火星 EDL 段高动态载波跟踪,本章首先从 JPL 目前在火星着陆器 EDL 段飞行期间主要使用的基于信号功率极值二维搜索的载波参数估计方法的基本计算方法和载波捕获、参数估计的理论模型入手,对该算法的性能影响因素进行了量化分析,并指出较大的载波频率变化率是制约相干积分时间延长、参数估计性能提升的主要因素;随后基于第4章对序贯立方相位函数估计器的研究结论,借鉴锁相跟踪的计算流程,提出了用于估计高动态载波信号频率变化率、频率等参数的序贯立方相位函数跟踪环路,对环路跟踪门限性能进行了建模,对环路参数选取提出了具体方法,基于"好奇号"EDL 段弹道的数值仿真进一步评估了该算法的跟踪门限,比较了该算法与功率极值二维搜索算法的参数估计性能。最后利用"嫦娥三号"动力落月段的实测数据,将该算法的处理结果与3阶锁相环的处理结果进行了对比分析,验证了该算法进行高动态、低信噪比条件下载波参数估计时的正确性和有效性。

第7章为基于码分多址的深空同波束干涉测量体制设计,主要介绍了基于码分多址的深空同波束干涉测量体制研究的最新进展,提出了同波束干涉测量体制信号设计的初步设想,分析了同波束干涉测量体制应用于工作场景和科学探测的需求,并据此设计了扩频测量模式和混合测量模式两种信号设计体制,对两种信号体制的主要参数进行了初步设计,对两种体制的测量实现方法和工程应用前景进行了比较分析。以混合体制为例,对多目标载波频率捕获策略进行初步分析,介绍了深空数字应答机内载波锁相跟踪与频率变换的基本流程及基于傅里叶变换和 NCO 频率扫描的频率捕获方法。分析了信号相频特性对扩频载波相位的影响,用于仿真单载波信号和扩频信号经过不同信道模型的载波相位特性,具体分析了 FIR 和无限脉冲响应(infinite impulse reponse, IIR)滤波器的相频特性对载波相位的影响,并对若干典型参数的滤波器载波相位特性进行了仿真分析。对扩频信号进行了频域分析,定义了广义时变信道模型和相位附加值矩阵,并从理论上推导出了时变信道对扩频信号载波相位影响的数学表达式;分析了两种模式在正态分布理论时变信道模型下的载波相位差分测量性能；基于 JPL 实测时变信道，比较分析了不同条件下两种模式的载波差分测量性能。

参考文献

[1] INTERNATIONAL SPACE EXPLORATION COORDINATION GROUP. The global exploration roadmap[M]. Washington DC：National Aeronautics and Space Administration Headquarters，2013.

[2] 董光亮,李国民,雷厉,等.中国深空网：系统设计与关键技术[M].北京：清华大学出版社,2016.

[3] 李海涛,王宏,董光亮.深空站站址纬度选择问题的分析[J].飞行器测控学报, 2009,28(1)：1-6.

[4] 吴伟仁,董光亮,李海涛,等.深空测控通信系统工程与技术[M].北京：科学出版社,2013.

[5] 董坤,许海云,罗瑞,等.科学与技术的关系分析研究综述[J].情报学报,2018, 37(6)：642-652.

[6] YUEN J H. Deep space telecommunications systems engineering[M]. Pasadena： Jet Propulsion Laboratory,California Institute of Technology,1983：82-76.

[7] HANN W R,TRETTER S A. Optimum processing for delay-vector estimation inpassive signal arrays[J]. IEEE Transactions Information Theory, 1973, 19： 608-614.

[8] KNAPP C H,CARTER G C. The generalized correlation method for estimation of time delay[J]. IEEE Transactions on Acoustics, Speech, and Signal Processing, 1976,24：320-327.

[9] FRANK R L. Multiple pulse and phase code modulation in the Loran-C system [J]. IEEE Transactions on Aeronautical and Navigational Electronics,1960,ANE-7 (2)：55-61.

[10] ANCKER C J. Airborne direction finding-the theory of navigation errors[J]. IEEE Transactions on Aeronautical and Navigational Electronics, 1958, ANE-5 (4)：199-210.

[11] LI W,WEI P, XIAO X, et al. TDOA and T^2/R radar based target location method and performance analysis [J]. IEE Proceedings-Radar Sonar and Navigation,2005,152(3)：219-223.

[12] SATHYAN T,SINHA A, KIRUBARAJAN T, et al. Passive geolocation and tracking of an unknown number of emitters[J]. IEEE Transactions on Aerospace and Electronic Systems,2006,42(2)：740-750.

[13] DEMPSTER A G, CETIN E. Interference localization for satellite navigation systems[J]. Proceedings of the IEEE,2016,104(6)：1318-1326.

[14] DE ANGELIS G,BARUFFA G, CACOPARDI S, et al. GNSS/cellular hybrid positioning system for mobile users in urban scenarios[J]. IEEE Transactions on

Intelligent Transportation Systems,2013,14(1): 313-321.

[15] BRANDSTEIN M S, SILVERMAN H F. A practical methodology for speech source localization with microphone arrays[J]. Computer Speech and Language, 1997,11: 91-126.

[16] BOUKERCHE A, OLIVEIRA H A, NAKAMURA E F, et al. Localization systems for wireless sensor networks[J]. IEEE Wireless Communications,2007, 14: 6-12.

[17] WAX M. The joint estimation of differential delay, Doppler, and phase (Corresp.) [J]. IEEE Transactions on Information Theory, 1982, 28 (5): 817-820.

[18] FRIEDLANDER B. On the Cramer-Rao bound for time delay and Doppler estimation(Corresp.)[J]. IEEE Transactions on Information Theory,1984,30 (3): 575-580.

[19] STEIN S. Differential delay/Doppler ML estimation with unknown signals[J]. IEEE Transactions on Signal Processing,1993,41: 2717-2719.

[20] FOWLER M L,HU X. Signal models for TDOA/FDOA estimation[J]. IEEE Transactions on Aerospace and Electronic Systems,2008,44(4): 1543-1550.

[21] YEREDOR A, ANGEL E. Joint TDOA and FDOA estimation: A conditional bound and its use for optimally weighted localization[J]. IEEE Transactions on Signal Processing,2011,59(4): 1612-1623.

[22] STEIN S. Algorithms for ambiguity function processing[J]. IEEE Transactions on Acoustics,Speech,and Signal Processing,1981,29: 588 -599.

[23] YATRAKIS C L. Computing the cross ambiguity function-Areview [D]. New York: State University of New York at Binghamton,2005.

[24] SHIN D C, NIKIAS C L. Complex ambiguity functions using nonstationary higher order cumulant estimates[J]. IEEE Transactions on Signal Processing, 1995,43: 2649-2664.

[25] ULMAN R, GERANIOTIS E. Wideband TDOA/FDOA processing using summation of shorttime CAF's[J]. IEEE Transactions on Signal Processing, 1999,47: 3193-3200.

[26] TAO R,ZHANG W,CHEN E Q,et al. Two-stage method for joint time delay and Doppler shift estimation[J]. IET Radar Sonar and Navigation,2008,2(1): 71-77.

[27] KIM D G,PARK G H,PARK J O,et al. Computationally efficient TDOA/FDOA estimation for unknown communication signals in electronic warfare systems[J]. IEEE Transactions on Aerospace and Electronic Systems,2018,54: 77-89.

[28] HAHN W,TRETTER S. Optimum processing for delay-vector estimation in passive signal arrays[J]. IEEE Transactions on Information Theory,1973,19: 608-614.

[29] EHRENBERG J E,EWATT T E,MORRIS R D. Signal processing techniques for resolving individual pulses in multipath signal[J]. Journal of The Acoustical

Society of America,1978,63: 1861-1865.

[30] BIAN Y,LAST D. Eigen-decomposition techniques for Loran-C skywave estimation[J]. IEEE Transactions on Aerospace and Electronic Systems,1997, 33: 117-124.

[31] KIRSTEINS I P. High-resolution time delay estimation [C]//Proceedings of IEEE International Conference on Acoustics, Speech, and Signal Processing. Piscataway: IEEE Press,1987: 451-454.

[32] KIRSTEINS I P,KOT A C. Performance analysis of a high resolution time delay estimation algorithm [C]//Proceedings of IEEE International Conference on Acoustics, Speech, and Signal Processing. Piscataway: IEEE Press, 1990, 2767-2770.

[33] MANABE T,TAKAI H. Superresolution of multipath delay profiles measured by PN correlation method[J]. IEEE Transactions on Antennas and Propagation, 1992,40(5): 500-509.

[34] XU E, DING Z, DASGUPTA S, et al. Source localization in wireless sensor networks from signal time-of-arrival measurements[J]. IEEE Transactions on Signal Processing,2011,59(6): 2887-2897.

[35] TORRIERI D. Statistical theory of passive location systems [J]. IEEE Transactions on Aerospace and Electronic Systems,1984,20: 183-198.

[36] FOYW H. Position-location solutions by Taylor-series estimation [J]. IEEE Transactions on Aerospace and Electronic Systems,1976,12: 187-194.

[37] CAREVIC D. Automatic estimation of multiple target positions and velocities using passive TDOA measurements of transients[J]. IEEE Transactions on Signal Processing,2007,55: 424-436.

[38] HO K,CHAN Y. Solution and performance analysis of geolocation by TDOA [J]. IEEE Transactions on Aerospace and Electronic Systems, 1993, 29: 1311-1322.

[39] CHAN Y,HO K. A simple and efficient estimator for hyperbolic location[J]. IEEE Transactions on Signal Processing,1994,42(8): 1905-1915.

[40] GILLETTE M, SILVERMAN H. A linear closed-form algorithm for source localization from time-differences of arrival[J]. IEEE Signal Processing Letters, 2008,15: 1-4.

[41] KAY S,VANKAYALAPATI N. Improvement of TDOA position fixing using the likelihood curvature[J]. IEEE Transactions on Signal Processing,2013,61 (8): 1910-1914.

[42] SATHYAN T, HEDLEY M, MALLICK M. An analysis of the error characteristics of two time of arrival localization techniques[C]//Proceedings of the 13th Conference on Information Fusion(FUSION). Piscataway: IEEE Press, 2010: 1-7.

[43] WEISS A. Direct position determination of narrowband radio frequency transmitters[J]. IEEE Signal Processing Letters,2004,11(5): 513-516.

[44] AMAR A, WEISS A J. Localization of narrowband radio emitters based on doppler frequency shifts[J]. IEEE Transactions on Signal Processing, 2008, 56(11): 5500-5508.

[45] WEISS A J. Direct geolocation of wideband emitters based on delay and Doppler [J]. IEEE Transactions on Signal Processing, 2011, 59(6): 2513-2521.

[46] VANKAYALAPATI N, KAY S, DING Q. TDOA based direct positioning maximum likelihood estimator and the cramer-rao bound[J]. IEEE Transactions on Aerospace and Electronic Systems, 2014, 50(3): 1616-1635.

[47] CLOSAS P, FERNANDEZPRADES C, FERNANDEZRUBIO J A, et al. Maximum likelihood estimation of position in GNSS[J]. IEEE Signal Processing Letters, 2007, 14(5): 359-362.

[48] CLOSAS P, FERNANDEZPRADES C, Fernandezrubio J A, et al. CramÉr-Rao bound analysis of positioning approaches in GNSS Receivers [J]. IEEE Transactions on Signal Processing, 2009, 57(10): 3775-3786.

[49] CLOSAS P, GUSI-AMIGO A. Direct position estimation of GNSS receivers, analyzing main results, architectures, enhancements and challenges[J]. IEEE Signal Processing Magazine, 2017, 34(5): 72-84.

[50] ZHOU L, ZHU W, LUO J, et al. Direct positioning maximum likelihood estimator using TDOA and FDOA for coherent short-pulse radar[J]. IET Radar, Sonar and Navigation, 2017, 11(10): 1505-1511.

[51] KESKIN M, GEZICI S, ARIKAN O. Direct and two-step positioning in visible light systems[J]. IEEE Transactions on Communications, 2018, 66(1): 239-254.

[52] LINDSEY W C, CHIE C M. A survey of digital phase-locked loops [J]. Proceedings of the IEEE, 1981, 69(4): 410-431.

[53] KAPLAN E D, HEGARTY C. Understanding GPS: Principles and applications [M]. Norwood: Artech House, 2005.

[54] HOLMES J K. Spread spectrum systems for GNSS and wireless communications [M]. Norwood: Artech House, 2007.

[55] AGUIRRE S, HURD W J. Design and performance of sampled data loops for subcarrier and carrier tracking[J]. Telecommunications and Data Acquisition Progress Report, 1984, 79: 81-95.

[56] KAZEMI P L. Development of new filter and tracking schemes for weak GPS signal tracking[D]. Calgary: University of Calgary, 2010.

[57] STATMAN J I, HURD W J. An estimator-predictor approach to PLL loop filter design[J]. IEEE Transactions on Communications, 1990, 38(10): 1667-1669.

[58] SIMON M, MILEANT A. Digital filters for digital phase-locked loops[R]. [S. l]: The Telecommunications and Data Acquisition Report, 1985: 81-93.

[59] GUPTA S C. On optimum digital phase-locked loops[J]. IEEE Transactions on Communications, 1968, 16(2): 340-344.

[60] HURD W J, KUMAR R. A class of optimum digital phase locked loops for the DSN advanced receiver[R]. [S. l]: The telecommunications and Data Acquisition

Report,1985: 63-80.

[61] STEPHENS S A, THOMAS J B. Controlled-root formulation for digital phase-locked loops[J]. IEEE Transactions on Aerospace and Electronic Systems,1995, 31(1): 78-95.

[62] VILNROTTER V, HAMKINS J, ASHRAFI S. Performance analysis of digital tracking loops for telemetry-based ranging applications [C]//Proceedings of Aerospace Conference. Piscataway: IEEE Press,2014: 1-13.

[63] LEGRAND F, MACABIAN C, ISSLER J, et al. Improvement of pseudorange measurements accuracy by using fast adaptive bandwidth lock loops [J]. Proceedings of ION GPS,2000,19-22: 2346-2356.

[64] SIMON D, EL-SHERIEF H. Fuzzy logic for digital phase-locked loop filter design[J]. IEEE Transactions on Fuzzy Systems,1995,3(2): 211-218.

[65] TSUI J B-Y. Fundamentals of global positioning system receivers: A software approach[M]. Hoboken: John Wiley & Sons Inc,2000.

[66] STEPHENS D R. Phase-locked loops for wireless communications: Digital, analog and optical implementations[M]. 2nd edition. Boston: Kulwer Academic Publishers,2002.

[67] THOMAS J B. An analysis of digital phase-locked loops[J]. JPL Publication, 1989,89: 2.

[68] HSIEH G-C, HUNG J C. Phase-locked loop techniques. A survey[J]. IEEE Transactions on Industrial Electronics. 1996,43: 609-615.

[69] HINEDI S, STATMAN J I. Digital accumulators in phase and frequency tracking loops[J]. IEEE Transactions on Aerospace and Electronic Systems,1991,26(1): 169-180.

[70] NATALI F D. AFC tracking algorithms [J]. IEEE Transactions on Communications,1984,32: 935-947.

[71] CURRAN J T, LACHAPELLE G, MURPHY C C. Improving the design of frequency lock loops for GNSS receivers[J]. IEEE Transations on Aerospace and Electronic Systems,2012,48: 850-868.

[72] VILNROTTER V A, HINEDI S, KUMAR R. Frequency estimation techniques for high dynamic trajectories[J]. IEEE Transactions on Aerospace and Electronic Systems,2002,25(4): 559-577.

[73] WARD P W. Performance comparison between FLL, PLL and a novel FLL-assisted PLL carrier tracking loop under RF interference conditions [C]// Proceedings of ION GPS. [S. l. : s. n.],1998: 783-795.

[74] CHIOU T, GEBRE-EGZIABHER D, WALTER T, et al. Model analysis on the performance for an inertial aided FLL-assisted-PLL carrier tracking loop in the presence of ionospheric scintillation[C]//Proceedings of ION NTM. [S. l. : s. n.],2007: 1276-1295.

[75] PATAPOUTIAN A. On phase-locked loops and Kalman filters [J]. IEEE Transactions on Communications,1999,47: 670-672.

[76] VILA-VALLS J,CLOSAS P,NAVARRO M,et al. Are PLLs dead? A tutorial on kalman filter-based techniques for digital carrier synchronization[J]. IEEE Aerospace and Electronic Systems Magazine,2017,32(7): 28-45.

[77] ANDERSON B D O,MOORE J B. Optimal filtering[M]. Upper Saddle River: Prentice-Hall,1979.

[78] PERAL-ROSADO J A,L'OPEZ-SALCEDO J A,SECO-GRANADOS G,et al. Kalman filter-based architecture for robust and high-sensitivity tracking in GNSS receivers[C]//Proceedings of Proceedings. European Workshop on Satellite Navigation Technologies(NAVITEC). Piscataway: IEEE Press,2010: 1-8.

[79] LA SCALA B F,BITMEAD R R. Design of an extended Kalman filter frequency tracker[J]. IEEE Transactions on Signal Processing,1996,44: 739-742.

[80] NUNES F D,LEITAO J M N. A nonlinear filtering approach to estimation and detection in mobile communications[J]. IEEE Journal on Selected Areas Communications,1998,16: 1649-1659.

[81] HAN S,WANG W, CHEN X, et al. Design and capability analyze of high dynamic carrier tracking loop based on UKF[C]//Proceedings of ION GNSS. [S. l. : s. n.],2010: 1960-1966.

[82] VAN GRAAS F,SOLOVIEV A,DE HAAG M U,et al. Closed-loop sequential signal processing and open-loop batch processing approaches for GNSS receiver design [J]. IEEE Journal of Selected Topics in Signal Processing,2009,3(4): 571-586.

[83] ABATZOGLOU T J. Fast maximnurm likelihood joint estimation of frequency and frequency rate[J]. IEEE Transactions on Aerospace and Electronic Systems, 1986,22: 708-715.

[84] QUINN B G. Estimating frequency by interpolation using Fourier coefficients[J]. IEEE Transactions on Signal Processing,1994,42(5): 1264-1268.

[85] LOVELL B C, WILLIAMSON R C. The statistical performance of some instantaneous frequency estimators[J]. IEEE Transactions on Signal Processing, 1992,40(7): 1708-1723.

[86] KAY S. A fast and accurate single frequency estimator[J]. IEEE Transactions on Acoustics,Speech,and Signal Processing,1989,37(12): 1987-1990.

[87] QUINN B G,HANNAN E J. The estimation and tracking of frequency[M]. Cambridge: Cambridge University Press,2001: 627-628.

[88] BOASHASH B. Estimating and interpreting the instantaneous frequency of a signal. I. Fundamentals[J]. Proceedings of the IEEE,1992,80(4): 520-538.

[89] BOASHASH B. Estimating and interpreting the instantaneous frequency of a signal. II. Algorithms and applications[J]. Proceedings of the IEEE,1992,80(4): 540-568.

[90] NG W,JI C,MA WK,et al. A study on particle filters for single-tone frequency tracking[J]. IEEE Transactions on Aerospace and Electronic Systems,2009,45:

1111-1125.

[91] CHEN Y,JUANG J,KAO T. Robust GNSS signal tracking against scintillation effects: a particle filter-based software receiver approach[C]//Proceedings of ION ITM. [S. l. : s. n.],2010: 627-635.

[92] TUFTS D W,KUMARESAN R. Estimation of frequencies of multiple sinusoids: Making linear prediction perform like maximum likelihood[J]. Proceedings of the IEEE,1982,70: 975-989.

[93] LOPES C G,SATORIUS E H,ESTABROOK P,et al. Adaptive carrier tracking for Mars to Earth communications during entry, descent and landing[J]. IEEE Transactions on Aerospace and Electronic Systems,2010,46: 1865-1879.

[94] SCHNELLE S R,SLAVINSKY J P,BOUFOUNOS P T,et al. A compressive phase-locked loop[C]//Proceedings of International Conference on Acoustics, Speech,and Signal Processing. Piscataway: IEEE Press,2012: 2885-2888.

[95] PELEG S,PORAT B. Linear FM signal parameter estimation from discrete-time observations[J]. IEEE Transactions on Aerospace and Electronic Systems,1991, 27(4): 607-616.

[96] BARBAROSSA S,SCAGLIONE A,GIANNAKIS G B,et al. Product high-order ambiguity function for multicomponent polynomial-phase signal modeling[J]. IEEE Transactions on Signal Processing,1998,46(3): 691-708.

[97] BARBAROSSA S, PETRONE V. Analysis of polynomial-phase signals by the integrated generalized ambiguity function [J]. IEEE Transactions on Signal Processing,1997,45(2): 316-327.

[98] O'SHEA P. A new technique for instantaneous frequency rate estimation[J]. IEEE Signal Processing Letters,2002,9(8): 251-252.

[99] WANG P,DJUROVIC I,YANG J,et al. Generalized high-order phase function for parameter estimation of polynomial phase signal[J]. IEEE Transactions on Signal Processing,2008,56(7): 3023-3028.

[100] DJUROVIC I,SIMEUNOVIC M,DJUKANOVIC S,et al. A hybrid CPF-HAF estimation of polynomial-phase signals: Detailed statistical analysis[J]. IEEE Transactions on Signal Processing,2012,60(10): 5010-5023.

[101] DJUROVIC I,SIMEUNOVIC M. Parameter estimation of non-uniform sampled polynomial-phase signals using the HOCPF-WD[J]. Signal Processing, 2015: 253-258.

[102] SIMEUNOVIC M, DJUROVIC I. Non-uniform sampled cubic phase function [J]. Signal Processing,2014,101: 99-103.

[103] DJUROVIC I,LUKIN V V,SIMEUNOVIC M,et al. Quasi maximum likelihood estimator of polynomial phase signals for compressed sensed data[J]. AEU-International Journal of Electronics and Communications,2014,68(7): 631-636.

[104] JOKANOVIC B,AMIN M,DOGARU T. Time-frequency signal representations

using interpolations in joint-variable domains[J]. IEEE Geoscience & Remote Sensing Letters,2015,12(1): 204-208.

[105] WANG P, YANG J Y. Yang. Multicomponent chirp signals analysis using product cubic phase function [J]. Digital Signal Processing, 2006, 16 (6): 654-669.

[106] WANG P,LI H B,DJUROVICI,et al. Integrated cubic phase function for linear FM signal analysis [J]. IEEE Transactions on Aerospace and Electronic Systems,2010,46(3): 963-977.

[107] LI D,ZHAN M,SU J,et al. Performances analysis of coherently integrated CPF for LFM signal under low SNR and its application to ground moving target imaging[J]. IEEE Transactions on Geoscience and Remote Sensing,2017,PP (99): 1-18.

[108] CURKENDALL D W, BORDER J S. Delta-DOR: The one-nanoradian navigation measurement system of the deep space network-history, Architecture,and Componentry[J]. Interplanetary Network Progress Report, 2013,42-193: 1-46.

[109] THORNTON C L, BORDER J S. Radiometric tracking techniques for deep-space navigation, Deep Space Communications and Navigation Series [M]. Hoboken: John Wiley & Sons,2000.

[110] SALZBERG I M. Tracking the Apollo Lunar Rover with interferometry techniques[J]. Proceedings of the IEEE,1973,61(9): 1233-1236.

[111] MELBOUME W G, CURKENDALL D W. Radiometric direction finding: A new approach to deep space navigation [C]//Proceedings of AAS/AIAA Astrodynamics Specialist Conference. Reston: AIAA,1977.

[112] ROGERS A E E. Very long baseline interferometry with large effective bandwidth for phase-delay measurements [J]. Radio Science, 1970, 5 (10): 1239-1247.

[113] GAO W,GAO C, PAN S,et al. Improving ambiguity resolution for medium baselines using combined GPS and BDS dual/triple-frequency observations[J]. Sensors,2015,15(11): 27525-27542.

[114] ANTREASIAN P G, BAIRD D, BORDER J S,et al. 2001 Mars odyssey orbit determination during interplanetary cruise [J]. Journal of Spacecraft and Rockets,2005,42(3): 394-405.

[115] MCELRATH T,WATKINS M M, PORTOCK B M, et al. Mars exploration rovers orbit determination filter strategy [C]//Proceedings of AIAA/AAS Astrodynamics Conference. Reston: AIAA,2004.

[116] MARTIN-MUR T J,KRUIZINGAS G L,BURKHART D P,et al. Mars science laboratory navigation results [C]//Proceedings of 23rd International Symposium on Space Flight Dynamics. [S. l. : s. n.],2012.

［117］ MADDE R，MORLEY T，ABELLO R，et al. Delta-DOR-a new technique for ESA's deep space navigation［J］. ESA Bulletin-European Space Agency，2006： 69-74.

［118］ BARBAGLIO F，ARDITO A，IESS L，et al. ESA delta-DOR enhancement： agencies interoperability，wideband and low-SNR functionality［C］//Proceedings of 63rd International Astronautical Congress，Naples，2012.

［119］ CCSDS. Delta-DOR raw data exchange format：CCSDS 506. 1-B-1［R］. Washington DC：［s. n.］，2013.

［120］ CCSDS. Delta-differential one way ranging（Delta-DOR）operations：CCSDS 506. 0-M-2［R］. Washington DC：［s. n.］，2018.

［121］ CCSDS. Delta-DOR-technical characteristics and performance：CCSDS 500. 1-G-1［R］. Washington DC：［s. n.］，2013.

［122］ THURMAN，S W，BADILLA G. Using connected-element interferometer phase-delay data for magellan navigation in venus orbit［J］. TDA Progress Report， 1990，42-100：48-54.

［123］ LANYI G，BAGRI D S，BORDER J S. Angular position determination of spacecraft by radio interferometry［J］. Proceedings of the IEEE，2007，95（11）： 2193-2201.

［124］ LIU Q，KIKUCHI F，MATSUMOTO K，et al. Same-beam VLBI observations of SELENE for improving lunar gravity field model［J］. Radio Science，2010，45 （2）：1-16.

［125］ 吴伟仁，王广利，节德刚，等. 基于 ΔDOR 信号的高精度 VLBI 技术［J］. 中国科学：信息科学，2013，43：185-196.

［126］ 郝万宏，李海涛，黄磊，等. 建设中的深空测控网甚长基线干涉测量系统［J］. 飞行器测控学报，2012，31（s1）：34-37.

［127］ TONG F X，ZHENG W M，SHU F C. Accurate relative positioning of Yutu lunar rover using VLBI phase-referencing mapping technology（in Chinese）［J］. Chinese Science Bulletin（Chinese Version），2014，59：3362-3369.

［128］ HUANG Y，CHANG S Q，LI P J，et al. Orbit determination of Chang'E-3 and positioning of the lander and the rover［J］. Chinese Science Bulletin，2014，59： 3858-3867.

［129］ BORDER J S. A global approach to delta differential one-way range［C］// Proceedings of 25th International Symposium on Space Technology and Science. ［S. l.：s. n.］，2006：581-586.

［130］ IESS L，ABELLO R，ARDITO A，et al. The software correlator for ESA ΔDOR ［C］//Proceedings of 4th Radionet Engineering Forum Workshop：Next Generation Correlators for Radio Astronomy and Geodesy. ［S. l.：s. n.］，2006.

［131］ MA M L，ZHENG W M，HUANG Y D，et al. Local correlation and orbit determination for DOR signals in Chang'E-3（in Chinese）［J］. Sci Sin-PhysMech

Astron,2017,47: 029502.

[132] FERNANDEZ A T. Wideband antenna arraying over long distances [J].
Interplanetary Network Progress Report,2013,42-194: 1-18.

[133] ROGSTAD D H,MILEANT A,PHAM T T. Antenna arraying techniques in
the deep space network: Deep Space Communications and Navigation Series
[M]. Hoboken: John Wiley & Sons,2003.

[134] ALEXANDER C C,GRIMWOOD J M,SWENSON L S,et al. This new ocean:
A history of project mercury[J]. The Journal of American History,1967,54(2).

[135] HACKER B C. On the shoulders of titans: A history of project gemini[J]. The
Journal of American History,1979,65(4).

[136] PAINTER J H,HONDROS G. Unified S-band telecommunications techniques
for Apollo, Volume Ⅰ-Functional description [R]//NASA. Washington DC:
NASA Technical Note,1965.

[137] COATES R J. Tracking and data acquisition for space exploration[J]. Space
Science Reviews,1969,9(3): 361-418.

[138] PAINTER J H,HONDROS G. Unified S-band telecommunications techniques
for Apollo, Volume Ⅱ-Mathematical models and analysis [R]//NASA.
Washington DC: NASA Technical Note,1966.

[139] TAYLOR J,YUEN J H. Deep space communications[M]. Hoboken: John
Wiley & Sons,2016.

[140] ANDREWS K S,ARGUETA A,LAY N E,et al. Reconfigurable wideband
ground receiver hardware description and laboratory performance [J].
Interplanetary Network Progress Report,2010,42-180: 1-22.

[141] MADDE R,MORLEY T,LANUCARA M,et al. A common receiver
architecture for ESA radio science and Delta-DOR support[J]. Proceedings of
the IEEE,2007,95(11): 2215-2223.

[142] SESSLER G M A,ABELLO R,JAMES N,et al. GMSK demodulator
implementation for ESA deep-space missions[J]. Proceedings of the IEEE,
2007,95(11): 2132-2141.

[143] 吴伟仁,黄磊,节德刚,等."嫦娥二号"工程 X 频段测控通信系统设计与试验
[J]. 中国科学:信息科学,2011(10): 1171-1183.

[144] COMPARINI M C,TIBERIS F D,NOVELLO R,et al. Advances in deep-space
transponder technology[J]. Proceedings of the IEEE,2007,95(10): 1994-2008.

[145] LIU Y,TONG S,CHANG S,et al. Design of a phase sensor applied in the
optical phase-locked loop based on a high-speed coherent laser communication
system[J]. IEEE Access,2018,99: 1.

[146] VILENCHIK Y,ERKMEN B I,SATYAN N,et al. Optical phase lock loop
based phased array transmitter for optical commmunications[J]. Interplanetary
Network Progress Report,2011,42-184: 1-17.

[147] PRESTON R A,HILDEBRAND C E,PURCELL G H,et al. Determination of Venus winds by ground-based radio tracking of the VEGA balloons[J]. Science, 1986,231(4744): 1414-1416.

[148] FOLKNER W M,PRESTON R A, BORDER J S, et al. Earth-based radio tracking of the Galileo probe for Jupiter wind estimation[J]. Science,1997,275 (5300): 644.

[149] BIRD M K, HEYL M, ALLISON M, et al. The Huygens Doppler wind experiment[J]. Space Science Reviews,2002,104: 613-640.

[150] EDWARDS C D,AO C O, ASMAR SW,et al. An assessment of the scientific potential and operational feasibility of mars cross link radio science observations,[C]//Proceedings of 7th Conference on Mars. [S. l. : s. n.],2007, 1353: 3259.

[151] PATZOLD M, HAVSLER B, AKSNES K, et al. Rosetta radio science investigations(RSI)[J]. Space Science Reviews,2007,128(1-4): 599-627.

[152] TORTORA P, IESS L, EKELUND J E. Accurate navigation of deep space probes using multifrequency links: The cassini breakthrough during solar conjunction experiments[C]//Proceeding of the World Space Congress. [S. l. : s. n.],2002.

[153] PAIK M,ASMAR S W. Detecting high dynamics signals from open-loop radio science investigations[J]. Proceedings of the IEEE,2011,99(5): 881-888.

[154] BARBAGLIO F,ARMSTRONG J W, IESS L. Precise Doppler measurements for navigation and planetary geodesy using low gain antennas: Test results from Cassini[C]//Proceedings of the 23rd International Symposium on Space Flight Dynamics. [S. l. : s. n.],2012.

[155] ABILLEIRA F,SHIDNER J. Entry,descent,and landing communications for the 2011 Mars Science Laboratory[R]. Pasadena: Jet Propulsion Laboratory,2012.

[156] SATORIUS E, ESTABROOK P, WILSON J, et al. Direct-to-Earth communications and signal processing for Mars exploration rover entry,descent, and landing[J]. Interplanetary Network Progress Repot,2003,42-153: 1-35.

[157] SORIANO M,FINLEY S,FORT D,et al. Direct-to-Earth communications with Mars science laboratory during entry,descent,and landing[C]//Proceedings of IEEE Aerospace Conference. Piscataway: IEEE Press,2013: 1-14.

[158] FERRI F,AHONDAN A,COLOMBATTI G,et al. Atmospheric mars entry and landing investigations & analysis (AMELIA) by ExoMars 2016 Schiaparelli Entry Descent module: The ExoMars entry,descent and landing science[C]// Proceedings of IEEE International Workshop on Metrology for Aerospace. Piscataway: IEEE Press,2017: 262-265.

第2章

深空探测地基无线电跟踪测量原理与基础

本章介绍了深空探测地基无线电跟踪测量的基本原理与相关基础,包括多普勒、测距和 TDOA 的测量机理。其中,2.1 节从对探测器空间飞行状态信息测量的敏感性上说明了各种测量技术的必要性及优势;2.2 节从信号调制特性上重点介绍了专门应用于深空远距离大传输时延条件下的再生伪码测距体制的信号模型,并从伪码的平衡性、相关性和频谱特性等诸多方面进行了分析和阐述;2.3 节给出了用于数字信号处理中接收信号的数学模型、噪声特性和信噪比分析,作为后续讨论地基无线电跟踪测量统计信号处理方法和性能分析的基础。

2.1 深空探测主要测量方法

航天无线电测量的发展经历了由近地轨道卫星向深空探测航天器、由普通精度测量向高精度测量的过程。测量体制也经历了由统一载波测量体制向扩频测量体制、再生伪码测量体制、深空干涉测量体制的发展过程。

统一载波测量体制是指将遥控信号和侧音信号等副载波信号统一调制到上行信号中,星上相干转发并调制遥测副载波到下行信号中,地面通过测量不同频率侧音信号的相位和载波的多普勒完成距离测量。该体制工程实现简单,适用于模拟信号和数字信号,测量精度相对较低,代表性的应用是 USB 体制,广泛应用于载人航天、近地卫星测控系统。

扩频测量体制是指利用伪码进行测量的体制,在上行载波信号中调制扩频伪码信号,星上相干转发,地面通过测量伪码码片及码片内相位进行距离测量,通过载波多普勒进行速度测量。扩频测量体制最早应用于美国跟踪与数据中继卫星系统(tracking and data relay satellite system,TDRSS),后来 CCSDS 制定了扩频测量标准,采用的伪码主要是 m 码、GOLD 码及其截短码,在测量的同时可调制遥测/遥控信号,因其具有多用户性能、信号隐蔽性和较高的测量精度,广泛应用于近地卫星的测控系统,是目前主要使用的体制。卫星导航系统中应用的也是伪码测量原理,区别在于卫星导航利用广播信号测量单向伪距,再通过多个测量值联合解算,但是伪码测量的基本原理是相同的。

再生伪码测量体制是在上行信号中调制再生测距伪码,星上收到上行信号后不直接转发,而是再生成与上行信号具有相同相位的测距伪码信号,然后向下行进行相干转发。再生伪码测量体制中使用的再生测距码与扩频测量体制中的不同,再生测距码是由主时钟序列和若干子序列组合而成,不是伪随机码序列,其测量性能更优,但不具备多址性能。在相干转发方面,普通的相干转发是星上直接将上行信号进行宽带透明转发,这样上行信号中的残留遥控信号和噪声信号都被转发到下行信号中,降低了地面接收测量信号的信噪比;再生伪码测量通过星上信号再生的方式,提高了地面接收信号的信噪比,从而提高了测量精度。

深空干涉测量是一项具有高分辨率、高测量精度的观测技术,在天体物理方面主要应用于类星体、射电星系、星际脉泽源等致密射电源毫角秒级的精细结构研究和精确定位等。干涉测量是利用两座相距很远(数千千米)的观测站同时接收来自同一源的信号,测量其到达两站的单向差分时延(DOR)或单向差分多普勒(DOD),从而获得目标到两个站基线的夹角。两个地面站的天线指向同一个深空目标,如射电星或航天器。由于目标距离遥远,到达两个地面站的信号是互相平行的。信号经过采样记录、回放和互相关处理,得到时延差和时延差变化率。干涉测量具有可接收微弱信号、测量精度高的特点。

2.1.1 多普勒与测距技术

在利用测距技术、多普勒测量技术对月球和深空航天器进行测定轨之前,首先需考虑测距观测量和多普勒观测量对航天器飞行参数的能观测性(敏感性)。JPL 的 Curkendall 等学者将这一分析称为"测量数据的信息内容分析",并给出了月球、深空航天器到地球测站站心径向距离 ρ 的一阶近似模型,如式(2-1)[1]所示。

$$\rho \approx r - [r_s \cos\delta \cos(\varphi - \alpha) + z_s \sin\delta] \tag{2-1}$$

其中,r 为航天器距离地球中心的几何距离;α, δ 分别为航天器在地心系下的赤经和赤纬;$[r_s, z_s, \varphi]$ 为地球测站在地心系下的柱坐标。上述各参数的几何含义如图 2.1 所示。

根据站心径向距离的一阶近似模型,可以导出月球和深空航天器到地球测站站心距离变化率的近似计算模型,如式(2-2)所示。

$$\dot{\rho} \approx \dot{r} - z_s \dot{\delta} \cos\delta + r_s \dot{\delta} \sin\delta \cos(\varphi - \alpha) + r_s (\dot{\varphi} - \dot{\alpha}) \cos\delta \sin(\varphi - \alpha)$$

$$\tag{2-2}$$

其中,第一项代表航天器相对于地心径向距离的变化所对应的直线运动,其余各项代表航天器空间角方位变化与测站随地球自转共同构成的角运动,两部分运动共同叠加构成了航天器站心距离变化率。另外注意到式(2-2)中后三项包含三个角速度分量 $\dot{\varphi}, \dot{\alpha}$ 和 $\dot{\delta}$,其中 $\dot{\varphi}$ 对应于地球自转角速度 ω_e,$\dot{\alpha}$ 和 $\dot{\delta}$ 分别对应于航天器赤纬和赤经的角速度。由于深空航天器距离

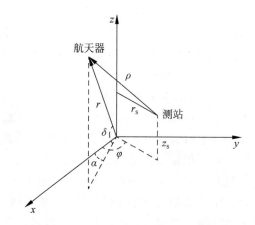

图 2.1 测站与航天器的观测几何

地球非常遥远,赤纬和赤经变化十分缓慢,因此近似有

$$\dot{\alpha} \approx 0, \quad \dot{\delta} \approx 0 \tag{2-3}$$

故式(2-2)可进一步简化为

$$\dot{\rho} \approx \dot{r} + \omega_e r_s \cos\delta \sin(\varphi - \alpha) \tag{2-4}$$

式(2-4)即为 JPL 给出的关于深空航天器多普勒测量的信息含量公式[1]。图 2.2 为 JPL 给出的典型深空航天器数天范围内径向距离变化率的示意图[2]。可见航天器距离地球测站站心的径向距离的变化率为慢变的地心距离变化项与快变的地球自转变化项之叠加。

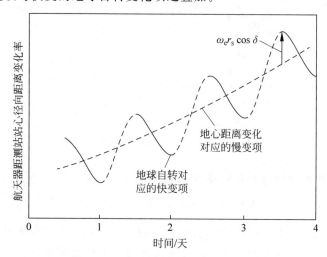

图 2.2 深空航天器典型多普勒变化趋势

典型的深空航天器双向多普勒测量过程如图 2.3 所示[3]。由地面深空站内高稳定度的参考本振(通常为氢钟)产生一个频率设定值为 f_T 的载波信号,上行发送至深空航天器,航天器通常利用锁相环对其进行锁相接收和载波同步,并产生一个无噪声的载波信号副本,对该载波信号副本乘以转发因子 K(一个已知的固定值,以便将下行载波信号与上行载波信号在频域上分离),并发回同一深空站,深空站接收到该载波信号时载波信号的接收频率为 f_R,通常深空站利用站内接收机的锁相跟踪环路对接收的载波信号进行精确的相位跟踪和载波相位重建。将接收并进行相位重建后的载波信号与乘以转发因子 K 的发射信号进行混频,即为载波信号的多普勒分量。利用计数器对多普勒分量进行连续周计数,即可进行长时间的积分多普勒测量。因此,多普勒测量的物理含义并不是深空航天器相对地面深空站的瞬时径向速度,而是积分时间内航天器到地面深空站径向距离的变化量。

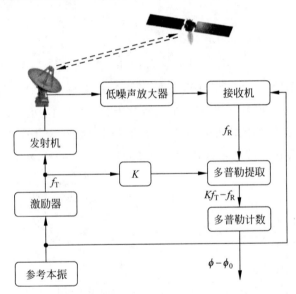

图 2.3 深空航天器双向多普勒测量过程

深空航天器积分多普勒观测量的测量方程如式(2-5)所示[3]。

$$\phi_{obs} = \phi_0 + \int_{t_0}^{t} \left[K(f_T + \varepsilon) - f_R \right] dt + \eta = \phi_0 + \phi_T - \phi_R + \eta \quad (2\text{-}5)$$

其中,t_0 为积分多普勒的起始时刻,ϕ_0 为起始时刻 t_0 处的载波多普勒初始相位,ϕ_T 为参考基准频率 Kf_T 的周计数,ϕ_R 为接收频率 f_R 的周计数,ε 为深空站时频系统不稳定性引起的随机噪声,η 为接收机热噪声引起的随机误差。

Moyer 给出了积分多普勒观测量理论计算值的方程[4]，如式(2-6)所示。

$$\phi_{\text{com}} = \frac{K f_{\text{T}}}{T_{\text{c}}} (\rho_{\text{e}} - \rho_{\text{s}}) \tag{2-6}$$

其中，ρ_{e} 和 ρ_{s} 分别为积分多普勒结束和开始时刻航天器到地面深空站的双程径向距离，T_{c} 为积分多普勒的计数时间。由式(2-6)也可见，积分多普勒测量值的物理含义并非航天器到测站的瞬时径向距离变化率，而是在积分时间内径向距离的累积变化量。

在测量原理上，测距技术与多普勒测量技术具有很大的相似性，不同的是测距是航天器到地球测站站心径向绝对距离的直接测量，而多普勒测量是径向距离增量的测量。在信号测量体制上，航天器除发送载波信号外，通常需发送一组侧音（正弦侧音、方波测距码侧音、音码混合侧音或伪随机测距码）来实现距离测量，信号处理的本质仍是对测距信号的相位进行测量[5]。由于用于保证测距精度的侧音（或伪码）信号频率通常为 1MHz，因此测距的典型测量精度量级为米，远不及多普勒对应于载波射频频率（以 8.4GHz 的 X 频段为例）所达到的毫米每秒的典型精度。但是，测距技术在月球和深空探测任务的操作和科学研究方面仍具有广泛的用途和价值。一个典型的例子是测距技术可以用于提高行星历表的精度。当一颗深空环绕轨道器实现对行星的环绕飞行时，仅使用典型精度的多普勒数据即可精确确定轨道器相对于该行星的飞行轨道，此时开展距离测量能够直接获得地球与该行星的高精度径向距离测量值，这些测量值可以用于改善该行星的飞行历表[6]。

多普勒测量数据虽然凭借具有载波距离增量测量和双向测量的相干性两个最重要的优点而在大部分月球和深空测量导航场景中占据主要地位，但多普勒测量的内在属性——多普勒对低赤纬航天器赤纬信息的不敏感性决定了其在一些特殊场景下应用的局限性。在某些场景下，对航天器径向距离 5m 的扰动会被定轨估计器错误地当成航天器在横向位置 1000 km 上的位移，这会对深空任务带来灾难性的结果[2]。在数学上这一问题可通过将式(2-4)对赤纬 δ 求偏导数解决，如式(2-7)所示。

$$\frac{\partial \dot{\rho}}{\partial \delta} \approx - \omega_e r_{\text{s}} \sin\delta \sin(\varphi - \alpha) \Rightarrow \lim_{\delta \to 0} \frac{\partial \dot{\rho}}{\partial \delta} \approx 0 \tag{2-7}$$

由于黄道面和赤道面的夹角仅为 23°，而深空航天器大多在黄道面内飞行，因此低赤纬属性对于深空航天器而言具有普遍性。为克服这一困难，JPL 最早提出了用于深空航天器的 TDOA 测量技术。

2.1.2　TDOA 测量技术

深空航天器 TDOA 测量技术的原理如图 2.4 所示[7]。位于地球南北半球的两个测站(两个测站的空间距离在赤道上的投影长度为 B)分别对航天器进行测距,获取航天器到两个测站的径向距离 ρ_1 和 ρ_2,距离的差分量即可实现对航天器赤纬信息的直接测量。其数学模型如式(2-8)所示,可见航天器赤纬越小,该差分距离观测量对航天器的赤纬越敏感。

$$\Delta\rho = \rho_2 - \rho_1 = B\sin\delta \Rightarrow \frac{\partial\Delta\rho}{\partial\delta} = B\cos\delta \tag{2-8}$$

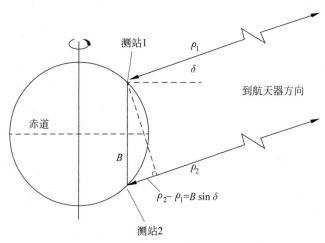

图 2.4　航天器 TDOA 测量技术的原理

在信号测量的实现上,航天器除了发送载波信号外,还需发送多个 DOR 侧音。航天器用于 TDOA 测量的典型信号调制方式如式(2-9)所示[8]。

$$s(t) = \sqrt{2P_T}\sin[2\pi f_c t + \theta d(t) + $$
$$\phi_1\sin(2\pi f_1 t) + \phi_2\sin(2\pi f_2 t)] \tag{2-9}$$

其中,P_T 为总的信号发射功率,f_c 为载波信号频率,$d(t)$ 为遥测数据,f_1 和 f_2 分别为两个 DOR 音信号的频率,ϕ_1 和 ϕ_2 分别为两个 DOR 音信号的调制指数。航天器 TDOA 测量信号的典型频谱如图 2.5 所示。图中箭头表示航天器载波和 DOR 音正弦信号的谱线,矩形阴影则是开展差分 TDOA 测量时用于记录自然射电源信号的带宽示意。

航天器的 TDOA 观测量是按照一种称为"带宽综合的技术"[9](该技术与卫星导航信号处理中的宽巷技术非常类似[10],均为测量多个射频信号的相位,通过计算信号间的到达相位差实现等效差分频率信号上的时延测量)根据式(2-10)生成的[8]。

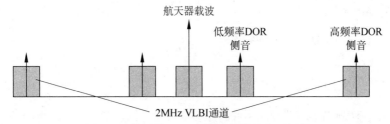

图 2.5 航天器 TDOA 测量信号的典型频谱

$$\tau_{SC} = \frac{\Delta\phi_2 - \Delta\phi_1}{f_2 - f_1} \tag{2-10}$$

其中，f_1 和 f_2 分别为用于 TDOA 测量的两个信号分量的频率，$\Delta\phi_1$ 和 $\Delta\phi_2$ 分别为两个信号分量的站间差分相位。

由于航天器 TDOA 测量需要至少两个测站，因此站间时钟的钟差会引入测量系统误差。为了解决这一问题，通常以宇宙中广泛存在的一类自然射电天体（称为"射电源"）作为参考，采用时分复用的方式分别测量同一测量基线上航天器信号到两个深空站的时延和射电源信号对应的时延，将两个时延做差，以消除站间时间钟差和信号传输路径上的公共误差。对射电源信号的采集记录如图 2.5 所示。航天器与射电源间的差分 TDOA 测量如图 2.6 所示。

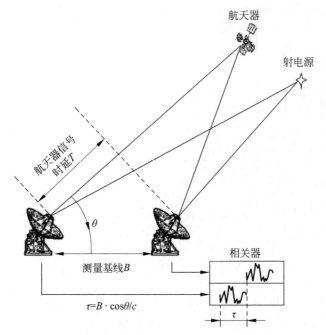

图 2.6 航天器-射电源差分 TDOA 测量示意图

2.2 信号调制模型与特性

2.2.1 再生伪码测距信号特性

在近地轨道航天器测量中,测距多采用透明宽带转发上行测距信号的模式,该模式在将测距信号转发的同时也将残留遥控信号、噪声的无用信号转发下来,降低了测距信号的信噪比。在深空探测中,由于飞行器距离地球远,通过透明转发的方式会使测距信号信噪比过低。再生伪码测距体制通过星上对上行伪码进行恢复再生然后转发,提高了测距信号的信噪比,满足了深空探测的需求。

目前,ESA,NASA 等用于深空再生伪码测量的典型伪码是托斯沃斯码(Tausworthe sequence)。托斯沃斯码的概念最早由 Titsworth 在发表于1964 年 IEEE Transactions 上的一篇文章中提出,是一种性能优良的测距伪码[11]。目前常见的托斯沃斯码是由 6 组周期互质的子序列经过一定的组合逻辑(combining logic)运算产生的,6 组子序列分别为 C_1,C_2,C_3,C_4,C_5,C_6,指周期 λ_i 分别为 $2,7,11,15,19,23$ 的循环序列,组合形成的托斯沃斯码序列的周期为 $2 \times 7 \times 11 \times 15 \times 19 \times 23 = 1\,009\,470$,如图 2.7所示。$C_1$ 是 $+1$,-1 交替的码,等同于一个伪码时钟分量,通过与其他子序列组合加长序列周期提高了解模糊距离。

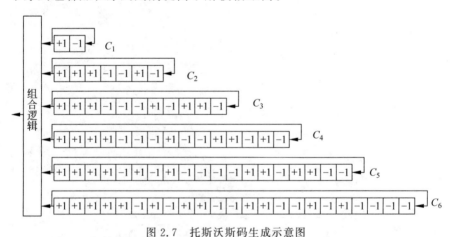

图 2.7 托斯沃斯码生成示意图

NASA 的 JPL 设计过一种托斯沃斯码组合逻辑,其组合逻辑是当且仅当 C_1 为 $+1$ 或者 $C_2 \sim C_6$ 都为 $+1$ 时,序列输出为 $+1$。其逻辑组合可表示

为[12]

$$C = \text{sign}(0.5 + 5C_1 + C_2 + C_3 + C_4 + C_5 + C_6) \quad (2\text{-}11)$$

其中,sign 为符号函数。

如果将子序列 C_i 表示成 0/1 序列,其组合逻辑可表示为

$$C = C_1 \bigcup (C_2 \bigcap C_3 \bigcap C_4 \bigcap C_5 \bigcap C_6) \quad (2\text{-}12)$$

后来经过优化设计,设计了 T2,T4 码及 T2B,T4B 码,它们可以统一表示为[13]

$$C = \text{sign}[vC_1 + C_2 + C_3 + \alpha(C_4 + C_5 + C_6)] \quad (2\text{-}13)$$

其中,$v = 2$ 或 4,$\alpha = \pm 1$。

当 $v = 2$,$\alpha = +1$ 时,为 T2 码;当 $v = 4$,$\alpha = +1$ 时,为 T4 码。由于 T2 码与 T4 码的平衡性较差,为了减少伪码频谱中的直流分量,设计了加权平衡托斯沃斯码(weighted-voting balanced Tausworthe sequence)。当 $v = 2$,$\alpha = -1$ 时,为 T2B 码;当 $v = 4$,$\alpha = -1$ 时,为 T4B 码。T2B 码和 T4B 码也是 CCSDS 再生伪码测量系统(CCSDS 414.1-B-2)中的建议用码。

一般将第一个子序列称为"码钟子序列"或"测距时钟子序列",当该子序列的权重高时,测量精度会提高,但是码捕获时间变长,这是因为其他序列的权重低,能量比重少,而捕获需要全部子序列实现同步;相反,当码钟子序列的权重小时,测量精度降低,码捕获时间变短,相关内容在后面章节的分析中将详细介绍。下面对几种典型再生伪码测距信号的伪码特性进行分析。

1. 再生测距码平衡性分析

平衡性表征了伪码序列中 $+1$ 和 -1 个数的差值,会影响射频信号中直流分量的大小,即如果平衡性较差,将会残留较大的直流分量。对 5 种典型的再生测距码进行平衡性分析,并与同等长度截短 m 码进行比较,见表 2.1。

表 2.1　再生伪码平衡性

码 型	+1 的个数	−1 的个数	+1 比−1 多的数量	±1 变换(游程总数)
JPL1999	527 775	481 695	46 080	963 390
T2	554 772	454 698	100 074	706 200
T2B	504 033	505 437	−1404	717 618
T4	517 380	492 090	25 290	955 480
T4B	504 583	504 887	−304	950 446
20 阶 m 码截短	504 745	504 725	20	505 178

从表 2.1 可以看出：

（1）改进后的 T2B 码和 T4B 码的平衡性明显增强，+1 和−1 的数量差减小。

（2）与截短的 m 码相比，上述几种码的平衡性都差一些，其中 m 码的长度由 $(2^{20}-1)$ 截短为 1 009 470，本原多项式为 $F(X)=X^{20}+X^3+1$。

2. 游程特性分析

游程是指连续的相同的序列元素，在 ±1 序列中就是指连续的 +1 或 −1 的一段序列，即在序列中从某次元素变换开始到下一次元素变换结束的一段序列；游程长度是指游程的连续 +1 或 −1 的个数；而游程数是指整个序列中存在的游程数量。不同游程长度的游程数是不同的。游程特性表征了一个序列的随机特性，决定了一个序列的频谱特性，游程特性服从随机分布，那么其频谱就更光滑。

假设一个序列是完全随机序列，那么可以计算随机序列的理论游程特性。

对于长度为 N 的序列，长度为 n 的游程出现的概率推导如下：

长度为 n 的 −1 游程是指第 x 位为 +1，从第 $x+1$ 位到 $x+n$ 位（$0 \leqslant x \leqslant N-n$）连续为 −1，且第 $x+1$ 位为 +1，其概率为 $f(x)$。

连续 n 个 −1 的概率为

$$f_{-1}(n)=\begin{cases}\left(\dfrac{1}{2}\right)^2 \cdot \left(\dfrac{1}{2}\right)^n, & 0<x<N-n \\[3mm] \dfrac{1}{2} \cdot \left(\dfrac{1}{2}\right)^n, & x=0 \text{ 或}(N-n)\end{cases} \tag{2-14}$$

当 $N \gg n$ 时，可近似为 $f_{-1}(n)=\dfrac{1}{2^{n+2}}$，+1 游程长度为 n 的概率为 $f_{+1}(n)=\dfrac{1}{2^{n+2}}$。长度为 n 的游程的个数为

$$M_{-1}(n)=M_{+1}(n)=\frac{N}{2^{n+2}} \tag{2-15}$$

下面对几种码的游程长度进行仿真分析，并与截短 m 码和理论值进行分析，见表 2.2。

表 2.2　再生伪码游程特性

游程长度		1	2	3	4	5	6	7	8	9	10	11	最长游程
JPL	−1	481 695	0	0	0	0	0	0	0	0	0	0	1
	+1	459 375	0	21612	0	696	0	0	0	0	0	0	5
T2	−1	291 890	27 167	29 708	2527	1641	132	35	0	0	0	0	7
	+1	253 935	27 200	55 132	6149	8790	971	804	33	84	1	1	11
T2B	−1	278 306	29 809	41 371	4009	4808	268	209	8	21	0	0	9
	+1	279 686	26 771	43 835	4195	3631	480	207	0	4	0	0	9
T4	−1	462 489	1346	8797	22	86	0	0	0	0	0	0	5
	+1	450 396	1352	20 318	64	600	0	10	0	0	0	0	7
T4B	−1	459 953	1392	13 614	12	252	0	0	0	0	0	0	5
	+1	460 129	1332	13 486	56	216	0	4	0	0	0	0	7
m 码截短	−1	126 372	63 167	31 529	15 812	7868	3925	1963	981	485	248	122	—
	+1	126 368	63 173	31 539	15 778	7865	3944	1977	975	493	240	118	—
		12	13	14	15	16	17	18	19	20			
	−1	58	31	14	7	4	1	1	1	0			19
	+1	62	31	12	7	4	1	1	0	1			20
理论分布	−1/+1	126 184	63 092	31 546	15 773	7886	3943	1972	986	493	246	123	
		12	13	14	15	16	17	18	19	20			
	−1/+1	62	31	15	8	4	2	1	1	0			

由表 2.2 可以看出:

(1) 对于 JPL 码,−1 的最长游程为 1,+1 的最长游程为 5,游程长度较短,这与其生成方式有关,决定了该序列不可能有连续的 −1 出现。

(2) 再生伪码与理论分布相比,缺少长度长的游程。

(3) 截短 m 码的游程分布与理论分布相近,而不截短的 m 码分布与理论分布几乎相同。

3. 相关性分析

托斯沃斯码的相关性比较特殊,由于需要完成各个子序列的捕获,因此需要分析各子序列与伪码序列的相关性。5 种码分别与组成其的 6 个子序列的相关性如图 2.8～图 2.12 所示。

从图 2.8～图 2.12 可以看出:

(1) 伪码序列与其子序列的相关性具有周期性,其周期与子序列的长度相同;

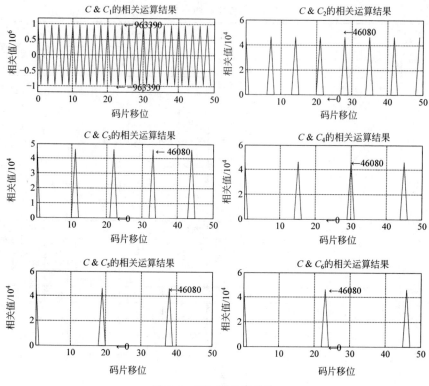

图 2.8 JPL 码的相关性

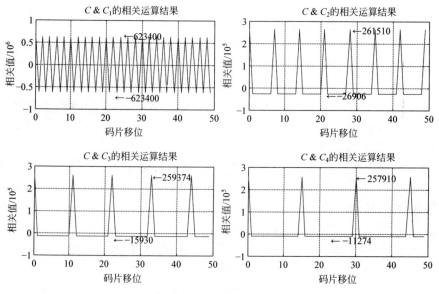

图 2.9 T2 码的相关性

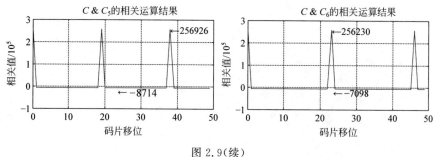

图 2.9(续)

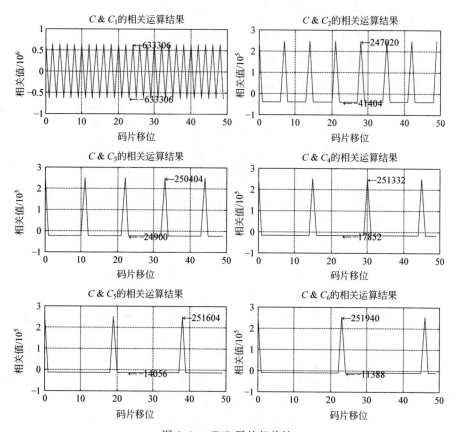

图 2.10 T2B 码的相关性

（2）伪码序列与其子序列的相关性是二值的，除相关峰值外，其他相关值相同，设子序列的峰值相关系数为 ξ_i，非峰相关系数为 ψ_i，5 种再生测距伪码与子序列的相关系数见表 2.3。

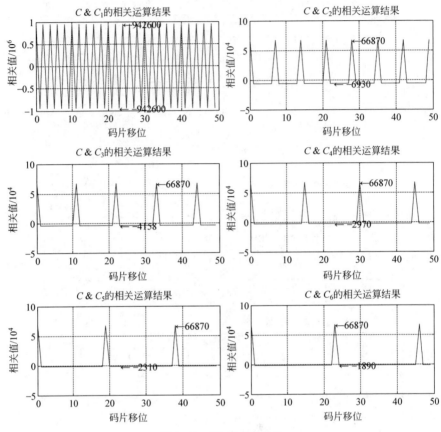

图 2.11 T4 码的相关性

表 2.3 5 种再生测距伪码与子序列的相关系数

码型		C_1	C_2	C_3	C_4	C_5	C_6
JPL	ξ_i	0.9544	0.0456	0.0456	0.0456	0.0456	0.0456
	ψ_i	-0.9544	0	0	0	0	0
T2	ξ_i	0.6176	0.2591	0.2569	0.2555	0.2545	0.2538
	ψ_i	-0.6176	-0.0267	-0.0158	-0.0112	-0.0086	-0.0070
T2B	ξ_i	0.6274	0.2447	0.2481	0.2490	0.2492	0.2496
	ψ_i	-0.6274	-0.0410	-0.0247	-0.0177	-0.0139	-0.0113
T4	ξ_i	0.9338	0.0662	0.0662	0.0662	0.0662	0.0662
	ψ_i	-0.9338	-0.0069	-0.0041	-0.0029	-0.0023	-0.0019
T4B	ξ_i	0.9387	0.0613	0.0613	0.0613	0.0613	0.0613
	ψ_i	-0.9387	-0.0103	-0.0061	-0.0044	-0.0034	-0.0028

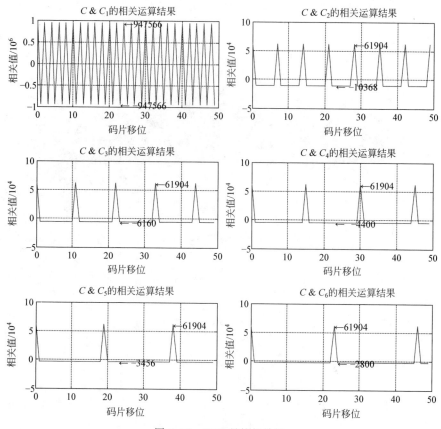

图 2.12 T4B 码的相关性

4. 频谱特性分析

图 2.13～图 2.17 是 5 种码的频谱图(矩形波、基带信号)。码速率为 1Mchip/s,码钟(子序列 C_1)频率为 0.5MHz。

从图 2.13 可以看出,伪码的带宽为 2MHz,在 0.5MHz 处有明显的码钟分量谱线,同时由于 JPL 码的平衡性不是很好,所以有明显的直流分量存在。

从图 2.14 和图 2.15 可以看出,T2/T2B 码的码钟分量相对 JPL 码较低,另外由于 T2B 码的平衡性更好,它的直流分量小于 T2 码。

从图 2.16 和图 2.17 可以看出,T4 码的码钟分量高于 T2 码但低于 JPL 码,另外 T4B 码的直流分量小于 T4 码。

从上面的分析可以看出,不同的再生测距码具有不同的伪码特性,从而具有不同的捕获性能和测量性能。

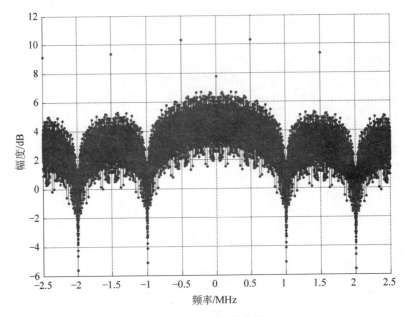

图 2.13　JPL 码频谱图

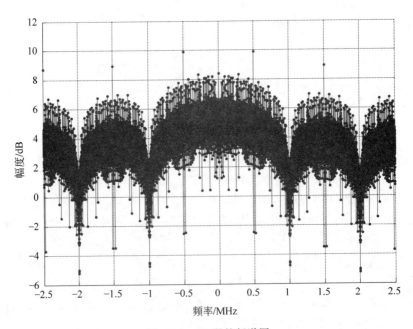

图 2.14　T2 码的频谱图

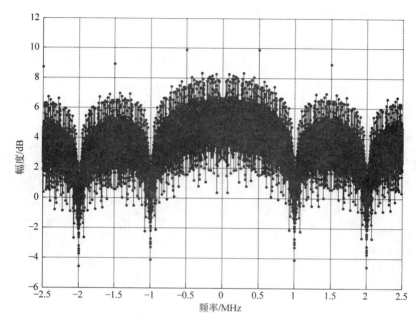

图 2.15 T2B 码的频谱图

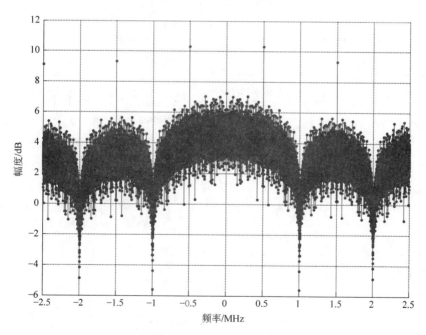

图 2.16 T4 码的频谱图

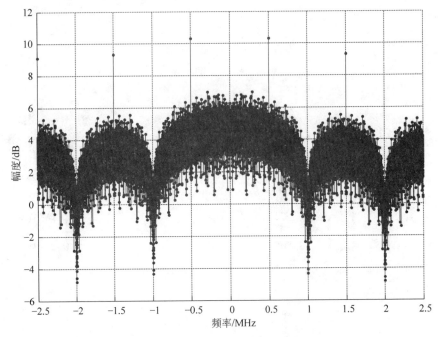

图 2.17　T4B 码的频谱图

2.2.2　干涉测量信号

进行航天器差分干涉测量时,需要航天器应答机发射几个侧音信号(通常称为"DOR 侧音"),这几个侧音形成了一定的扩展带宽。对 DOR 侧音的数目、侧音频率及侧音功率的要求需要根据航天器角位置的先验信息精度、差分单向测距要达到的精度来决定。一般而言,窄间隔的侧音用于根据航天器先验角位置信息解相位整周模糊,而宽间隔的侧音用于保证最终的测量精度或用于解载波(如 S 或 X 频段载波)的相位整周模糊,得到高精度的相位延迟。

DOR 侧音通过将纯正弦波或纯方波调制到 S,X 或 Ka 频段的下行载波上形成。基于频谱效率的考虑,在多侧音的调制模式下,通常采用纯正弦信号作为 DOR 侧音。这也是 CCSDS 建议采用的 DOR 信号类型。下面重点对采用两个正弦 DOR 侧音对载波调相的下行信号做信号分析,简要分析一个方波对载波调相的情形。

在单向测控模式下,一般是采用 1~2 个正弦 DOR 侧音对下行载波调相,即下行信号 $s(t)$ 为[8]

$$s(t) = \sqrt{2P_T} \cos[\omega_c t + m_1 \sin(\omega_1 t) + m_2 \sin(\omega_2 t)] \quad (2\text{-}16)$$

其中，P_T 为下行信号总功率；ω_c 为下行载波频率；$\omega_1, \omega_2, m_1, m_2$ 分别为下行 DOR 侧音的频率及调制指数（单位：rad）。

将下行信号 $s(t)$ 做第一类 Bessel 函数展开，并保留至一阶项，有[14]

$$s(t) = \sqrt{2P_T}[J_0(m_1)J_0(m_2)\cos(\omega_c t) + J_1(m_1)J_0(m_2)\cos(\omega_c t + \omega_1 t) - $$
$$J_1(m_1)J_0(m_2)\cos(\omega_c t - \omega_1 t) + J_1(m_2)J_0(m_1)\cos(\omega_c t + \omega_2 t) - $$
$$J_1(m_2)J_0(m_1)\cos(\omega_c t - \omega_2 t)]$$

$$(2\text{-}17)$$

含有两个 DOR 侧音的航天器下行信号频谱如图 2.18 所示。

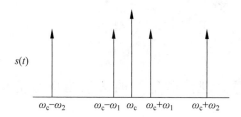

图 2.18　正弦 DOR 侧音调相下行信号频谱

地面测站对每根正弦 DOR 侧音的相位测量精度取决于地面检测时侧音的功率噪声谱密度比，如果侧音与载波相干，则可用载波辅助 DOR 侧音检测。上述下行信号中残余载波的功率为[14]

$$P_C = P_T J_0^2(m_1) J_0^2(m_2) \quad (2\text{-}18)$$

侧音 1,2 上下边带的功率 P_{1U}, P_{1L} 和 P_{2U}, P_{2L} 分别为[14]

$$P_{1L} = P_{1U} = P_T J_1^2(m_1) J_0(m_2) \quad (2\text{-}19)$$

$$P_{2L} = P_{2U} = P_T J_1^2(m_2) J_0(m_1) \quad (2\text{-}20)$$

相应的残余载波和 DOR 侧音的调制损耗为[14]

$$\frac{P_C}{P_T} = J_0^2(m_1) J_0^2(m_2) \quad (2\text{-}21)$$

$$\frac{P_{1L}}{P_T} = \frac{P_{1U}}{P_T} = J_1^2(m_1) J_0(m_2) \quad (2\text{-}22)$$

$$\frac{P_{2L}}{P_T} = \frac{P_{2U}}{P_T} = J_1^2(m_2) J_0(m_1) \quad (2\text{-}23)$$

对于方波型的 DOR 侧音，用一个具有单位幅值、角频率为 ω_1 的方波信号调相到下行载波上以产生一个具有多侧音的下行信号 $s(t)$[15]：

$$s(t) = \sqrt{2P_T} \cos[\omega_c t + m_1 \mathrm{sqwv}(\omega_1 t)] \qquad (2\text{-}24)$$

式(2-24)可以展开为[15]

$$s(t) = \sqrt{2P_T} \cos[m_1 \mathrm{sqwv}(\omega_1 t)]\cos(\omega_c t) -$$

$$\sqrt{2P_T} \sin[m_1 \mathrm{sqwv}(\omega_1 t)]\sin(\omega_c t)\sin[m_1 \mathrm{sqwv}(\omega_1 t)]$$

$$= \sin(m_1) \frac{4}{\pi} \sum_{k=1}^{\infty} \frac{\cos[(2k-1)\omega_1 t]}{2k-1} \qquad (2\text{-}25)$$

其中,右侧第二项产生了频率与载波间隔副载波奇次倍频的侧音。对于角频率 $\omega_k = \omega_c \pm (2k-1)\omega_1$ 的方波谐波的调制损耗,可以简单地由上述表达式中的系数计算得到:

$$\frac{P_k}{P_T} = \frac{4}{\pi^2} \frac{1}{(2k-1)^2} \sin^2 m_1, \quad k = 1,2,3,\cdots$$

2.3 数字信号处理接收信号的数学模型与信噪比分析

2.3.1 高斯白噪声信号的统计模型

1. 高斯白噪声的连续形式及其统计特性

高斯白噪声 $n(t)$ 的信号随时间的变化服从高斯分布,其噪声功率谱密度为常数。$n(t)$ 具有以下的统计特性:

(1) 均值:$E[n(t)] = 0$。

(2) 自相关函数:$R(\tau) = E[n(t)n(t+\tau)] = \dfrac{N_0}{2}\delta(\tau)$。

(3) 双边(数学变换意义上)噪声功率谱密度为

$$S(\omega) = \int_{-\infty}^{\infty} R(\tau)\mathrm{e}^{-\mathrm{j}\omega\tau}\,\mathrm{d}\tau = \frac{N_0}{2}\int_{-\infty}^{\infty}\delta(\tau)\mathrm{e}^{-\mathrm{j}\omega\tau}\,\mathrm{d}\tau = \frac{N_0}{2} \qquad (2\text{-}26)$$

即在数学变换意义上,噪声的功率谱密度为 $N_0/2$;而在实际物理层面上,噪声的功率谱密度为 $N_0 = k_B T_{sys}$。其中,k_B 为玻耳兹曼常数,T_{sys} 为系统等效噪声温度。两种频谱对比如图 2.19 和图 2.20 所示。

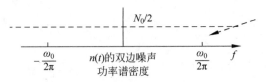

图 2.19 高斯白噪声双边谱密度

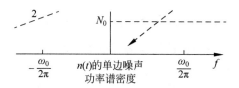

图 2.20　高斯白噪声单边谱密度

通过带通滤波器(如中频滤波器、锁相环等)后,滤波器输出的噪声功率(方差)为

$$\sigma_{\mathrm{n}}^2 = N_0 B_{\mathrm{IF}} \tag{2-27}$$

其中,B_{IF} 为滤波器的单边等效噪声带宽,如图 2.21 所示。

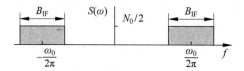

图 2.21　经过带通滤波器后的噪声功率

2. 窄带高斯白噪声的连续形式及其统计特性

为了研究高斯白噪声对正弦信号的影响,通常将分布在正弦信号频率附近的噪声建模为窄带噪声模型[16]:

$$n(t) = n_{\mathrm{c}}(t)\sqrt{2}\cos[(\omega_0 + \omega_t)t] + n_{\mathrm{s}}(t)\sqrt{2}\sin[(\omega_0 + \omega_t)t] \tag{2-28}$$

注:式中的"+"亦可为"−",不影响分析。即可理解为 $n(t)$ 由两个正交的噪声分量 $n_{\mathrm{c}}(t)$ 和 $n_{\mathrm{s}}(t)$ 组成,正交的数学意义是 $E[n_{\mathrm{c}}(t) \times n_{\mathrm{s}}(t)] = 0$。

对等式两侧平方再取期望值有

$$E[n^2(t)] = E\{n_{\mathrm{c}}(t)\sqrt{2}\cos[(\omega_0 + \omega_t)t] + n_{\mathrm{s}}(t)\sqrt{2}\sin[(\omega_0 + \omega_t)t]\}^2$$

$$= E\{n_{\mathrm{c}}^2(t) + n_{\mathrm{c}}^2(t)\cos[2(\omega_0 + \omega_t)t] + n_{\mathrm{s}}^2(t) - n_{\mathrm{s}}^2(t)\cos[2(\omega_0 + \omega_t)t] +$$

$$4n_{\mathrm{c}}(t)n_{\mathrm{s}}(t)\cos[(\omega_0 + \omega_t)t]\sin[(\omega_0 + \omega_t)t]\}$$

$$= E[n_{\mathrm{c}}^2(t)] + E[n_{\mathrm{s}}^2(t)] \tag{2-29}$$

由于 $E[n^2(t)]$,$E[n_{\mathrm{c}}^2(t)]$ 和 $E[n_{\mathrm{s}}^2(t)]$ 分别为 $n(t)$,$n_{\mathrm{c}}(t)$ 和 $n_{\mathrm{s}}(t)$ 的方差,因此式(2-29)说明 $n_{\mathrm{c}}(t)$ 和 $n_{\mathrm{s}}(t)$ 的统计特性为

$$E[n_{\mathrm{c}}(t)] = E[n_{\mathrm{s}}(t)] = 0 \tag{2-30}$$

$$\sigma_{n_{\mathrm{c}}}^2 = E[n_{\mathrm{c}}^2(t)] = E[n_{\mathrm{s}}^2(t)] = \sigma_{n_{\mathrm{s}}}^2 = \frac{N_0}{2} \tag{2-31}$$

说明噪声的两个正交分量 $n_c(t)$ 和 $n_s(t)$ 的单边噪声谱密度均为 $\dfrac{N_0}{2}$。

在一些分析中，$n(t)$ 也被建模为如下等效的窄带模型：

$$n(t) = n_c(t)\cos[(\omega_0 + \omega_t)t] + n_s(t)\sin[(\omega_0 + \omega_t)t] \qquad (2\text{-}32)$$

与之前等效模型的区别在于，式(2-32)不再含有系数 $\sqrt{2}$，通过类似的推导可得此时 $n_c(t)$ 和 $n_s(t)$ 的统计特性为

$$E[n_c(t)] = E[n_s(t)] = 0 \qquad (2\text{-}33)$$

$$\sigma_{n_c}^2 = E[n_c^2(t)] = E[n_s^2(t)] = \sigma_{n_s}^2 = N_0 \qquad (2\text{-}34)$$

$n_c(t)$ 和 $n_s(t)$ 的单边噪声谱密度均为 N_0。但这种等效模型的表示并不会影响接收信号的信噪比分析结果。

下面结合随机过程和统计信号处理理论，总结非零均值和零均值窄带高斯白噪声的统计分布性质。

设二维随机变量 (X,Y) 相互独立且服从联合高斯分布：$E(X) = \mu_1$，$E(Y) = \mu_2$，$\mathrm{Var}(X) = \mathrm{Var}(Y) = \sigma^2$，因此 (X,Y) 的联合概率密度函数为

$$f(x,y) = \frac{1}{2\pi\sigma^2}\exp\left\{-\frac{1}{2}\left[\left(\frac{x-\mu_1}{\sigma}\right)^2 + \left(\frac{y-\mu_2}{\sigma}\right)^2\right]\right\} \qquad (2\text{-}35)$$

不失一般性，设 $\mu_1 = P\cos\phi$，$\mu_2 = P\sin\phi$，代入式(2-35)可得：

$$f(x,y) = \frac{1}{2\pi\sigma^2}\exp\left[-\frac{1}{2\sigma^2}(x^2 + y^2 + P^2 - 2xP\cos\phi - 2yP\sin\phi)\right]$$

$$(2\text{-}36)$$

令随机变量 $R = \sqrt{X^2 + Y^2}$，使用极坐标变换有

$$x = r\cos\theta, \quad y = r\sin\theta \qquad (2\text{-}37)$$

因此可得两个噪声 (X,Y) 叠加后的幅值、相位 (R,θ) 的联合概率密度为

$$f(r,\theta) = \frac{r}{2\pi\sigma^2}\exp\left\{-\frac{1}{2\sigma^2}[r^2 + P^2 - 2rP\cos(\phi-\theta)]\right\} \qquad (2\text{-}38)$$

将式(2-38)对 θ 进行积分，得到 R 的概率密度函数为

$$
\begin{aligned}
f(r) &= \frac{r}{2\pi\sigma^2}\int_0^{2\pi}\exp\left\{-\frac{1}{2\sigma^2}[r^2 + P^2 - 2rP\cos(\phi-\theta)]\right\}\mathrm{d}\theta \\
&= \frac{r}{\sigma^2}\exp\left(-\frac{r^2 + P^2}{2\sigma^2}\right)\frac{1}{2\pi}\int_0^{2\pi}\exp\left[\frac{rP}{\sigma^2}\cos(\phi-\theta)\right]\mathrm{d}\theta \\
&= \frac{r}{\sigma^2}\exp\left(-\frac{r^2 + P^2}{2\sigma^2}\right)\mathrm{I}_0\left(\frac{rP}{\sigma^2}\right)
\end{aligned}
\qquad (2\text{-}39)
$$

其中,$r \geqslant 0$,$\mathrm{I}_0(z)$ 是修正的零阶 Bessel 函数,定义如下:

$$\mathrm{I}_0(z) = \frac{1}{2\pi} \int_0^{2\pi} \exp(z\cos\theta) \mathrm{d}\theta \tag{2-40}$$

上述概率密度函数 $f(r)$ 为莱斯分布(Rice distribution),服从 $f(r)$ 的幅值随机变量 R 服从莱斯分布。

若 (X,Y) 是零均值的高斯噪声,即有 $P=0$,那么 (R,θ) 的联合概率密度变为

$$f(r,\theta) = \frac{r}{2\pi\sigma^2} \exp\left(-\frac{r^2}{2\sigma^2}\right) \tag{2-41}$$

将式(2-41)对 r 进行积分,积分限为 $(0,\infty)$,可得:

$$f(\theta) = \frac{1}{2\pi}, \quad \theta \in [0,2\pi] \tag{2-42}$$

可见噪声叠加后的相角 θ 服从 $[0,2\pi]$ 上的均匀分布。将 $f(r,\theta)$ 再对 θ 进行积分,积分限为 $[0,2\pi]$,可得噪声叠加后的幅值 R 的概率密度函数为

$$f(r) = \frac{r}{\sigma^2} \exp\left(-\frac{r^2}{2\sigma^2}\right), \quad r \geqslant 0 \tag{2-43}$$

上述概率密度函数 $f(r)$ 为瑞利分布(Rayleigh distribution),R 服从瑞利分布。

之所以分析莱斯分布和瑞利分布,是因为这两个特殊的分布在正弦信号开环估计、功率谱检测问题中具有重要作用。当分析虚警概率即信号样本中只包含窄带高斯白噪声时,信号的幅度服从均值为 0 的瑞利分布;当分析漏检概率,即信号样本为正弦波与窄带高斯白噪声的叠加时,信号的幅度服从均值为信号均值的莱斯分布。

3. 窄带高斯白噪声采样序列样本的统计特性

下面总结窄带高斯白噪声采样序列 $n(k)$ 及其正交分量 $n_I(k)$ 和 $n_Q(k)$ 的统计特性。

首先不加证明地给出窄带高斯白噪声采样序列 $n(k)$ 的基本性质。采样频率为 f_s,采样周期为 $T_s = \dfrac{1}{f_s}$ 的采样脉冲对连续的窄带高斯白噪声 $n(t)$ 采样之后得到白噪声的采样序列 $n(k)$,则 $n(k)$ 序列中的每个采样点均是独立同分布(independently identically distribution,IID)的,且序列 $n(k)$ 中的每个点的方差为

$$\sigma_n^2 = \frac{N_0}{T_s} = P_n \tag{2-44}$$

其中,$N_0 = k_B T_{sys}$,k_B 为玻耳兹曼常数,T_{sys} 为等效系统噪声温度。这一性质极其重要:它是将链路预算中的无线电接收系统物理层面上的噪声单边功率谱密度 N_0 与数字信号处理中噪声序列方差 σ_n^2、信号信噪比计算中的噪声功率 P_n 联系在一起的数学模型。

事实上,N_0/T_s 这一结果也是很直观的。对于采样频率为 f_s 的数字系统,虽然无模糊分辨的信号的最高频率为 $f_s/2$,但是采样之后的通带带宽为 $B_W = f_s$,因此通带内的噪声功率为 $P_n = N_0 B_W = N_0/T_s$。

离散序列的能量计算如下:

$$E_x = \lim_{N \to \infty} \sum_{k=0}^{N-1} |x(k)|^2 \tag{2-45}$$

功率计算如下:

$$P_x = \lim_{N \to \infty} \frac{1}{N} \sum_{k=0}^{N-1} |x(k)|^2 \tag{2-46}$$

在 MATLAB 计算中,"randn"函数用于产生服从高斯分布的随机白噪声序列,"rand"函数用于产生服从均匀分布的随机白噪声序列。两个函数是有区别的,因此仿真服从高斯分布的白噪声序列时需使用函数"randn"。下面以 MATLAB 程序给出高斯白噪声序列的实例。

```
Fs = 1E6;
tlen = 1;
tt = [0:round(tlen * Fs) - 1]/Fs;
N = size(tt);
sig = 5;
nt = sig * randn(N);
size(nt)
var(nt)
(norm(nt))^2/max(size(tt))
```

噪声信号时长为 1s,采样率为 1MHz,噪声标准差为 5,方差为 25,噪声信号时域图如图 2.22 所示。

噪声方差的计算结果为 Var(nt) = 24.9842692838644,噪声功率的计算结果为(norm(nt))^2/max(size(tt)) = 24.984266661176,可见噪声功率与噪声方差在统计意义上是一致的。

下面分析总结窄带高斯噪声采样序列的统计特性。

对比连续形式下的窄带高斯白噪声信号,窄带高斯白噪声的采样序列也可以建模为两种形式,分别如下:

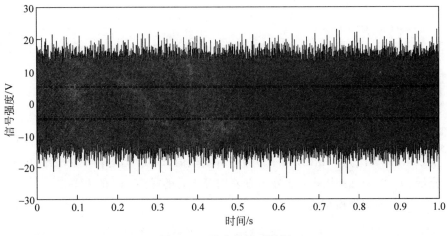

图 2.22 噪声信号时域图

$$n(k) = n_I(k)\cos(2\pi fkT_s) + n_Q(k)\sin(2\pi fkT_s) \tag{2-47}$$

此时，$n_I(k)$ 和 $n_Q(k)$ 的统计特性为

$$E[n_I(k)] = E[n_Q(k)] = 0,$$

$$\mathrm{Var}[n_I(k)] = \mathrm{Var}[n_Q(k)] = \frac{N_0}{T_s} \tag{2-48}$$

利用 MATLAB 产生窄带高斯随机序列，评估上述模型的有效性。

```
clear all
clc

Fs = 1E6;
tlen = 1;
tt = [0:round(tlen * Fs) - 1]/Fs;
N = size(tt);
sig = 5;
nt = sig * randn(N);

c = cos(2 * pi * 1 * tt);
s = sin(2 * pi * 1 * tt);

nt_c2 = nt. * c;
nt_s2 = nt. * s;
```

```
Var(nt)
Var(nt_c2)
Var(nt_s2)
nt2 = nt_c2 + nt_s2;
Var(nt2)
```

计算可得 Var(nt)= 24.9842692838644, Var(nt2)= 24.9853862947522, Var(nt_c2)= 12.4840330133767, Var(nt_s2)= 12.5002531381817。注意到 $\cos(2\pi fkT_s)$ 和 $\sin(2\pi fkT_s)$ 的平方期望值(即功率)均为 1/2,因此噪声分量 nt_c2,nt_s2 中噪声部分的方差均等于总的噪声 nt2 的方差。

另一种窄带模型为

$$n(k) = n_I(k)\sqrt{2}\cos(2\pi fkT_s) + n_Q(k)\sqrt{2}\sin(2\pi fkT_s) \quad (2\text{-}49)$$

此时噪声分量的统计特性为

$$E[n_I(k)] = E[n_Q(k)] = 0,$$

$$\mathrm{Var}[n_I(k)] = \mathrm{Var}[n_Q(k)] = \frac{N_0}{2T_s} \quad (2\text{-}50)$$

利用 MATLAB 产生窄带高斯随机序列,评估上述模型的有效性。

```
clear all
clc

Fs = 1E6;
tlen = 1;
tt = [0:round(tlen * Fs) − 1]/Fs;
N = size(tt);
sig = 5;
nt = sig * randn(N);

c = cos(2 * pi * 1 * tt);
s = sin(2 * pi * 1 * tt);

nt_c1 = nt * sqrt(2). * c;
nt_s1 = nt * sqrt(2). * s;
Var(nt)
Var(nt_c1)
Var(nt_s1)
nt1 = nt_c1 + nt_s1;
Var(nt1)
```

计算可得 Var(nt)＝24.9842692838644,Var(nt2)＝50.1410661649512,Var(nt_c1)＝24.9750217816861,Var(nt_s2)＝25.0893373842101。注意到 $\sqrt{2}\cos(2\pi fkT_s)$ 和 $\sqrt{2}\sin(2\pi fkT_s)$ 的平方期望值(即功率)均为1,因此噪声分量 nt_c1,nt_s1 中噪声部分的方差均等于总的噪声 nt1 方差的一半。

事实上,上述两种模型是等价的,即窄带高斯白噪声序列可以看作两个正交(统计独立)的噪声序列的叠加:

$$n(k)=n_I(k)+n_Q(k) \tag{2-51}$$

两个噪声分量的统计特性为

$$E[n_I(k)]=E[n_Q(k)]=0,$$

$$\mathrm{Var}[n_I(k)]=\mathrm{Var}[n_Q(k)]=\frac{N_0}{2T_s} \tag{2-52}$$

上述窄带高斯白噪声采样序列模型及其统计特性在信号处理的统计特性分析中至关重要。

4. 时域积分对窄带高斯白噪声采样序列统计特性的影响

时域积分是信号处理的重要方式,包括锁相环中的预检测积分等。下面分析时域积分对窄带高斯白噪声采样序列统计特性的影响。

由于白噪声样本序列是独立同分布的,N 个样本值相加后的方差为

$$\mathrm{Var}\left[\sum_{k=0}^{N-1}n(k)\right]=\sum_{k=0}^{N-1}n(k) \tag{2-53}$$

2.3.2　接收机接收信号的数学模型与下变频的信噪比模型

以接收机接收天线处收到的伪码二进制相移键控(binary phase shift keying,BPSK)调制的射频信号为例,接收信号可表示为

$$s(t)=AC(t)D(t)\cos[(\omega_0+\Delta\omega)t+\phi_0] \tag{2-54}$$

其中,A 为信号幅度,$C(t)$ 为伪随机码(PRN code,±1),$D(t)$ 为调制数据(对于全球定位系统(GPS)而言是50bps的导航电文,±1),$\omega_0=2\pi f_0$ 为载波频率(L_1 或 L_2),$\Delta\omega=\Delta(2\pi f)$ 为频率偏移(包括多普勒频移等),ϕ_0 为名义上的载波相位(包括整周模糊)。

因此,有用信号功率为

$$P_s=\frac{A^2}{2} \tag{2-55}$$

本地接收机的热噪声信号可建模为窄带高斯白噪声:

$$n(t)=x(t)\cos(\omega_0 t)-y(t)\sin(\omega_0 t)=r(t)\cos[\omega_0 t+\varphi(t)] \tag{2-56}$$

其中,$x(t)$ 和 $y(t)$ 分别为带限(bandlimited)高斯噪声(过程)的同相和正交分

量。$n(t),x(t),y(t)$的统计特性如下：

$$\begin{cases} E[n(t)]=E[x(t)]=E[y(t)]=0 \\ E[n^2(t)]=E[x^2(t)]=E[y^2(t)]=2N_0B=P_n \quad (2\text{-}57) \\ E[x(t)y(t)]=0 \end{cases}$$

其中，$2B$ 为接收机前端以 ω_0 为中心的单位增益带通滤波器的双边噪声带宽，如图 2.23 所示。

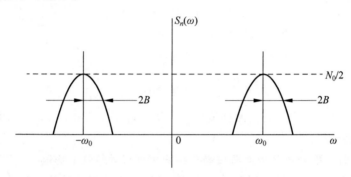

图 2.23 外部噪声的频谱[17]

以三角形式表示的 $n(t)$ 幅值的随机过程 $r(t)$ 服从两自由度的卡方分布（也称"瑞利分布"），而表示 $n(t)$ 辐角随机过程的 $\varphi(t)=\arctan[y(t)/x(t)]$ 服从 $[0,2\pi]$ 内的均匀分布。

可见，接收天线收到的信号为

$$r(t)=s(t)+n(t) \quad (2\text{-}58)$$

信号的信噪比为

$$\text{SNR}=\frac{P_s}{P_n}=\frac{A^2/2}{2N_0B}=\frac{A^2}{4N_0B} \quad (2\text{-}59)$$

1. 射频至中频变换信噪比分析

本振信号建模为

$$\text{LO}_1(t)=2\cos(\omega_1 t) \quad (2\text{-}60)$$

将 $r(t)$ 与 $\text{LO}_1(t)$ 混频，可得有用信号项为

$$\begin{aligned} s(t)\times\text{LO}_1(t) &= AC(t)D(t)\cos[(\omega_0+\Delta\omega)t+\phi_0]\times 2\cos(\omega_1 t) \\ &= 2AC(t)D(t)\times\frac{1}{2}\{\cos[(\omega_0+\Delta\omega+\omega_1)t+\phi_0]+ \\ &\quad \cos[(\omega_0+\Delta\omega-\omega_1)t+\phi_0]\} \\ &= AC(t)D(t)\{\cos[(\omega_0+\Delta\omega+\omega_1)t+\phi_0]+ \\ &\quad \cos[(\omega_0+\Delta\omega-\omega_1)t+\phi_0]\} \end{aligned} \quad (2\text{-}61)$$

分别得到高频项(式(2-61)中第 1 项)和中频项(式(2-61)中第 2 项),经过中频滤波后滤除高频项,保留中频项,此时中频信号中的有用信号为

$$s_{IF}(t) = LPF[s(t) \times LO_1(t)]$$
$$= AC(t)D(t)\cos[(\omega_0 + \Delta\omega - \omega_1)t + \phi_0] \quad (2\text{-}62)$$

可见,相比于射频信号 $s(t)$,$s_{IF}(t)$ 的信号功率未发生变化,仅仅是频率由射频变换到中频。

同理,对于中频噪声信号项,有

$$n_{IF}(t) = LPF[n(t) \times LO_1(t)] = x(t)\cos[(\omega_0 - \omega_1)t] -$$
$$y(t)\sin[(\omega_0 - \omega_1)t] \quad (2\text{-}63)$$

可见,相比于射频信号 $n(t)$,$n_{IF}(t)$ 的信号功率未发生变化,仅仅是频率由射频变换到中频。

因此,变频不引起信号信噪比的变化。注意本振信号中的系数为 2。

2. 中频至基带变换信噪比分析

在这一级混频中,通常采用复混频(即正交混频)以便于进行后续信号的处理。两路同频正交的单位功率本振信号分别为

$$\begin{cases} LO_{2I}(t) = \sqrt{2}\cos(\omega_2 t) \\ LO_{2Q}(t) = \sqrt{2}\cos\left(\omega_2 t + \dfrac{\pi}{2}\right) = -\sqrt{2}\sin(\omega_2 t) \end{cases} \quad (2\text{-}64)$$

变频框图如图 2.24 所示。

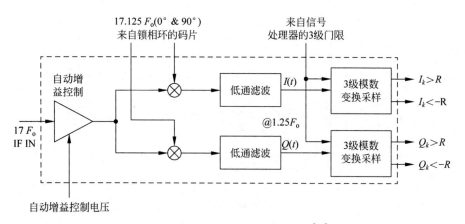

图 2.24 中频至基带的下变频框图[17]

因此,可得正交采样后的基带信号的两路正交分量分别为(滤除高频分量)

$$I_s(t) = \mathrm{LPF}\{AC(t)D(t)\cos[(\omega_0 + \Delta\omega - \omega_1)t + \phi_0] \times \sqrt{2}\cos(\omega_2 t)\}$$

$$= \frac{\sqrt{2}}{2}AC(t)D(t)\cos(\Delta\omega_B t + \phi_0) = \frac{A}{\sqrt{2}}C(t)D(t)\cos(\Delta\omega_B t + \phi_0)$$

$$(2\text{-}65)$$

$$Q_s(t) = \mathrm{LPF}\{AC(t)D(t)\cos[(\omega_0 + \Delta\omega - \omega_1)t + \phi_0] \times [-\sqrt{2}\sin(\omega_2 t)]\}$$

$$= \frac{\sqrt{2}}{2}AC(t)D(t)\sin(\Delta\omega_B t + \phi_0)$$

$$= \frac{A}{\sqrt{2}}C(t)D(t)\sin(\Delta\omega_B t + \phi_0) \tag{2-66}$$

$$\Delta\omega_B = \omega_0 + \Delta\omega - \omega_1 - \omega_2 \tag{2-67}$$

可见,本次变频不仅使信号频率发生变化,两支路 $I_s(t)$ 和 $Q_s(t)$ 的功率也变为原信号的 $1/2$,但有

$$P_s = E[I_s^2(t) + Q_s^2(t)] = \frac{A^2}{2} \tag{2-68}$$

同理,对于噪声信号有

$$n_{\mathrm{IF}}(t) \times \mathrm{LO}_{2I}(t) = [x(t)\cos(\omega_0 - \omega_1)t - y(t)\sin(\omega_0 - \omega_1)t] \times \sqrt{2}\cos(\omega_2 t)$$

$$= \frac{\sqrt{2}}{2}x(t)[\cos(\omega_0 - \omega_1 + \omega_2)t + \cos(\omega_0 - \omega_1 - \omega_2)t] -$$

$$\frac{\sqrt{2}}{2}y(t)[\sin(\omega_0 - \omega_1 + \omega_2)t + \sin(\omega_0 - \omega_1 - \omega_2)t]$$

$$(2\text{-}69)$$

$$n_{\mathrm{IF}}(t) \times \mathrm{LO}_{2Q}(t) = [x(t)\cos(\omega_0 - \omega_1)t - y(t)\sin(\omega_0 - \omega_1)t] \times [-\sqrt{2}\sin(\omega_2 t)]$$

$$= \frac{\sqrt{2}}{2}x(t)[\sin(\omega_0 - \omega_1 - \omega_2)t - \sin(\omega_0 - \omega_1 + \omega_2)t] +$$

$$\frac{\sqrt{2}}{2}y(t)[\cos(\omega_0 - \omega_1 - \omega_2)t - \cos(\omega_0 - \omega_1 + \omega_2)t]$$

$$(2\text{-}70)$$

通常有 $(\omega_0 - \omega_1 - \omega_2) \to 0$,故有 $\cos[(\omega_0 - \omega_1 - \omega_2)t] \to 1$,$\sin[(\omega_0 - \omega_1 - \omega_2)t] \to 0$。

因此,基带低通滤波(滤除噪声中的高频分量)后的噪声分量分别为

$$I_n(t) = \mathrm{LPF}[n_{\mathrm{IF}}(t) \times \mathrm{LO}_{2I}(t)] = \frac{\sqrt{2}}{2}x(t) = \frac{x(t)}{\sqrt{2}} \tag{2-71}$$

$$Q_n(t) = \text{LPF}\left[n_{\text{IF}}(t) \times \text{LO}_{2Q}(t)\right] = \frac{\sqrt{2}}{2}y(t) = \frac{y(t)}{\sqrt{2}} \quad (2\text{-}72)$$

两支路上的噪声功率分别为

$$E(I_n^2) = E(Q_n^2) = \frac{1}{2}E\left[x^2(t)\right]$$

$$= \frac{1}{2}E\left[y^2(t)\right] = N_0 B = \frac{P_n}{2} \quad (2\text{-}73)$$

可见，两个支路上的噪声分量功率也变为射频噪声功率的 $1/2$。但在 I,Q 两个支路上，信噪比为

$$\text{SNR}_I = \frac{E\left[I_s^2(t)\right]}{E(I_n^2)} = \frac{P_s/2}{P_n/2} = \frac{P_s}{P_n} \quad (2\text{-}74)$$

$$\text{SNR}_Q = \frac{E\left[Q_s^2(t)\right]}{E(Q_n^2)} = \frac{P_s/2}{P_n/2} = \frac{P_s}{P_n} \quad (2\text{-}75)$$

可见，每个支路上的信噪比仍与射频输入信号的信噪比相同。

同时，从上述分析也可以看出，在复混频后，I,Q 各支路上的噪声谱密度也由原来射频噪声的 $N_0 = k_B T_{\text{sys}}$ 变为了 $N_0/2$（这在数字信号处理的仿真中很重要）。

3. 模数变换（A/D）信噪比分析

A/D 前的基带信号连续时间数学模型为

$$I_s(t) = \frac{A}{\sqrt{2}}C(t)D(t)\cos(\Delta\omega_B t + \phi_0) \quad (2\text{-}76)$$

$$Q_s(t) = \frac{A}{\sqrt{2}}C(t)D(t)\sin(\Delta\omega_B t + \phi_0) \quad (2\text{-}77)$$

$$I_n(t) = \frac{x(t)}{\sqrt{2}} \quad (2\text{-}78)$$

$$Q_n(t) = \frac{y(t)}{\sqrt{2}} \quad (2\text{-}79)$$

A/D 后，信号变换为离散的数字形式，有

$$I_{sk} = \frac{A}{\sqrt{2}}C_k D_k \cos\phi_k \quad (2\text{-}80)$$

$$Q_{sk} = \frac{A}{\sqrt{2}}C_k D_k \sin\phi_k \quad (2\text{-}81)$$

$$I_{nk}(t) = \frac{x(t_k)}{\sqrt{2}} = \frac{x_k}{\sqrt{2}} \quad (2\text{-}82)$$

$$Q_{nk}(t) = \frac{y(t_k)}{\sqrt{2}} = \frac{y_k}{\sqrt{2}} \qquad (2\text{-}83)$$

4. 相位旋转信噪比分析

根据载波环路给出的多普勒动态,消除信号中的多普勒影响,有

$$I_{1,sk} = \frac{A}{\sqrt{2}} C_k D_k \cos(\phi_k - \phi_{rk}) = I_{sk}\cos\phi_{rk} + Q_{sk}\sin\phi_{rk} \qquad (2\text{-}84)$$

$$Q_{1,sk} = \frac{A}{\sqrt{2}} C_k D_k \sin(\phi_k - \phi_{rk}) = Q_{sk}\cos\phi_{rk} - I_{sk}\sin\phi_{rk} \qquad (2\text{-}85)$$

同理,噪声分量经过相位旋转后的模型为

$$I_{1,nk} = x_{1,k}/\sqrt{2} \qquad (2\text{-}86)$$

$$Q_{1,nk} = y_{1,k}/\sqrt{2} \qquad (2\text{-}87)$$

相位旋转并不引起信号功率的变化。

5. 码相关信噪比分析

经过相位旋转、码相关后的有用信号采样为

$$I_{2,sk} = I_{1,sk}C_{kr,j} = \frac{A}{\sqrt{2}} C_k C_{kr,j} D_k \cos(\phi_k - \phi_{rk}) \qquad (2\text{-}88)$$

$$Q_{2,sk} = Q_{1,sk}C_{kr,j} = \frac{A}{\sqrt{2}} C_k C_{kr,j} D_k \sin(\phi_k - \phi_{rk}) \qquad (2\text{-}89)$$

噪声采样为

$$I_{2,nk} = I_{1,nk}C_{kr,j} = C_{kr,j}x_{1,k}/\sqrt{2} = x_{2,k,j}/\sqrt{2} \qquad (2\text{-}90)$$

$$Q_{2,nk} = Q_{2,nk}C_{kr,j} = C_{kr,j}y_{1,k}/\sqrt{2} = y_{2,k,j}/\sqrt{2} \qquad (2\text{-}91)$$

码相关处理就像是滤波器一样,相关之后的噪声分量方差为

$$E(x_{2,k,j}^2) = E(y_{2,k,j}^2) = N_0/T_s \qquad (2\text{-}92)$$

其中,$T_s = 1/(2B)$ 为信号的采样频率。上述噪声方差关系在数字信号处理仿真中至关重要。

6. 预检测积分信噪比分析

预检测积分(求和)是将经过相位旋转和码相关处理后的若干信号采样点求和,若预检测积分时间为 T,则求和的点数为

$$M_E = T/T_s \qquad (2\text{-}93)$$

预检测求和的目的是分别提高 I 和 Q 两个支路上的信噪比。对于信号的相干累加,N 个点相加后的和的功率为单个点的 N^2 倍,而 N 个噪声点相加后的和的功率(方差)为单个噪声点(方差)的 N 倍,由于 N 正比于预检测积分时间 T,因此预检测积分会使信噪比提高 $(T-1)$ 倍。可用下述

模型对这一性质进行分析,分别评估预检测积分后信号采样和噪声采样的期望值:

$$E[I_{3,si}] = E\left(\sum_{k=1}^{M_E} I_{2,sk}\right) = \frac{A}{\sqrt{2}} R(\tau_i) D_i \sum_{k=1}^{M_E} \cos(\phi_k - \phi_{rk}) \quad (2-94)$$

$$E[Q_{3,si}] = E\left(\sum_{k=1}^{M_E} Q_{2,sk}\right) = \frac{A}{\sqrt{2}} R(\tau_i) D_i \sum_{k=1}^{M_E} \sin(\phi_k - \phi_{rk}) \quad (2-95)$$

注意,可将上述三角函数求和转换为积分:

$$\sum_{k=1}^{M_E} \cos(\phi_k - \phi_{rk}) = \frac{1}{T_s} \sum_{k=1}^{M_E} [\cos(\phi_k - \phi_{rk})] T_s$$
$$\approx \frac{1}{T_s} \int_0^T \cos(2\pi\Delta f_i t + \Delta\phi_i) dt \quad (2-96)$$

$$\sum_{k=1}^{M_E} \sin(\phi_k - \phi_{rk}) = \frac{1}{T_s} \sum_{k=1}^{M_E} [\sin(\phi_k - \phi_{rk})] T_s$$
$$\approx \frac{1}{T_s} \int_0^T \sin(2\pi\Delta f_i t + \Delta\phi_i) dt \quad (2-97)$$

计算上述积分,可得预检测求和之后信号分量的期望值分别为

$$I_{3,si} = \frac{A}{\sqrt{2}} M_E \frac{\sin(\pi\Delta f_i T)}{(\pi\Delta f_i T)} R(\tau_i) D_i \cos(\Delta\phi_i) \quad (2-98)$$

$$Q_{3,si} = \frac{A}{\sqrt{2}} M_E \frac{\sin(\pi\Delta f_i T)}{(\pi\Delta f_i T)} R(\tau_i) D_i \sin(\Delta\phi_i) \quad (2-99)$$

注意,当载波环路处于稳定跟踪时,有 $\cos(\Delta\phi_i) \to 1, \sin(\Delta\phi_i) \to 0$。这一点很重要。

预检测求和后的噪声分量为

$$I_{3,ni} = x_{3,i}/\sqrt{2} = \sum_{k=1}^{M_E} x_{3,k}/\sqrt{2} \quad (2-100)$$

$$Q_{3,ni} = y_{3,i}/\sqrt{2} = \sum_{k=1}^{M_E} y_{3,k}/\sqrt{2} \quad (2-101)$$

可以证明,$x_{3,i}$ 和 $y_{3,i}$ 的功率(方差)为 $x_{2,k,j}$ 和 $y_{2,k,j}$ 方差的 M_E 倍。

$$E(x_{3,i}^2) = E(y_{3,i}^2) = \frac{N_0}{T_s} M_E \quad (2-102)$$

故两个支路上的噪声功率(方差)均为

$$E(I_{3,ni}^2) = E(Q_{3,ni}^2) = \frac{N_0}{2T_s} M_E \quad (2-103)$$

综上所述,预检测求和运算后 I 和 Q 支路上信号和噪声叠加后的信号模型为

$$I_i = I_{3,si} + I_{3,ni}$$

$$= \frac{A}{\sqrt{2}} M_E \frac{\sin(\pi \Delta f_i T)}{(\pi \Delta f_i T)} R(\tau_i) D_i \cos(\Delta \phi_i) + \frac{x_{3,i}}{\sqrt{2}} \quad (2\text{-}104)$$

$$Q_i = Q_{3,si} + Q_{3,ni}$$

$$= \frac{A}{\sqrt{2}} M_E \frac{\sin(\pi \Delta f_i T)}{(\pi \Delta f_i T)} R(\tau_i) D_i \sin(\Delta \phi_i) + \frac{y_{3,i}}{\sqrt{2}} \quad (2\text{-}105)$$

下面重新分析预检测积分(求和)运算后的信噪比,为便于分析,将噪声功率归一化为 1。由于噪声方差的均方根为 $\sqrt{\dfrac{N_0}{2T_s} M_E}$,因此将 I 和 Q 支路上的采样分别乘以该均方根的倒数 $\sqrt{\dfrac{2T_s}{N_0 M_E}}$,有用信号为

$$\sqrt{\frac{2T_s}{N_0 M_E}} I_{3,si} = \sqrt{\frac{2T_s}{N_0 M_E}} \frac{A}{\sqrt{2}} M_E \frac{\sin(\pi \Delta f_i T)}{\pi \Delta f_i T} R(\tau_i) D_i \cos(\Delta \phi_i)$$

$$= \sqrt{\frac{M_E T_s}{N_0}} A \frac{\sin(\pi \Delta f_i T)}{\pi \Delta f_i T} R(\tau_i) D_i \cos(\Delta \phi_i) \quad (2\text{-}106)$$

$$\sqrt{\frac{2T_s}{N_0 M_E}} Q_{3,si} = \sqrt{\frac{2T_s}{N_0 M_E}} \frac{A}{\sqrt{2}} M_E \frac{\sin(\pi \Delta f_i T)}{\pi \Delta f_i T} R(\tau_i) D_i \sin(\Delta \phi_i)$$

$$= \sqrt{\frac{M_E T_s}{N_0}} A \frac{\sin(\pi \Delta f_i T)}{\pi \Delta f_i T} R(\tau_i) D_i \sin(\Delta \phi_i) \quad (2\text{-}107)$$

注意到 $M_E T_s = T, P_s = A^2/2$,代入式(2-106)和式(2-107)有

$$\sqrt{\frac{2T_s}{N_0 M_E}} I_{3,si} = \sqrt{2 \frac{S}{N_0} T} \frac{\sin(\pi \Delta f_i T)}{\pi \Delta f_i T} R(\tau_i) D_i \cos(\Delta \phi_i) \quad (2\text{-}108)$$

$$\sqrt{\frac{2T_s}{N_0 M_E}} Q_{3,si} = \sqrt{2 \frac{S}{N_0} T} \frac{\sin(\pi \Delta f_i T)}{\pi \Delta f_i T} R(\tau_i) D_i \sin(\Delta \phi_i) \quad (2\text{-}109)$$

注意: I 和 Q 支路的噪声方差均已归一化为 1。

分析此时的 I 和 Q 支路信噪比可得:

(1) 由式(2-108)和式(2-109)可见,预检测积分时间同时提高了信号和噪声的功率,总的效果是使信噪比变为原来的 T 倍,相应的信号幅度等效变为原来的 $\sqrt{T}$ 倍;

(2) 当载波环路未处于锁定,即 Δf_i 不为 0 时,I 和 Q 支路有用信号的

功率为 $\dfrac{S}{N_0}T$（由于 $\sin(\pi\Delta f_i T)$ 的存在使功率增加系数为 0.5），相比于预检测积分前，信噪比提高了 T 倍；

（3）当载波环路处于完全锁定时，$\Delta f_i = 0$，$\Delta \phi_i = 0$，$\dfrac{\sin(\pi\Delta f_i T)}{\pi\Delta f_i T} = 1$，此时有 I 路信号功率为 $2\dfrac{S}{N_0}T$，I 路信噪比为 $2\dfrac{S}{N_0}T = \dfrac{S}{N_0/2}T$，$Q$ 路信号功率为 $0(\sin(\Delta\phi_i)=0)$，此过程与调制解调频为相似。当信号处于射频时，信号的两个正交分量功率均为信号总功率的 $1/2$，而信号频点处噪声谱密度为 N_0，相应的两个噪声分量的谱密度也为 N_0（或 $N_0/2$，取决于不同的窄带高斯白噪声模型）；当信号复混频至基频且环路处于完全跟踪时，I 路完全保留了信号的功率，而基频处 I 路的噪声谱密度为 $N_0/2$。

（4）上述模型也完全适用于 BPSK 信号或伪码信号的基带信号的信噪比分析，对于功率 $\sqrt{2\dfrac{S}{N_0}T}$，若 T 取码元周期 T_c，则有 $S\times T_c = E_c$ 为码元能量，$2\dfrac{S}{N_0}T = \dfrac{2E_c}{N_0}$ 为码元信噪谱密度比，BPSK 的误码率与 E_b/N_0 的关系即为 Q 函数曲线 $Q\left(\sqrt{\dfrac{2E_b}{N_0}}\right)$，而对于再生 PN 测距的性能分析，定义的码元信噪谱密度比也为 $\dfrac{2E_c}{N_0}$。

2.4 小结

本章阐述了目前在深空探测地基无线电导航中具有典型应用的多普勒、测距和 TDOA 测量技术，从测量机理、信号特性等方面进行了重点介绍。从多普勒、测距和 TDOA 观测量的信息内容分析可以看出，三种测量技术可实现对航天器空间飞行状态信息不同要素的测量，进而可以帮助确定航天器的空间飞行轨迹或位置。相比于传统的侧音信号体制和音码信号体制，再生伪码测距体制一方面通过所有伪码子序列依据组合逻辑产生托斯沃斯码，然后统一发送（而非像侧音体制或音码体制，不同频率的侧音/码逐级轮发），解决了深空大传输时延下测距信号的模糊匹配问题；另一方面，通过在航天器上对伪码测距信号进行再生处理降低了传统透明转发处理中的噪声影响，解决了深空远距离信号传输条件下的测量门限问题，对再生伪码测距信号处理的性能分析将在第4章进行着重讨论。从对多普勒、测距和TDOA测量的测量机理、信号特性分析可以看出,信号的多普勒、时延是无线电测量最基本的观测量,后续各章节中对不同方法的讨论和对任务实测信号的处理分析均是围绕这两个基本观测量展开的。此外,统计信号处理方法的讨论与性能分析有赖于接收信号的数学模型,本章参考深空探测地基测量接收机内的处理流程对接收信号的连续、离散模型进行了讨论,并分析了其信噪比模型。

参考文献

[1] ONDRASIK V J, CURKENDALL D W. A First-order theory for use in investigating the information content contained in a few days of radio tracking data [R]. TR 32-1526,1971: 77-93.

[2] THORNTON C L, BORDER J S. Radiometric tracking techniques for deep-space navigation: Deep Space Communications and Navigation Series [M]. Hoboken: John Wiley & Sons,2000.

[3] THURMAN S W, ESTEFAN J A. Radio Doppler navigation of interplanetary spacecraft using different data processing modes[J]. Advances in the Astronautical Sciences,1993,95(19): 985-1004.

[4] MOYER T D. Formulation for observed and computed values of deep space network data types for navigation, Deep Space Communications and Navigation Series[M]. Hobbken: John Wiley & Sons,2000.

[5] BERNER J B, BRYANT S H, KINMAN P W, et al. Range measurement as practiced in the deep space network[J]. Proceedings of the IEEE,2007,95(11): 2202-2214.

[6] CURKENDALL D W, BORDER J S. Delta-DOR: The one-nanoradian navigation measurement system of the deep space network-history, architecture, and componentry[J]. Interplanctary Network Progress Report,2013,42-193: 1-46.

[7] CCSDS. Navigation data-definitions and conventions: CCSDS 500. 0-G-3 [R]. Washington DC: [s. n.],2010.

[8] CCSDS. Delta-DOR—technical characteristics and performance: CCSDS 500. 1-G-1 [R]. Washington DC: [s. n.],2013.

[9] ROGERS A E E. Very long baseline interferometry with large effective bandwidth for phase-delay measurements[J]. Radio Science,1970,5(10): 1239-1247.

[10] GAO W, GAO C, PAN S, et al. Improving ambiguity resolution for medium baselines using combined GPS and BDS dual/triple-frequency observations[J]. Sensors,2015,15(11): 27525-27542.

[11] TITSWORTH R C. Optimal ranging codes [J]. IEEE Transactions on Space

Electronics and Telemetry,1964,10(1): 19-30.

[12] BERNER J B,KINMA P W,LAYLAND J M. Regenerative pseudo-noise ranging for deep-space applications[J]. TMO Progress Report,1999,42-137: 1-18.

[13] CCSDS. Pseudo-noise(PN)ranging systems: CCSDS 414. 1-B-2[R]. Washington DC: [s. n.],2014.

[14] KINMAN P W. 210 Delta-differential one way ranging: DSMS Telecommunications Link Design Handbook 810-005[M]. [S. l. : s. n.],2004.

[15] BORDER J S,KOUKAS J A. Technical characteristics and accuracy capabilities of delta differential one-way ranging as a spacecraft navigation tool [C]// Proceedings of CCSDS meeting of RF & Modulation Standards Working Group. [S. l. : s. n.],2003.

[16] BOSCAGLI G,MADDE R,MERCOLINO M. TT & C for spacecraft navigation and radio science experiment[Z]. ESA,2008.

[17] PARKISON B W. Global positioning system: Theory and applications [M]. Reston: American Institute of Aeronautics & Astronautics,1996.

第3章

无线电测量信号参数估计的经典理论与方法

极大似然估计是全书讨论各种统计信号处理方法的基本原理,3.1 节首先简要回顾了极大似然估计原理的基本数学模型。针对载波多普勒、信号时延测量两个基本问题,由极大似然估计原理出发介绍了经典的估计方法。对于载波参数估计,3.2 节重点介绍了用于批处理开环测量的周期图估计方法和用于信号实时跟踪的锁相跟踪方法;对于时延参数估计,3.3节重点阐述了广义宽平稳信号和确定性信号两种信号特性假设前提下的不同估计模型,并以深空地基无线电跟踪测量中射电源的广义宽平稳信号和航天器的确定性信号为例,简要介绍了基本处理方法。

3.1　极大似然估计原理

现代估计理论在无线电信号处理领域应用广泛,通信、测量等都需要进行信号参数估计,极大似然估计(maximum likelihood estimate,MLE)是常用的信号参数估计方法,同时也是统计信号处理方面获得实用的最常用的估计方法。极大似然估计是最小方差无偏估计(minimum-variance unbiased estimator,MVU)的一种替代形式,在 MVU 估计量不存在或存在但不能求解的情况下,这种方法很有效。极大似然估计的特点在于可简便地实现复杂估计问题的求解,对于绝大多数实用的极大似然估计,当观测量足够多时,其性能是最优的。特别是它的近似率较高,可以非常接近 MVU 估计量。基于以上这些原因,几乎所有实用的估计都是基于极大似然估计[1]。

对于标量估计参数 θ,观测数据 $x=[x[0],x[1],x[2],\cdots,x[N-1]]^{\mathrm{T}}$,使 $p(x,\theta)$ 最大的 θ 值,即使似然函数最大的 θ 值,称为"θ 的极大似然估计"。

$$\hat{\theta}=\mathrm{argmax}\{p(x,\theta)\} \tag{3-1}$$

若 $p(x,\theta)$ 可导,可通过下式求得:

$$\left.\frac{\partial p(x,\theta)}{\partial \theta}\right|_{\hat{\theta}}=0 \tag{3-2}$$

$$\left.\frac{\partial \ln p(x,\theta)}{\partial \theta}\right|_{\hat{\theta}}=0 \tag{3-3}$$

极大似然估计具有渐进有效性和不变性。

渐进有效性:如果数据 x 的概率密度函数(probability density function,PDF)$p(x,\theta)$满足"正则"条件,那么对于足够多的数据记录,未知参数 θ 的 MLE 渐近服从

$$\hat{\theta}^{\mathrm{a}} \sim N(\theta,I^{-1}(\theta)) \tag{3-4}$$

其中,$I(\theta)$ 是在未知参数真值处计算的 Fisher 信息。MLE 是渐进无偏的,

是渐进最佳的估计方法。

不变性：若参数 $\alpha = g(\theta)$，则 α 的 MLE 由式(3-5)给出：

$$\hat{\alpha} = g(\hat{\theta}) \tag{3-5}$$

其中，$\hat{\theta}$ 是 θ 的 MLE。若 g 非一对一函数，那么 $\hat{\alpha}$ 是使修正后的似然函数 $p_T(x,\alpha)$ 最大者，即

$$\hat{\alpha} = \arg\max p_T(x,\alpha) \tag{3-6}$$

$$p_T(x,\alpha) = \max_{\{\theta,\alpha=g(\theta)\}} p(x,\theta) \tag{3-7}$$

矢量参数 $\boldsymbol{\theta}$ 的极大似然估计与标量参数相同，使 $p(x,\theta)$ 最大的 $\boldsymbol{\theta}$ 值，即使似然函数最大的 $\boldsymbol{\theta}$ 值，称为"$\boldsymbol{\theta}$ 的极大似然估计"。

$$\hat{\boldsymbol{\theta}} = \arg\max p(x,\boldsymbol{\theta}) \tag{3-8}$$

若 $p(x,\boldsymbol{\theta})$ 可导，可通过下式求得：

$$\left.\frac{\partial \ln p(x,\boldsymbol{\theta})}{\partial \boldsymbol{\theta}}\right|_{\hat{\boldsymbol{\theta}}} = 0 \tag{3-9}$$

其中，

$$\frac{\partial \ln p(x,\boldsymbol{\theta})}{\partial \boldsymbol{\theta}} = \begin{pmatrix} \dfrac{\partial \ln p(x,\boldsymbol{\theta})}{\partial \theta_1} \\[2mm] \dfrac{\partial \ln p(x,\boldsymbol{\theta})}{\partial \theta_2} \\[1mm] \vdots \\[1mm] \dfrac{\partial \ln p(x,\boldsymbol{\theta})}{\partial \theta_m} \end{pmatrix} \tag{3-10}$$

3.2 载波参数估计模型与方法

3.2.1 参数估计模型

信号参数估计的两个基本准则是极大后验概率(MAP)估计和极大似然(ML)估计。待估计的信号参数 θ 通常被建模为一个随机变量，并假设具有极大后验概率密度函数 $p(\theta)$。设收到的信号可建模为

$$y(t) = s(t,\theta) + n(t) = \sqrt{2P}\cos(\omega_0 t + \theta) + n(t) \tag{3-11}$$

其中，$n(t)$ 为白色高斯随机过程，P 为收到的信号功率，ω_0 为载波角频率。

对于由 N 个正交的函数 $f_n(t)$ 构成的一组正交集，$y(t)$ 可以表示为一个 N 维向量 $\boldsymbol{y} = (y_1, y_2, \cdots, y_N)$。参数 θ 的极大似然估计是使条件概率密度

$p(\boldsymbol{y}|\theta)$最大化,而参数的 MAP 估计是使如下的后验概率密度最大化:

$$p(\theta \mid \boldsymbol{y}) = \frac{p(\boldsymbol{y} \mid \theta)p(\theta)}{p(\boldsymbol{y})} \qquad (3\text{-}12)$$

通常假设参数 θ 在其取值范围内是随机分布的,并且 $p(\boldsymbol{y})$ 也不依赖于 θ,因此最大化 $p(\boldsymbol{y}|\theta)$ 和最大化 $p(\theta|\boldsymbol{y})$ 将导出同样的估计结果,即在上述假设下参数 θ 的 MAP 估计和 ML 估计将得出同样的估计值。下面假设 θ 为未知的常数,并将基于 ML 准则给出参数 θ 的最优估计器。积分时间 T 定义为参数估计的观测区间。

下面考察 $p(\boldsymbol{y}|\theta)$ 最大值的连续时间表达式。由于假设 $n(t)$ 为白色高斯随机过程,且均值为 0,因此联合概率密度函数可记为

$$p(\boldsymbol{y} \mid \theta) = \frac{1}{(\sqrt{2\pi}\sigma)^N} \exp\left\{ -\sum_{i=1}^{N} \frac{\left[y_n - s_n(\theta) \right]^2}{2\sigma^2} \right\} \qquad (3\text{-}13)$$

其中,y_n 和 $s_n(\theta)$ 分别定义为

$$\begin{cases} y_n = \int_T y(t)f_n(t)\mathrm{d}t \\[2mm] s_n(\theta) = \int_T s(t,\theta)f_n(t)\mathrm{d}t \end{cases} \qquad (3\text{-}14)$$

其中,T 为将 $y(t)$ 和 $s(t,\theta)$ 进行展开投影时所用的积分区间。函数 $f_n(t)$ 为正交的一组函数,且具有以下性质:

$$\int_T f_n(t)f_m(t)\mathrm{d}t = \begin{cases} 1, & m = n \\ 0, & m \neq n \end{cases} \qquad (3\text{-}15)$$

当 N 变得非常大时,在极限情况下,可以证明式(3-15)将收敛为

$$\lim_{N \to \infty} \left(\frac{1}{2\sigma^2} \right) \sum_{i=1}^{N} \left[y_n - s_n(\theta) \right]^2 = \frac{1}{N_0} \int_T \left[y(t) - s(t,\theta) \right]^2 \mathrm{d}t \quad (3\text{-}16)$$

其中,N_0 为噪声的单边谱密度。由式(3-16)可见,使 $p(\boldsymbol{y}|\theta)$ 最大化等效于使如下的似然函数最大化[2]:

$$\Lambda(\theta) = \exp\left\{ -\frac{1}{N_0} \int_T \left[y(t) - s(t,\theta) \right]^2 \mathrm{d}t \right\} \qquad (3\text{-}17)$$

下面推导接收信号载波相位的最优估计器。式(3-17)可进一步展开为

$$\Lambda(\theta) = \exp\left\{ -\frac{1}{N_0} \int_T \left[y^2(t) - 2y(t)s(t,\theta) + s^2(t,\theta) \right]\mathrm{d}t \right\} \qquad (3\text{-}18)$$

式(3-18)中的第 1 项和第 3 项均不依赖于参数 θ,第 3 项平方信号为常值。对于参数 θ 的最优值,这两项是可以忽略的。因此,似然函数可以表示为

$$\Lambda(\theta) = C\exp\left[\frac{2}{N_0} \int_T y(t)s(t,\theta)\mathrm{d}t \right] \qquad (3\text{-}19)$$

其中，C 为固定常值。

根据对数函数的单调特性，参数 θ 的 ML 估计值，记作 $\hat{\theta}$，可以对式(3-19)取对数，即对数似然函数。相应的对数似然函数为

$$\Lambda_{\log}(\theta) = \frac{2}{N_0} \int_T y(t) s(t, \theta) \mathrm{d}t \tag{3-20}$$

利用式(3-11)给出的 $s(t, \theta)$ 的定义，可得对数似然函数为

$$\Lambda_{\log}(\theta) = \frac{2}{N_0} \int_T \left[y(t) \sqrt{2P} \cos(\omega_0 t + \theta) \right] \mathrm{d}t \tag{3-21}$$

对数似然函数取极大值的必要条件为

$$\left. \frac{\mathrm{d}\Lambda_{\log}(\theta)}{\mathrm{d}\theta} \right|_{\theta = \hat{\theta}} = 0 \tag{3-22}$$

因此对式(3-21)微分可得：

$$\int_T \left[y(t) \sin(\omega_0 t + \hat{\theta}) \right] \mathrm{d}t = 0 \tag{3-23}$$

将式(3-23)展开，有

$$\int_T \left[y(t) \sin(\omega_0 t + \hat{\theta}) \right] \mathrm{d}t = \cos\hat{\theta} \int_T \left[y(t) \sin(\omega_0 t) \right] \mathrm{d}t +$$
$$\sin\hat{\theta} \int_T \left[y(t) \cos(\omega_0 t) \right] \mathrm{d}t = 0$$

即

$$\cos\hat{\theta} \int_T \left[y(t) \sin(\omega_0 t) \right] \mathrm{d}t = -\sin\hat{\theta} \int_T \left[y(t) \cos(\omega_0 t) \right] \mathrm{d}t \tag{3-24}$$

求解待估参数 $\hat{\theta}$ 可得：

$$\hat{\theta} = -\arctan\left\{ \frac{\int_T \left[y(t) \sin(\omega_0 t) \right] \mathrm{d}t}{\int_T \left[y(t) \cos(\omega_0 t) \right] \mathrm{d}t} \right\} \tag{3-25}$$

式(3-25)表明：为了求出待估参数 $\hat{\theta}$，需要载波信号的同相和正交分量以进行结算。而式(3-23)表明：可以利用一种闭环结构估计载波相位，这是因为当 $\sin(\omega_0 t + \hat{\theta})$ 中的参数 $\hat{\theta}$ 与 $y(t)$ 中的待估参数取值相同时，二者相乘之后的积分值为 0。相应的锁相环基本框图如图 3.1 所示。

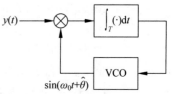

图 3.1 锁相环基本框图[3]

图 3.1 即为基于相位 ML 估计导出的锁相环框图。上述框图表示了一个带宽反比于积分时间 T 的滤波器。但事实上,一般都会在积分器后连接一个滤波器,以改善锁相环的动态和噪声特性。

3.2.2　周期图估计

1. 接收信号模型

天线口面处的接收信号可以表示为

$$s(t) = \mathrm{Re}\{\sqrt{2}\,\tilde{s}(t)\mathrm{e}^{\mathrm{j}\omega_c t}\} \tag{3-26}$$

$$\tilde{s}(t) = A\mathrm{e}^{\mathrm{j}\theta(t)} \tag{3-27}$$

其中,$\tilde{s}(t)$ 为信号的复包络,A 为信号幅度。相位过程 $\theta(t)$ 与多普勒频率过程 $f_d(t)$ 的关系定义为

$$\theta(t) = 2\pi\int_{-\infty}^{t} f_d(\zeta)\mathrm{d}\zeta \tag{3-28}$$

上述这一受到目标运动轨迹调制的信号被零均值、平稳、窄带高斯过程 $n(t)$ 干扰,$n(t)$ 表示如下:

$$n(t) = \mathrm{Re}\{\sqrt{2}\,\tilde{n}(t)\mathrm{e}^{\mathrm{j}\omega_c t}\} \tag{3-29}$$

其中,$\tilde{n}(t)$ 为窄带噪声过程的复包络。如果噪声过程的带宽显著地超过了信号带宽,那么噪声过程复包络的协方差函数可以近似表示为

$$K_{\tilde{n}}(\tau) \triangleq E[\tilde{n}(t+\tau)\tilde{n}^*(t)] \approx N_0\delta(\tau) \tag{3-30}$$

其中,N_0 为 $\tilde{n}(t)$ 的双边谱密度,$*$ 代表共轭。在后续分析中,通常假设 N_0 是已知的。可以证明实带通过程 $n(t)$ 的双边谱密度为 $N_0/2$。在实际的信号处理过程中,首先将天线接收信号与频率为信号载波频率的本地信号混频以移除载波信号,产生同相和正交分量。通常,同相和正交分量都是以很高的频率进行采样(采样率约为数兆每秒),然后再输入数字累加器(积分器)。积分器的输出,可被建模为复采样模型:

$$\tilde{r}_i = \frac{1}{T_s}\int_{iT_s}^{(i+1)T_s} \tilde{r}(t)\mathrm{d}t = \bar{s}_i + \bar{n}_i \tag{3-31}$$

其中,$\tilde{r}(t) = \tilde{s}(t) + \tilde{n}(t)$ 为接收信号的复包络,T_s 为数字累加器的输出时间间隔(即输出速率的倒数)。如果 T_s 相比于 $\tilde{s}(t)$ 的变化很小,那么根据均值定理,在 iT_s 区间上存在 t_i 使得 $\bar{s}_i = \tilde{s}(t_i)$。对于充分小的 T_s,可以将 t_i 视作第 i 个积分区间的中心。

下面给出噪声采样的统计特性。由于 $\tilde{n}(t)$ 为复高斯过程,因此 $\bar{n}_i$ 是一个零均值的复随机变量,其方差为

$$E(\overline{n}_i\overline{n}_k^*) = \frac{1}{T_s^2}\int_{iT_s}^{(i+1)T_s}\mathrm{d}t_1 \times \int_{kT_s}^{(k+1)T_s}\mathrm{d}t_2\,\overline{\overline{n}(t_1)\overline{n}(t_2)^*}$$

$$= \frac{N_0}{T_s}\delta_{ik} \tag{3-32}$$

其中，$\cdot$ 代表期望运算，δ_{ik} 代表克罗内克（Kroenecker）Δ。由于所有信号采样间均不相关，因此 N 个独立的采样点的联合概率密度函数可以表示为每个采样点概率密度的乘积。这个性质对于后续分析尤为重要。

2. 基于极大似然估计的二维频率搜索

极大似然估计的基本思想是对信号参数的估值是指那些同时使观测向量条件概率密度最大的信号参数。如果信号参数在某些不确定区间内的统计分布是未知的，那么可以证明极大似然估计得出的估值方差最小。在每一次估计中，使用的观测向量是在一个时间区间上获取的 N 个连续的信号采样点，而这一时间区间相比于目标动态引起信号显著变化所需的时间尺度足够小（也就是说 N 个连续的信号采样点所对应的时间区间上信号参数不会发生显著变化）。下面对接收的信号相位过程进行重新分析。

在时间点 t_0 附近，由目标运动引起的频率过程可以展开为泰勒级数，即

$$f_d(t) = \sum_{k=0}^{\infty} f_k\,\frac{(t-t_0)^k}{k!} \tag{3-33}$$

$$f_k \overset{\Delta}{=} \frac{\partial^k f_d(t)}{\partial t^k}\bigg|_{t=t_0} \tag{3-34}$$

当频率过程的所有倒数存在时，式（3-33）和式（3-34）是成立的。当信号观测时间很短时，可以近似认为 $f_k=0(k>2)$。因此，不失一般性，在 $t_0=0$ 处，t_0 在信号观测时间区间的中心处，相位过程 $\theta(t)$ 可以表示为

$$\theta(t) = \theta_0 + 2\pi\left(f_0 t + \frac{f_1}{2}t^2 + \frac{f_2}{6}t^3\right) \tag{3-35}$$

其中，系数 f_0 代表了多普勒频率，单位为 Hz；f_1 为多普勒的一阶变化率，单位为 Hz/s；f_2 为多普勒的二阶变化率，单位为 Hz/s^2。这些系数分别对应目标物理轨迹的速度、加速度和颠簸（jerk）。后续使用向量 $\boldsymbol{f}=(f_0,f_1,f_2)$ 表示这些信号参数。

下面从条件概率密度出发，推导在信号参数条件下使得条件概率密度

最大的极大似然估计。

由于在参数矢量 $\boldsymbol{f}$、参数 A 和 θ_0 确定的条件下,$\tilde{s}(t)=A\mathrm{e}^{\mathrm{j}\theta(t)}$ 也是确定的,且有

$$\bar{r}_i=\bar{s}_i+\bar{n}_i \Rightarrow \bar{n}_i=\bar{r}_i-\bar{s}_i \tag{3-36}$$

也就是说,当采样点中真的包含 $\bar{s}_i$ 时,$\bar{r}_i-\bar{s}_i=\bar{n}_i$ 将服从 N 维正态分布,即有条件概率密度

$$p(\tilde{r}\mid\bar{s})=\left(\frac{\pi N_0}{T_s}\right)^{-N}\exp\left[-\sum_{i=-N/2}^{N/2-1}|\bar{r}_i-\bar{s}_i|^2\bigg/\left(\frac{N_0}{T_s}\right)\right] \tag{3-37}$$

信号的极大似然估值是使上述联合概率密度取得最大值的信号参数。等价地,对任何单调增函数取对数后不改变取最大值时自变量的特性,因此可对式(3-37)取自然对数,并忽略不包含信号参数的无用项(注:式(3-37)中仅 $\bar{s}_i$ 包含待估信号参数),因此可得对数似然函数为

$$\Lambda(\tilde{r})=\frac{T_s}{N_0}\left[2\mathrm{Re}\left(\sum_{i=-N/2}^{N/2-1}2\tilde{r}_i\bar{s}_i^*\right)-\sum_{i=-N/2}^{N/2-1}|\bar{s}_i|^2\right] \tag{3-38}$$

其中,$\tilde{r}$ 为 N 维观测矢量,$\tilde{r}_i$ 和 $\bar{s}_i$ 定义同前。不失一般性,观测区间是以 $t_0=0$ 为中心对称的时间区间,将频率矢量 $\boldsymbol{f}$ 代入 $\bar{s}_i$ 的定义中,信号采样可表示为

$$\bar{s}_i=A\mathrm{e}^{\mathrm{j}\theta_0}\mathrm{e}^{\mathrm{j}g_i(f)} \tag{3-39}$$

$$g_i(\boldsymbol{f})=2\pi f_0 t_i+h_i(f_1,f_2) \tag{3-40}$$

$$h_i(f_1,f_2)=2\pi\left(\frac{f_1}{2}t^2+\frac{f_2}{6}t^3\right) \tag{3-41}$$

将式(3-39)~式(3-41)代入 $\Lambda(\tilde{r})$,逐项分析得:

$$\bar{s}_i=A\mathrm{e}^{\mathrm{j}\theta_0}\mathrm{e}^{\mathrm{j}g_i(f)} \Rightarrow |\bar{s}_i|^2=|A\mathrm{e}^{\mathrm{j}\theta_0}\mathrm{e}^{\mathrm{j}g_i(f)}|^2=A^2|\mathrm{e}^{\mathrm{j}\theta_0}|^2|\mathrm{e}^{\mathrm{j}g_i(f)}|^2=A^2 \tag{3-42}$$

$$\tilde{r}_i\bar{s}_i^*=\tilde{r}_iA\mathrm{e}^{-\mathrm{j}\theta_0}\mathrm{e}^{-\mathrm{j}g_i(f)}=\tilde{r}_iA\mathrm{e}^{-\mathrm{j}\theta_0}\mathrm{e}^{-\mathrm{j}2\pi f_0 t_i}\mathrm{e}^{-\mathrm{j}h_i(f_1,f_2)} \tag{3-43}$$

重新定义信号采样样本点为 $\bar{z}_i=\tilde{r}_i\exp[-\mathrm{j}h_i(f_1,f_2)]$(注:相当于利用 $\exp[-\mathrm{j}h_i(f_1,f_2)]$ 对信号采样样本进行高阶多普勒消除,抵消信号动态),则有

$$\tilde{r}_i\bar{s}_i^*=A\mathrm{e}^{-\mathrm{j}\theta_0}\bar{z}_i\mathrm{e}^{-\mathrm{j}2\pi f_0 t_i} \tag{3-44}$$

因此有

$$\Lambda(\tilde{r})=\frac{T_s}{N_0}\left[2\mathrm{Re}\left(A\mathrm{e}^{-\mathrm{j}\theta_0}\sum_{i=-N/2}^{N/2-1}\bar{z}_i\mathrm{e}^{-\mathrm{j}2\pi f_0 t_i}\right)-NA^2\right] \tag{3-45}$$

上述函数即是需要求取最大值的函数。

注意,式(3-45)中除了噪声功率谱密度 N_0、数字累加器输出时间间隔 T_s 已知外,其他有关的信号参数,包括参数矢量 f、参数 A 和 θ_0 均未知,因此为求得 f,需要先把参数 A 和 θ_0 去掉(注:由于参数 A 和 θ_0 是频率估计不关心的,这两个参数也被称作"有害估计参数"(nuisance parameters))。

下面先对参数 A 和 θ_0 进行处理。对于 θ_0,根据文献[4],对于任意复数 x,$\mathrm{Re}[\exp(-\mathrm{j}\theta_0)x]$ 的最大值在 $\theta_0 = \arg(x)$ 处取得,$\arg(\cdot)$ 表示复数的幅角。因此有

$$\hat{\theta}_0 = \arg\Big(\sum_{i=-N/2}^{N/2-1} \bar{z}_i \mathrm{e}^{-\mathrm{j}2\pi f_0 t_i} \Big) \tag{3-46}$$

将估计值 $\hat{\theta}_0$ 代入 $\Lambda(\tilde{r})$,注意到 $\mathrm{e}^{-\mathrm{j}\theta_0}$ 在矢量平面上是指顺时针旋转角度 θ_0,若将 $\displaystyle\sum_{i=-N/2}^{N/2-1} \bar{z}_i \mathrm{e}^{-\mathrm{j}2\pi f_0 t_i}$ 看作一个矢量的话,则 $\mathrm{e}^{-\mathrm{j}\theta_0} \displaystyle\sum_{i=-N/2}^{N/2-1} \bar{z}_i \mathrm{e}^{-\mathrm{j}2\pi f_0 t_i}$ 是利用旋转矢量 $\mathrm{e}^{-\mathrm{j}\theta_0}$ 将矢量 $\displaystyle\sum_{i=-N/2}^{N/2-1} \bar{z}_i \mathrm{e}^{-\mathrm{j}2\pi f_0 t_i}$ 顺时针旋转 θ_0,而矢量 $\displaystyle\sum_{i=-N/2}^{N/2-1} \bar{z}_i \mathrm{e}^{-\mathrm{j}2\pi f_0 t_i}$ 的幅角为 θ_0,因此 $\mathrm{e}^{-\mathrm{j}\theta_0} \displaystyle\sum_{i=-N/2}^{N/2-1} \bar{z}_i \mathrm{e}^{-\mathrm{j}2\pi f_0 t_i}$ 表示的矢量是把矢量 $\displaystyle\sum_{i=-N/2}^{N/2-1} \bar{z}_i \mathrm{e}^{-\mathrm{j}2\pi f_0 t_i}$ 转回实数轴,因此有

$$\mathrm{Re}\Big(A \mathrm{e}^{-\mathrm{j}\theta_0} \sum_{i=-N/2}^{N/2-1} \bar{z}_i \mathrm{e}^{-\mathrm{j}2\pi f_0 t_i} \Big) = A \Big| \sum_{i=-N/2}^{N/2-1} \bar{z}_i \mathrm{e}^{-\mathrm{j}2\pi f_0 t_i} \Big| \tag{3-47}$$

故有

$$\max_{\theta_0}\Lambda(\tilde{r}) = \frac{T_s}{N_0}\Big(2A \Big| \sum_{i=-N/2}^{N/2-1} \bar{z}_i \mathrm{e}^{-\mathrm{j}2\pi f_0 t_i} \Big| - NA^2 \Big) \tag{3-48}$$

为了消除信号幅度 A,其估值可计算如下:将式(3-48)对 A 求导,并使导数为 0,有 $\dfrac{\partial}{\partial A} \max_{\theta_0}\Lambda(\tilde{r}) = \dfrac{T_s}{N_0}\Big(2\Big| \sum_{i=-N/2}^{N/2-1} \bar{z}_i \mathrm{e}^{-\mathrm{j}2\pi f_0 t_i} \Big| - 2NA \Big) = 0$,可得:

$$\hat{A} = \frac{1}{N} \Big| \sum_{i=-N/2}^{N/2-1} \bar{z}_i \mathrm{e}^{-\mathrm{j}2\pi f_0 t_i} \Big| \tag{3-49}$$

将该估值代入 $\max_{\theta_0}\Lambda(\tilde{r})$,有

$$\max_{\theta_0, A}\Lambda(\tilde{r}) = \frac{T_s}{N_0}\Big[2\frac{1}{N} \Big| \sum_{i=-N/2}^{N/2-1} \bar{z}_i \mathrm{e}^{-\mathrm{j}2\pi f_0 t_i} \Big| \Big| \sum_{i=-N/2}^{N/2-1} \bar{z}_i \mathrm{e}^{-\mathrm{j}2\pi f_0 t_i} \Big| -$$

$$N\Big(\frac{1}{N}\Big|\sum_{i=-N/2}^{N/2-1}\bar{z}_i\,\mathrm{e}^{-\mathrm{j}2\pi f_0 t_i}\Big|\Big)^2\Big]$$ （3-50）

$$=\frac{T_s}{N_0}N^{-1}\Big|\sum_{i=-N/2}^{N/2-1}\bar{z}_i\,\mathrm{e}^{-\mathrm{j}2\pi f_0 t_i}\Big|^2$$

注意,修正的采样点 $\bar{z}_i$ 中包含了参数 f_1 和 f_2,因此频率参数的极大似然估计值 $(\hat{f}_0,\hat{f}_1,\hat{f}_2)$ 即使式(3-50)取得最大值的频率参数。令

$$t_i=(i+1/2)T_s$$ （3-51）

并忽略系数 $\frac{T_s}{N_0}N^{-1}$,可得需要最大化的目标方程为[5]

$$L(f_0,f_1,f_2)=\Big|\sum_{i=-N/2}^{N/2-1}\bar{z}_i\,\mathrm{e}^{-\mathrm{j}2\pi f_0 t_i}\Big|^2$$ （3-52）

注意, $\sum_{i=-N/2}^{N/2-1}x\,\mathrm{e}^{-\mathrm{j}2\pi f_0 t_i}$ 事实上是对 x 的傅里叶变换,因此 $L(f_0,f_1,f_2)$ 正比于修正的采样点序列 $\{\bar{z}_i\}$ 的傅里叶变换的幅度平方和(本质上是功率,因此这是一种功率谱检测的方法)。这种理解方式的好处是可以对修正的序列直接进行 FFT 变换并求取功率以进行最大化的搜索。

一般而言,极大似然估计器的复杂度取决于相位过程中频率泰勒展开的阶数,而阶数又取决于目标动态的大小,因此目标轨迹的动态特性和极大似然估计器的维度具有直接的联系[6]。

3.2.3 锁相跟踪

文献指出[7],锁相环是对正弦信号相位极大后验估计的迭代估计算法,也是一种闭环的序贯估计方法。数字锁相环的典型基本计算流程如图 3.2 所示。计算过程包括两个部分,一是相位旋转;二是相位跟踪。在相位旋转部分,新输入的包含噪声的原始信号样本 $\mathrm{e}^{\mathrm{j}\phi}+\eta$ 与由 NCO 根据上一次环路滤波结果所产生的估计/预测波形 $\mathrm{e}^{\mathrm{j}\phi_m}$ 共轭相乘,得出包含相位差信息的信号 $\mathrm{e}^{\mathrm{j}(\phi-\phi_m)}+\eta$,该信号经预检测积分处理生成误差信号的同相分量 U_I 和正交分量 U_Q; U_I 和 U_Q 经鉴别器处理后得出对相位误差的估计 δ_ϕ,再经环路滤波器处理后得出一个环路计算周期上相位变化率的估计/预测值 $\dot{\phi}_m$,基于该值计算下一个环路计算周期的模型相位并反馈给相位旋转部分的 NCO 模块,至此完成一个典型的环路跟踪计算周期。

从上述计算流程可见,经过相位旋转操作,原始信号的多普勒动态相位

被大大消除,特别需要指出的是 NCO 产生的波形并不直接包括噪声,预检测积分运算一方面提高了信号的单点信噪比,另一方面降低了相位跟踪部分的信息处理速率。

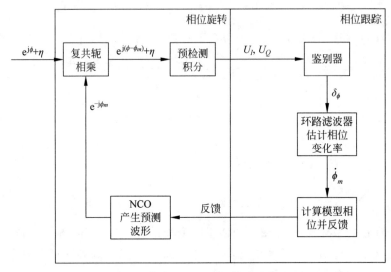

图 3.2　数字锁相环的典型基本计算流程

本节主要分析二阶、三阶锁相环(phase locked loop,PLL)的频域(S域)传递函数,总结由 S 域变换至数字域(Z 域)的变换方法,分析和建立 NCO 不同实现方式下的数学模型、Z 模型,以及 Z 域上数字域的实现算法。基于锁相环和锁频环的相似性,进一步给出二阶锁频环(frequency locked loop,FLL)的 S 域与 Z 域模型及实现的算法。

1. 二阶锁相环的频域模型

环路的开环传递函数可表示为 $AKF(s)$,其中 $F(s)$ 为环路滤波器的传递函数;AK 为环路增益;参数 A 为鉴相器增益及信号电平对应的增益,K 由设计者选取并包含了 VCO 的增益。

对于环路滤波器 $F(s)$,通常包括几种类型。常用的环路滤波器有 RC 积分滤波器、无源比例积分滤波器和有源比例积分滤波器三种,其电路结构及对应的环路闭环传递函数分别如图 3.3～图 3.5 所示。

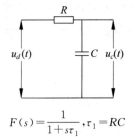

$$F(s)=\frac{1}{1+s\tau_1},\tau_1=RC$$

图 3.3　RC 积分滤波器电路结构及对应的环路闭环传递函数

　　图 3.4 所示滤波器的闭环传递函数表达式中省略了一个负号,原因是这个负号对环路的工作没有影响。另外,从图 3.4 和图 3.5 可以看出,无源比例积分滤波器和有源比例积分滤波器都包含一个相位超前因子$(1+s\tau_2)$,这对改善环路的稳定性很有帮助(注:因为在分母上的 s 表示积分运算,会影响环路工作的动态特性,即积分可能跟不上环路自身的动态变化,使积分后的反馈不能起到很好的作用,导致失稳)。另外,当有源比例积分滤波器的运放增益很高时(即 $A \rightarrow \infty$),它的极点趋向原点,相当于向环路中引入了一个理想积分环节,因此这种滤波器又称为"理想积分滤波器"。

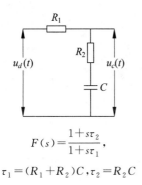

$$F(s) = \frac{1+s\tau_2}{1+s\tau_1},$$

$$\tau_1 = (R_1+R_2)C, \tau_2 = R_2C$$

图 3.4　无源比例积分滤波器电路结构及
对应的环路闭环传递函数

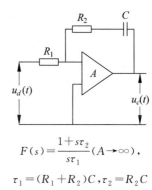

$$F(s) = \frac{1+s\tau_2}{s\tau_1}(A \rightarrow \infty),$$

$$\tau_1 = (R_1+R_2)C, \tau_2 = R_2C$$

图 3.5　有源比例积分滤波器电路结构及
对应的环路闭环传递函数

　　对于二阶锁相环路中包含的理想积分器,积分器的闭环传递函数为

$$F(s) = \frac{1+s\tau_2}{s\tau_1} \tag{3-53}$$

且一般有 $\tau_2 \ll \tau_1$,对于给定的环路增益 AK,环路的阻尼因子 r 定义为

$$r = \frac{AK\tau_2^2}{\tau_1} \tag{3-54}$$

因此,二阶环路的闭环传递函数为

$$H(s) = \frac{AKF(s)}{s+AKF(s)} \tag{3-55}$$

该模拟环路的单边噪声带宽 B_L(单位为 Hz,该噪声带宽用于计算噪声功率:$N = k_B T B_L$,其中 k_B 为玻耳兹曼常数,T 为系统等效噪声温度)计算如下[8]:

$$B_L = \frac{1}{2\pi} \int_{-\infty}^{\infty} |H(j\omega)|^2 d\omega \approx \frac{r+1}{4\tau_2}$$

$$= \frac{\omega_n}{2}\left(\zeta + \frac{1}{4\zeta}\right) = \frac{\omega_n}{8\zeta}(4\zeta^2 + 1) \tag{3-56}$$

其中,ζ 为系统的阻尼系数(经典控制论中定义的系统参数),其典型取值为 0.707~1,且与阻尼因子 r 的关系为

$$r = 4\zeta^2 \tag{3-57}$$

因此 r 的典型取值范围是 2~4。

另外,ω_n 为无阻尼振荡频率(又称"自然频率",经典控制论中定义的系统参数),环路滤波器时间常数 τ_1 和 τ_2 的关系为

$$\zeta = \frac{\tau_2}{2}\sqrt{\frac{K}{\tau_1}}, \quad \omega_n = \sqrt{\frac{K}{\tau_1}}, \quad \omega_n = \frac{2\zeta}{\tau_2} \tag{3-58}$$

2. 二阶锁相环的数字域模型

将环路滤波器由模拟域变换至数字域,采用脉冲不变变换,即有

$$s = \frac{1 - z^{-1}}{T} \Leftrightarrow \frac{1}{s} = \frac{Tz}{z - 1} = \frac{T}{1 - z^{-1}} \tag{3-59}$$

将 $F(s)$ 重新变换为

$$F(s) = \frac{1 + s\tau_2}{s\tau_1} = \frac{\tau_2}{\tau_1} + \frac{1}{\tau_1} \cdot \frac{1}{s} \tag{3-60}$$

代入 s,得:

$$F(z) = G_1 + G_2 \frac{Tz}{z - 1} \tag{3-61}$$

其中,$G_1 = \dfrac{\tau_2}{\tau_1}, G_2 = \dfrac{1}{\tau_1}$。

因此可得二阶模拟锁相环对应的等效数字环路开环传递函数为[9]

$$G(z) = \frac{\dfrac{r}{2}(z+1)\left[\dfrac{4B_L T}{r+1}(z-1) + \left(\dfrac{4B_L T}{r+1}\right)^2 z\right]}{(z-1)^2 z^2} \tag{3-62}$$

式(3-62)中包含了 NCO 的 z 域模型(推导附后)。需要注意的是,B_L 为模拟锁相环路的单边噪声带宽,而非数字环路的单边噪声带宽。因此,二阶数字锁相环路的 z 域闭环传递函数为

$$H(z) = \frac{G(z)}{1 + G(z)} = \frac{b_2 z^2 + b_3 z + b_4}{a_0 z^4 + a_1 z^3 + a_2 z^2 + a_3 z + a_4} \tag{3-63}$$

分子和分母的各系数都与一项重要环路参数相关,该参数为[10]

$$d = \frac{4B_{\mathrm{L}}T}{r+1} \tag{3-64}$$

其中，T 为环路更新时间。

注意，$H(z)$ 事实上为 Z 域的四阶函数，但仍把它称作"二阶环路"。

3. 三阶锁相环的频域模型

三阶锁相环中具有理想积分器的环路滤波器闭环传递函数为

$$F(s) = \frac{1+\tau_2 s}{\tau_1 s} + \frac{1}{\tau_1 \tau_3 s^2} \tag{3-65}$$

因此三阶模拟锁相环的闭环传递函数为

$$H(s) = \frac{rk + r\tau_2 s + r(\tau_2 s)^2}{rk + r\tau_2 s + r(\tau_2 s)^2 + (\tau_2 s)^3} \tag{3-66}$$

其中，$r = AK\tau_2^2/\tau_1$，$k = \tau_2/\tau_3$ 为三阶环路因子，三阶锁相环的单边闭环噪声带宽为[9]

$$B_{\mathrm{L}} = \frac{r}{4\tau_2}\left(\frac{r-k+1}{r-k}\right) \tag{3-67}$$

注意：当 $k = 0$ 时，三阶模拟锁相环退化为二阶模拟锁相环。因为当 $k \to 0$ 时，$\tau_3 \to \infty$，环路滤波器闭环传递函数退化为

$$F(s) = \frac{1+\tau_2 s}{\tau_1 s} \tag{3-68}$$

且环路单边噪声带宽退化为

$$B_{\mathrm{L}} = \left(\frac{r}{4\tau_2} \cdot \frac{r-k+1}{r-k}\right)\bigg|_{k\to 0} = \frac{r}{4\tau_2} \cdot \frac{r+1}{r} = \frac{r+1}{4\tau_2} \tag{3-69}$$

4. 三阶锁相环的数字域模型

三阶锁相环环路滤波器的闭环传递函数可重写为

$$F(s) = \frac{1+\tau_2 s}{\tau_1 s} + \frac{1}{\tau_1 \tau_3 s^2} = \frac{\tau_2}{\tau_1} + \frac{1}{\tau_1} \cdot \frac{1}{s} + \frac{1}{\tau_1 \tau_3} \cdot \frac{1}{s^2} \tag{3-70}$$

记 $G_1 = \dfrac{\tau_2}{\tau_1}$，$G_2 = \dfrac{1}{\tau_1}$，$G_3 = \dfrac{1}{\tau_1 \tau_3}$。采用脉冲不变变换（impulse invariant transformation，IIT）将 $F(s)$ 由模拟域变换至数字域，即

$$s = \frac{1-z^{-1}}{T} \Leftrightarrow \frac{1}{s} = \frac{Tz}{z-1} = \frac{T}{1-z^{-1}} \tag{3-71}$$

代入可得：

$$F(z) = G_1 + G_2 \frac{Tz}{z-1} + G_3 \left(\frac{Tz}{z-1}\right)^2 \tag{3-72}$$

该数字环路的闭环传递函数 $H(z)$ 为

$$H(z) = \frac{b_2 z^3 + b_3 z^2 + b_4 z + b_5}{a_0 z^5 + a_1 z^4 + a_2 z^3 + a_3 z^2 + a_4 z + a_5} \tag{3-73}$$

与上述传递函数中各项系数密切相关的一个重要参数为

$$d = \frac{4B_L T}{r} \frac{r-k}{r-k+1} \tag{3-74}$$

由上述传递函数可以看出,事实上 $H(z)$ 为 Z 域的 5 阶函数,其特性与 3 阶模拟锁相环相似。

事实上,NASA 和 JPL 的各个文献中给出的三阶锁相环环路滤波器的方程及方程中的系数 G_1,G_2 和 G_3 的表达式也不尽相同,列举如下。

文献[9]和文献[10]给出的三阶环环路滤波方程均为

$$F(z) = G_1 + G_2 \frac{Tz}{z-1} + G_2 \frac{T^2 z^2}{(z-1)^2} \tag{3-75}$$

其中,$G_1 = \dfrac{\tau_2}{\tau_1}$,$G_2 = \dfrac{1}{\tau_1}$,$G_3 = \dfrac{1}{\tau_1 \tau_3}$。

文献[11]给出的三阶环环路滤波方程为

$$F(z) = G_1 + \frac{G_2}{1 - z^{-1}} + \frac{G_3}{(1 - z^{-1})^2} \tag{3-76}$$

其中,$G_1 = rd/T_u$,$G_2 = rd^2/T_u$,$G_3 = krd^3/T_u$,T_u 为环路更新时间,k,r,d 为模拟锁相环路中的相应参数。

文献[12]给出的三阶环环路滤波方程为

$$F(z) = G_1 + \frac{G_2}{1 - z^{-1}} + \frac{G_3}{(1 - z^{-1})^2} \tag{3-77}$$

与式(3-76)形式相同,但各系数分别为

$$G_1 = \frac{rd}{AKT_u}, \quad G_2 = \frac{rd^2}{AKT_u}, \quad G_3 = \frac{krd^3}{AKT_u}, \quad d = \frac{4B_L T_u}{r} \cdot \frac{r-k}{r-k+1} \tag{3-78}$$

其中,k,r,d 为模拟锁相环路中的相应参数;T_u 为环路更新时间;B_L 为环路单边等效噪声带宽;A,K 分别为环路的鉴相器增益和 NCO 的增益,如图 3.6 所示。

文献[13]给出的三阶环环路滤波方程为

$$F(z) = G_1 + G_2 \frac{z}{z-1} + G_3 \left(\frac{z}{z-1}\right)^2 \tag{3-79}$$

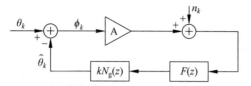

图 3.6 数字锁相环的线性模型

其中,滤波器各系数如下:

$$G_1 = \frac{rd}{2\pi T_u}, \quad G_2 = \frac{rd^2}{2\pi T_u}, \quad G_3 = \frac{krd^3}{2\pi T_u},$$

$$d = \frac{4B_L T_u}{r} \cdot \frac{r-k}{r-k+1} \tag{3-80}$$

由式(3-75)~式(3-80)可见,各文献给出的环路滤波方程结构均相同,表达式略有不同,相应的滤波器系数表示也有差异。为了分析其中的联系,有必要分析环路滤波器的基本结构与基本功能。

文献[10]指出,环路滤波器的作用是将鉴相器给出的当前和过去的相位残差(即输入信号相位与 NCO 模型相位之差)按照一定的算法融合以产生用于下一次环路更新的相位变化率,或者更精确地说是在一个环路更新周期内的相位增量。对于一个二阶数字锁相环,其环路滤波方程为

$$\Delta\phi_{n+1}^T = K_1 \delta\phi_n + K_2 \sum_{k=1}^{n} \delta\phi_k \tag{3-81}$$

其中,相位的单位均为周,滤波器系数 K_1 和 K_2 均是无量纲的,$\delta\phi_k$ 为第 k 次环路更新时的鉴相器相位残差。如果用环路单边噪声带宽 B_L、阻尼因子 $r(r=4\zeta^2)$、环路更新时间 T_u 表示,则 K_1 和 K_2 可分别表示为

$$K_1 = 4B_L T_u \frac{r}{r+1}, \quad K_2 = \frac{K_1^2}{r} \tag{3-82}$$

其中,B_L 的单位是 Hz;T_u 的单位是 s;阻尼因子 r 是无量纲的,因此 K_1 是无量纲的,同理 K_2 也是无量纲的。这就保证了环路滤波方程中左右两端的单位是一致的,即若 $\delta\phi_k$ 的单位是周,则 $\Delta\phi_{n+1}^T$ 的单位也是周;若 $\delta\phi_k$ 的单位是弧度,则 $\Delta\phi_{n+1}^T$ 的单位也是弧度。

考虑到对于二阶环路,有

$$d = \frac{4B_L T}{r+1} \tag{3-83}$$

因此有

$$rd = 4B_L T \frac{r}{r+1} = K_1 \tag{3-84}$$

$$rd^2 = \frac{(rd)^2}{r} = \frac{K_1^2}{r} = K_2 \tag{3-85}$$

其中,rd 和 rd^2 也是 G_1 和 G_2 表达式中的分子,可见 K_1,K_2 与 G_1,G_2 是等价的。考虑到鉴相器(以 atan($\cdot$)函数表示)输出的残差相位的单位是弧度,则 G_1,G_2 表达式中的分母 T_u 是将由残差相位估计出的相位增量变换(单位:rad)为相位增量的变化速率(单位:rad/s),若分母中还含有 2π,则是将相位增量变化速率变换为对 NCO 频率的修正量(单位:Hz)。另外,若 G_1,G_2,G_3 的分母中含有鉴相增益 A 和 NCO 增益 K,则意味着在鉴相编程运算中已将鉴相出的相位残差乘以 AK,因此需要把环路滤波器系数对这一因素归一化。由此可见,上述各文献中给出的滤波器系数 G_1,G_2,G_3 是一致的,但是需要注意环路运算中的先后次序及量纲的变化问题。

对于滤波方程 $\Delta\phi_{n+1}^T = K_1\delta\phi_n + K_2\sum_{k=1}^{n}\delta\phi_k$ 中包含的求和项 $\sum_{k=1}^{n}\delta\phi_k$,以 $\delta\phi_n$ 为基准,有

$$\sum_{k=1}^{n}\delta\phi_k = \delta\phi(n-1) + \delta\phi(n-2) + \delta\phi(n-3) + \cdots + \delta\phi[n-(n-1)] \tag{3-86}$$

对式(3-86)进行 Z 变换有

$$\sum_{k=1}^{n}\delta\phi_k = \delta\phi_n z^{-1} + \delta\phi_n z^{-2} + \delta\phi_n z^{-3} + \cdots + \delta\phi_n z^{-(n-1)}$$
$$= \delta\phi_n [z^{-1} + z^{-2} + z^{-3} + \cdots + z^{-(n-1)}] \tag{3-87}$$

根据文献[14],对于 z^{-1} 序列的几何级数,有

$$\sum_{n=0}^{\infty}(z^{-1})^n = \frac{1}{1-z^{-1}} \tag{3-88}$$

可见,时域滤波方程与频域滤波方程是统一的。

为了获得三阶锁相环的时域环路滤波方程,可以在

$$\Delta\phi_{n+1}^T = K_1\delta\phi_n + K_2\sum_{k=1}^{n}\delta\phi_k \tag{3-89}$$

中加入第三项 $K_3\sum\sum\delta\phi$,这一项具体的运算是将每次环路更新运算中计算的以前各个更新区间的相位残差之和再次求和,因此三阶环路的时域滤波方程为

$$\Delta\phi_{n+1}^T = K_1\delta\phi_n + K_2\sum_{k=1}^{n}\delta\phi_k + K_3\sum_{j=1}^{n}\sum_{k=1}^{j}\delta\phi_k \tag{3-90}$$

从物理意义上说，$K_1\delta\phi_n$ 可以看作对相位的修正项，$K_2\sum_{k=1}^{n}\delta\phi_k$ 可看作对频率的修正项，$K_3\sum_{j=1}^{n}\sum_{k=1}^{j}\delta\phi_k$ 可看作对频率变化率的修正项。对于式(3-91)：

$$\frac{1}{(1-z^{-1})^2} = \frac{1}{1-z^{-1}} \times \frac{1}{1-z^{-1}} \tag{3-91}$$

也可看出是进行了两次求和运算。

通过给定三阶模拟锁相环的典型参数：阻尼因子 r、单边噪声带宽 B_L、环路增益 AK、三阶环路因子 k，以及数字环路中的重要参数——环路更新时间 T_u（即环路滤波器多长时间根据相位估计值更新一次 NCO 的变化率，若不考虑死区时间，T_u 等于环路的预检测积分时间），可得三阶锁相环对应数字环路中环路滤波器的各个系数：

$$\begin{cases} G_1 = \dfrac{rd}{AKT_u} \\[2ex] G_2 = \dfrac{rd^2}{AKT_u} \\[2ex] G_3 = \dfrac{krd^3}{AKT_u} \\[2ex] d = \dfrac{4B_LT_u}{r} \cdot \dfrac{r-k}{r-k+1} \end{cases} \tag{3-92}$$

相应的环路滤波方程为

$$F(z) = G_1 + \frac{G_2}{1-z^{-1}} + \frac{G_3}{(1-z^{-1})^2} \tag{3-93}$$

需要注意的是与之前 $F(z)$ 表达式的区别，特别是环路更新时间 T_u。

推导过程如下：

(1) G_1：由 $r = AK\tau_2^2/\tau_1$ 得：

$$G_1 = \frac{\tau_2}{\tau_1} = \frac{r}{AK\tau_2} \tag{3-94}$$

由 $B_L = \dfrac{r}{4\tau_2} \cdot \dfrac{r-k+1}{r-k}$ 得：

$$\frac{1}{\tau_2} = \frac{4B_L}{r} \cdot \frac{r-k}{r-k+1} = \frac{d}{T_u} \tag{3-95}$$

代入可得：

$$G_1 = \frac{rd}{AKT_u} \tag{3-96}$$

（2）G_2：由 $r = AK\tau_2^2/\tau_1$ 得：

$$G_2 = \frac{1}{\tau_1} = \frac{r}{AK\tau_2^2} \tag{3-97}$$

由 $B_L = \frac{r}{4\tau_2} \cdot \frac{r-k+1}{r-k}$ 得：

$$\left(\frac{1}{\tau_2}\right)^2 = \left(\frac{4B_L}{r} \cdot \frac{r-k}{r-k+1}\right)^2 = \left(\frac{d}{T_u}\right)^2 \tag{3-98}$$

代入可得：

$$G_2 \frac{T_u}{1-z^{-1}} = \frac{r}{AK}\left(\frac{d}{T_u}\right)^2 \frac{T_u}{1-z^{-1}} = \frac{rd^2}{AKT_u} \cdot \frac{1}{1-z^{-1}} \tag{3-99}$$

（3）G_3：由 $k = \tau_2/\tau_3$，$G_2 = \frac{1}{\tau_1} = \frac{r}{AK}\left(\frac{d}{T_u}\right)^2$ 得：

$$G_3 = \frac{1}{\tau_1\tau_3} = \frac{kG_2}{\tau_2} = k\frac{r}{AK}\left(\frac{d}{T_u}\right)^2 \frac{d}{T_u} \tag{3-100}$$

因此有

$$G_3\left(\frac{T_u}{1-z^{-1}}\right)^2 = k\frac{r}{AK}\left(\frac{d}{T_u}\right)^2 \frac{d}{T_u}\left(\frac{T_u}{1-z^{-1}}\right)^2$$

$$= \frac{krd^3}{AKT_u}\left(\frac{1}{1-z^{-1}}\right)^2 \tag{3-101}$$

典型的二阶/三阶数字环路的环路滤波框图如图 3.7 所示。

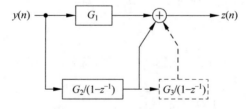

图 3.7 典型的二阶/三阶数字环路的环路滤波

5. NCO 的数学模型

NCO 的数学模型取决于具体问题，在实际深空站的接收机中，信号是以实时的方式采样数字化后进入数字环路的，这对应于实时数字环路系统中的模型。当信号以开环记录的方式再进入软件锁相环时，根据软件锁相环内 NCO 反馈的方式,NCO 又可分为仅反馈相位变化率(loop with rate-only feedback)的 NCO 和同时反馈相位与相位变化率(loop with phase and rate feedback)的 NCO,下面分别建立不同模式下的 NCO 数学模型。

1) 实时数字环路系统中的 NCO 模型

实时环路系统中带有计算延迟的 NCO 数字模型的建立过程如下。

NCO 的输入是在相位测量(即鉴相)gT 秒之后完成的更新,即带有计算延迟(computation delay)gT 的 NCO 模型如图 3.8 所示。

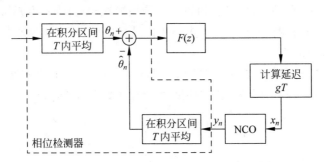

图 3.8 带有计算延迟(gT)的 NCO 模型[9]

在每一次预检测积分(积分时间为 T,近似等于环路更新时间)运算之后,鉴相器即计算出输入信号的平均相位与 NCO 输出的平均相位之差。

这一操作对应如下数学模型:环路输入的离散数字信号的采样率为 T_s,环路更新时间为 T,则预检测积分运算的输入信号为(忽略噪声)

$$\begin{cases} I_i = \cos(2\pi\Delta f i T_s + \phi) \\ Q_i = \sin(2\pi\Delta f i T_s + \phi) \end{cases} \tag{3-102}$$

式(3-102)将 iT_s 时刻环路输入信号相位与 NCO 输出相位间的总相位误差建模为一个频率误差项 Δf 与一个初始相位误差项 ϕ。初始相位误差项对应预检测积分时间起始时刻的 NCO 输出相位与环路输入信号相位之差(注:这种近似是对总相位误差的二阶近似,一阶近似时会忽略频率误差项 Δf)。

预检测积分即是将 N($N = T/T_s$)个信号样本累加,以降低信号处理速率,即

$$\frac{1}{N}\sum_{i=1}^{N} I_i = \frac{1}{N}\sum_{i=1}^{N}\cos(2\pi\Delta f i T_s + \phi) \approx \frac{1}{N}\int_0^T \cos(2\pi\Delta f t + \phi)\mathrm{d}t$$

$$= \frac{\sin(\pi\Delta f T_s N)}{N\sin(\pi\Delta f T_s)}\cos[\pi\Delta f T_s(N+1) + \phi] \tag{3-103}$$

$$\frac{1}{N}\sum_{i=1}^{N}Q = \frac{1}{N}\sum_{i=1}^{N}\sin(2\pi\Delta f i T_s + \phi) \approx \frac{1}{N}\int_{0}^{T}\sin(2\pi\Delta f t + \phi)\mathrm{d}t$$

$$= \frac{\sin(\pi\Delta f T_s N)}{N\sin(\pi\Delta f T_s)}\sin[\pi\Delta f T_s(N+1)+\phi] \tag{3-104}$$

其中，$\sin(Nx)/(N\sin x)$，$x = \pi\Delta f T_s$，表示由频率误差 Δf 及累加样本点数 N 的综合影响带来的幅度抑制（这种幅度抑制本质上是 NCO 产生的本地信号与输入信号并非完全相干导致的）。

通过上述模型可以看出，通过一个预检测积分运算后，鉴相器给出的相位误差是在预检测积分时间 T 内输入信号相位与 NCO 本地相位的平均相位误差，即 $\pi\Delta f T_s(N+1)+\phi$。

记 NCO 输出信号的采样时刻 $t_n = nT$，y_n 为 NCO 输出的相位，则可将 y_n 对于 g 在 $0\sim1$ 的变化区间内用线性分段函数表示（图 3.9）。

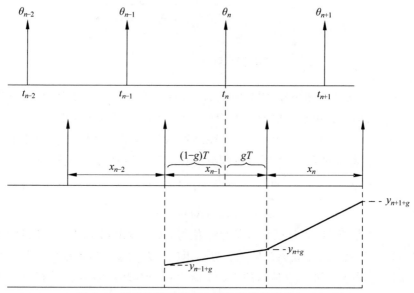

图 3.9　带有计算延迟 gT 的数字锁相环的定时方式

$$y(t) = \begin{cases} y_{n-1+g} + x_{n-1}(t - t_{n-1+g}), & t_{n-1+g} \leqslant t \leqslant t_{n+g} \\ y_{n+g} + x_n(t - t_{n+g}), & t_{n+g} \leqslant t \leqslant t_{n+1+g} \end{cases} \tag{3-105}$$

其中，x_{n-1} 和 x_n 分别为环路滤波器利用鉴相器输出的总相位误差给出的对 NCO 频率修正的频率改正序列。作为环路反馈值的 NCO 输出相位是在区间 $t_n \sim t_{n+1}$ 内的平均相位，即

$$\hat{\theta}_{n+1} = \hat{\theta}_n + \frac{1}{T} \int_{t_n}^{t_{n+1}} y(\tau) d\tau \tag{3-106}$$

将 $y(t)$ 进一步代入式(3-106)并完成积分可得：

$$\hat{\theta}_{n+1} = \hat{\theta}_n + \frac{1}{2} T [(1-g)^2 x_n + (1+2g-2g^2) x_{n-1} + g^2 x_{n-2}] \tag{3-107}$$

将式(3-107)进行 Z 变换,可得 NCO 的 Z 域模型为

$$N(z) = \frac{\hat{\theta}_z}{x(z)} = \frac{T[(1-g)^2 z^2 + (1+2g-2g^2)z + g^2]}{2z^2(z-1)} \tag{3-108}$$

当 $g=1$ 时,NCO 的 Z 域模型为

$$N(z) = \frac{T(z+1)}{2z^2(z-1)} \tag{3-109}$$

2) 仅反馈相位变化率的 NCO 模型

在这种反馈方式下,第 n 个环路更新区间内 NCO 产生的用于实现多普勒旋转(Doppler removal)的本地信号可以表示为

$$e^{-j\varphi} = e^{-j(\Delta\varphi_n t + \varphi_n^s)} \tag{3-110}$$

其中,$\Delta\varphi_n$ 是由环路滤波器估计给出的相位变化速率,φ_n^s 为第 n 个更新区间的 NCO 初始相位。因此在第 n 个更新区间内 NCO 产生的平均相位为

$$\varphi_n = \frac{1}{T} \int_0^T (\Delta\varphi_n t + \varphi_n^s) dt = \frac{T}{2} \Delta\varphi_n + \varphi_n^s \tag{3-111}$$

其中,T 为环路更新时间。类似地,在第 $(n+1)$ 个区间内,NCO 产生的平均相位可以计算如下:

$$\varphi_{n+1} = \frac{1}{T} \int_0^T (\Delta\varphi_{n+1} t + \varphi_{n+1}^s) dt = \frac{T}{2} \Delta\varphi_{n+1} + \varphi_{n+1}^s \tag{3-112}$$

同时,若仅反馈相位变化速率,则第 n 个更新区间和第 $(n+1)$ 个更新区间内 NCO 初始相位间的数学关系为

$$\varphi_{n+1}^s = \varphi_n^s + \Delta\varphi_n t \tag{3-113}$$

需要注意的是,一般而言,预检测积分时间(环路更新时间)很短,在这一时间尺度上相位变化速率为常数,因此在环路更新时间内 NCO 产生的平均相位等于环路更新时间中点时刻 NCO 产生的瞬时相位。

由式(3-111)~式(3-113)进一步变换可得:

$$\varphi_{n+1} = \varphi_n + \frac{T}{2}(\Delta\varphi_n + \Delta\varphi_{n+1}) \tag{3-114}$$

式(3-114)也可由图 3.10 可见,可以看出,NCO 相位的变化在各个环

路更新时刻都是连续的。

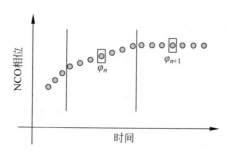

图 3.10　仅反馈相位变化率的 NCO 相位变化曲线[15]

对式(3-114)进行 Z 变换,可得仅反馈相位变化率的 NCO 的 Z 域模型为

$$\varphi(z)(z-1) = \frac{T}{2}\Delta\varphi(z)(z+1) \tag{3-115}$$

$$N(z) = \frac{\varphi(z)}{\Delta\varphi(z)} = \frac{T(z+1)}{2(z-1)} \tag{3-116}$$

若进一步考虑计算延迟的影响,则 NCO 的 Z 域模型为

$$N(z) = \frac{T(z+1)}{2z^2(z-1)} \tag{3-117}$$

在文献[15]中,作者给出仅反馈相位变化率且带有计算延迟的 NCO 的 Z 域模型为

$$N(z) = \frac{T(z+1)}{2z(z-1)} \tag{3-118}$$

显然作者认为计算延迟带来的影响是增加了 $z=0$ 的一阶极点,而根据 JPL 的分析,计算延迟的影响是增加了 $z=0$ 的二阶极点。

3) 反馈相位和相位变化率的 NCO 模型

同时反馈相位和相位变化率意味着环路滤波器第 n 个环路更新区间输出的残余相位不仅对 NCO 第$(n+1)$次环路更新产生的本地信号相位的基准频率进行修正,同时对第$(n+1)$次环路更新产生的本地信号相位的初始值进行修正。在这种情况下,各次环路更新时刻的 NCO 本地相位是不连续的,如图 3.11 所示。

在这种反馈方式下,事实上是将第 n 次环路更新估计得出的相位变化量估计值(=相位变化率×环路更新时间)直接累加到第 n 次环路更新区间上 NCO 的模型相位,以得出第$(n+1)$次环路更新区间上 NCO 的模型相位,即

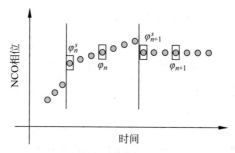

图 3.11 同时反馈相位和相位变化率的 NCO 相位变化曲线[15]

$$\hat{\varphi}_{n+1} = \hat{\varphi}_n + \hat{\dot{\varphi}}_{n+1} T \tag{3-119}$$

其中，$\hat{\varphi}_{n+1}$ 即第 $(n+1)$ 次环路更新区间上 NCO 的模型相位，也就是在该环路区间中点时刻对应的 NCO 瞬时相位。在实际运算中，为了利用这一估值对 NCO 同时进行相位和相位变化率的反馈，需要计算两个参数：一个是第 $(n+1)$ 次环路更新区间上的 NCO 相位变化速率，这一数值已由环路滤波器在第 n 次环路更新中估计给出，为 $\hat{\dot{\varphi}}_{n+1}$；另一个参数即第 $(n+1)$ 次环路更新区间上 NCO 的相位初始值 φ_{n+1}^s。同时反馈相位的意义也就在于利用环路滤波输出的相位估计结果对这一初始相位进行修正，而不是简单地继承第 n 次环路更新后 NCO 的模型相位，φ_{n+1}^s 可计算如下：

$$\varphi_{n+1}^s = \hat{\varphi}_{n+1} - \frac{T}{2}\hat{\dot{\varphi}}_{n+1} \tag{3-120}$$

由此可得，第 $(n+1)$ 次环路更新区间和第 n 次环路更新区间上 NCO 的初始相位 φ_{n+1}^s 与 φ_n^s 的数学关系为

$$\varphi_{n+1}^s = \varphi_n^s + \frac{T}{2}(\Delta\varphi_n + \Delta\varphi_{n+1}) \tag{3-121}$$

对式 (3-119) 进行 Z 变换得：

$$\hat{\varphi}(z)(z-1) = \hat{\dot{\varphi}}(z)zT \tag{3-122}$$

可得同时反馈相位和相位变化率的 NCO 的 Z 域模型为

$$N(z) = \frac{\varphi(z)}{\hat{\dot{\varphi}}(z)} = \frac{Tz}{z-1} \tag{3-123}$$

此处奇怪且有疑问的一点是式 (3-123) 正好与脉冲不变变换（impulse invariance transformation，IIT）下的 NCO 的 Z 域模型是一致的。在 IIT 下，S 域与 Z 域的变换关系为 $\dfrac{1}{s} = \dfrac{Tz}{z-1}$，在 S 域中积分的数学表示恰好为

$\dfrac{1}{s}$,因此在 IIT 下,NCO 的 Z 域模型为 $\dfrac{Tz}{z-1}$。这与文献[16]中给出的 NCO 模型是一致的。

考虑到计算延迟的影响,若认为计算延迟带来的是 $z=0$ 的一阶极点,则 NCO 的 Z 域模型如下:

$$N(z) = \frac{\varphi(z)}{\hat{\varphi}(z)} = \frac{T}{z-1} \tag{3-124}$$

这与文献中的结果[15]一致;若认为计算延迟带来的是 $z=0$ 的二阶极点,则 NCO 的 Z 域模型如下:

$$N(z) = \frac{\varphi(z)}{\hat{\varphi}(z)} = \frac{T}{z(z-1)} \tag{3-125}$$

注意:在上述 NCO 的 Z 域模型中,表达式中的 T 均表示的是环路更新时间,$T = N \times T_s$,其中 N 为预检测积分求和运算中的输入信号采样点数,T_s 为输入信号的采样周期$\left(T_s = \dfrac{1}{f_s}\right)$,可见环路更新时间 T 与输入信号的采样周期 T_s 是完全不同的。

6. 数字锁相环路中积分的算法——梯形积分法

在计算机数值计算中,一种重要的积分算法是梯形积分法。一般而言,离散的数字积分定义为

$$y[n] = y[n-1] + \Delta(n-1,n) \tag{3-126}$$

其中,$y[n]$ 和 $y[n-1]$ 分别代表 n 和 $n-1$ 处的积分输出,而 $\Delta(n-1,n)$ 则代表在区间 $(n-1)T < t \leqslant nT$ 上积分的增量。在图形上积分可以表示为曲线下方的面积,如图 3.12 所示。

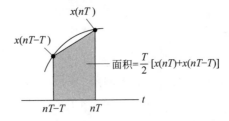

图 3.12 梯形积分的几何意义

由图 3.12 可见:

$$\Delta(n-1,n) = \frac{T}{2}(x[n] + x[n-1]) \tag{3-127}$$

因此有

$$y[n] - y[n-1] = \frac{T}{2}(x[n] + x[n-1]) \tag{3-128}$$

对式(3-128)进行 Z 变换可得梯形积分法的传递函数为

$$H(z) = \frac{Y(z)}{X(z)} = \frac{T}{2} \cdot \frac{1 + z^{-1}}{1 - z^{-1}} \tag{3-129}$$

式(3-129)即双线性变换。

也就是说,在双线性变换条件下,一个滤波器的 Z 域模型为

$$H(z) = H_a(s) \Big|_{s = \frac{2}{T} \cdot \frac{1-z^{-1}}{1+z^{-1}}} \tag{3-130}$$

同样,在 S 域上的积分表示为 $\frac{1}{s}$,因此积分器的 Z 域模型为

$$H(z) = \frac{1}{s} \Big|_{s = \frac{2}{T} \cdot \frac{1-z^{-1}}{1+z^{-1}}} = \frac{T}{2} \cdot \frac{1 + z^{-1}}{1 - z^{-1}} \tag{3-131}$$

文献[14]中离散数字系统 $H(z)$ 为

$$H(z) = \frac{Y(z)}{X(z)} = \frac{\sum_{k=0}^{M} b_k z^{-k}}{\sum_{k=0}^{N} a_k z^{-k}} \tag{3-132}$$

其数字流程图如图 3.13 所示。因此,对于梯形积分,其信号流程图如图 3.14 所示。

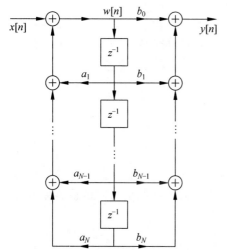

图 3.13　离散数字系统的信号流程图

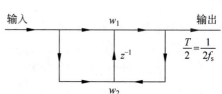

图 3.14　梯形积分法的信号流程图[17]

在图 3.14 中,输入即 $x[n]$,输出即 $y[n]$,T 即积分步长。对于数字锁相环路,T 即数字锁相环路的环路更新时间 T_u(切记:此处不是输入信号的采样周期 T_s,因为环路中的环路滤波器和 NCO 均工作在 T_u 的频率上)。

3.3　时延参数估计模型与方法

3.3.1　参数估计模型

根据极大似然估计原理,信号待估参数的极大似然估计器由接收信号的概率模型导出。因此,接收信号的概率模型及其统计特性对于提出信号未知参数在一定意义上的最优估计器具有至关重要的影响。本节首先以两个接收阵元为例,回顾了 TDOA 测量的基本信号模型,并结合 Fowler 的分析,着重强调了信号统计特性对估计器估计结构、估计算法的影响。

Fowler 给出了待接收信号分别为广义宽平稳信号和确定性信号两种信号模型时,信号的 PDF 模型和相应的 TDOA 估计器[18]。下面简要回顾 Fowler 给出的分析结论,作为后续推导航天器 TDOA 测量信号相关处理的理论依据。不论信号建模为广义宽平稳信号还是确定性信号,两个阵元接收到的信号波形均可建模为[18]

$$r_1[n] = s(nT - \tau_1)e^{jv_1 nT} + \omega_1[n] \tag{3-133}$$

$$r_2[n] = s(nT - \tau_2)e^{jv_2 nT} + \omega_2[n] \tag{3-134}$$

其中,$s(t)$ 为接收信号波形的复包络,T 为复采样时间,$\omega_1[n]$ 和 $\omega_2[n]$ 分别为阵元 1 和 2 处的热噪声,τ_1 和 τ_2 分别为目标信号到达阵元 1 和 2 的传播时延,v_1 和 v_2 分别为信号传播的多普勒。因此待估参数集为

$$\boldsymbol{\theta} = [\Delta_\tau, \Delta_v]^T \tag{3-135}$$

其中,

$$\Delta_\tau = \tau_1 - \tau_2 \tag{3-136}$$

$$\Delta_v = v_1 - v_2 \tag{3-137}$$

当两个接收阵元收到的同一目标发出的信号建模为广义宽平稳信号时,接收信号的均值为 0(不失一般性),两个阵元接收信号间的协方差取决于待估参数 $\boldsymbol{\theta}$,因此接收信号的 PDF 模型为

$$p_{\text{WSS}}(\boldsymbol{r}, \boldsymbol{\theta}) = \frac{1}{\det(\pi C_{\boldsymbol{\theta}})} \exp(-\boldsymbol{r}^H C_{\boldsymbol{\theta}}^{-1} \boldsymbol{r}) \tag{3-138}$$

对于这一接收信号概率模型,待估参数的极大似然估计器为

$$\hat{\boldsymbol{\theta}}_{\text{ML,WSS}} = \underset{\boldsymbol{\theta}}{\operatorname{argmax}} \{ -\boldsymbol{r}^H C_{\boldsymbol{\theta}}^{-1} \boldsymbol{r} \} \qquad (3\text{-}139)$$

当两个接收阵元收到的同一目标发出的信号建模为确定性信号时,接收信号的 PDF 模型为

$$p_{\text{DET}}(\boldsymbol{r}, \boldsymbol{\theta}) = \frac{1}{\det(\pi C)} \exp[-(\boldsymbol{r} - \boldsymbol{s}_{\boldsymbol{\theta}})^H C^{-1}(\boldsymbol{r} - \boldsymbol{s}_{\boldsymbol{\theta}})] \quad (3\text{-}140)$$

对于这一接收信号概率模型,待估参数的极大似然估计器为

$$\hat{\boldsymbol{\theta}}_{\text{ML,DET}} = \underset{\boldsymbol{\theta}}{\operatorname{argmax}} [2\text{Re}(\boldsymbol{r}^H C^{-1} \boldsymbol{s}_{\boldsymbol{\theta}} - \boldsymbol{s}_{\boldsymbol{\theta}}^H C^{-1} \boldsymbol{s}_{\boldsymbol{\theta}})] \quad (3\text{-}141)$$

由此可见,当接收信号分别建模为广义宽平稳信号和确定性信号时,待估参数的极大似然估计器具有显著的差异。由式(3-139)可见,对于具有广义宽平稳特性的接收信号,TDOA 和到达频率差(frequency difference of arrival,FDOA)的极大似然估值是通过求取阵元间接收信号的互模糊函数的极大值获得的;而式(3-141)指出,当接收信号为确定性信号时,需要首先对信号波形进行估计,然后通过匹配滤波的方式求取 TDOA 和 FDOA 的极大似然估值。

3.3.2 广义宽平稳信号

根据 3.3.1 节的分析,广义宽平稳信号只能通过互相关处理的方法求得信号同一波前到达两测站的时延。互相关处理机有两种类型,即 XF 类型和 FX 类型,下面主要介绍 FX 类型的基本原理。

射电源信号被 VLBI 观测系统接收的过程可用下面的模型进行描述,如图 3.15 所示。

射电源信号的同一波前经历不同的延迟(即光行时)τ_x,τ_y 到达测站 X,Y。

为了使观测信号更容易采样和记录,观测站天线系统接收的射电信号

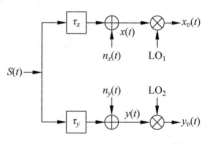

图 3.15 射电源信号接收模型[19]

号需要分别与两测站的本振信号 LO_1,LO_2 进行混频,将射频信号转换为视频信号。本振信号的相位锁定在观测站的氢原子频率标准上,从而保持不同观测站接收信号的相干性。

测站观测到的射电源信号通过天线产生一个随时间变化的电压量,假设信号由射电源发出时为 $s(t)$,则测站 X 收到并被加性噪声干扰的信号为

$$x(t) = s(t - \tau_x) + n_x(t) \qquad (3\text{-}142)$$

观测站 Y 收到的信号经历了不同的时间延迟,可写成

$$y(t) = s(t - \tau_y) + n_y(t) \tag{3-143}$$

将式(3-142)和式(3-143)进行傅里叶变换,可得:

$$\begin{cases} X(f) = S_x(f) + N_x(f) \\ Y(f) = S_y(f) + N_y(f) \end{cases} \tag{3-144}$$

其中,$N_x(f), N_y(f)$ 分别是 $n_x(t), n_y(t)$ 的傅里叶变换。根据傅里叶变换的时移特性,有

$$\begin{cases} S_x(f) = S(f) \exp(-\mathrm{i}2\pi f \tau_x) \\ S_y(f) = S(f) \exp(-\mathrm{i}2\pi f \tau_y) \end{cases} \tag{3-145}$$

其中,$S(f)$ 为射电源发出信号的傅里叶变换。经过混频后,上边带信号转换为基带信号,在频域上表示为

$$\begin{cases} X_{\mathrm{U}}(f) = X(f + f_x) \exp(-\mathrm{i}\phi_x) \\ Y_{\mathrm{U}}(f) = Y(f + f_y) \exp(-\mathrm{i}\phi_y) \end{cases} \tag{3-146}$$

其中,(f_x, ϕ_x) 和 (f_y, ϕ_y) 分别是测站 X, Y 本振信号的频率与初始相位。同理可得下边带信号为

$$\begin{cases} X_{\mathrm{L}}(f) = X(f - f_x) \exp(\mathrm{i}\phi_x) \\ Y_{\mathrm{L}}(f) = Y(f - f_y) \exp(\mathrm{i}\phi_y) \end{cases} \tag{3-147}$$

由式(3-146)可得,上边带信号的互相关谱函数为

$$\begin{aligned}
C_{xy}(f) &= X_{\mathrm{U}}(f) Y_{\mathrm{U}}^*(f) \\
&= S_x(f + f_x) \mathrm{e}^{-\mathrm{i}\phi_x} S_y^*(f + f_y) \mathrm{e}^{\mathrm{i}\phi_y} + \\
&\quad S_x(f + f_x) \mathrm{e}^{-\mathrm{i}\phi_x} N_y^*(f + f_y) \mathrm{e}^{\mathrm{i}\phi_y} + \\
&\quad N_x(f + f_y) \mathrm{e}^{-\mathrm{i}\phi_x} S_y^*(f + f_y) \mathrm{e}^{\mathrm{i}\phi_y} + \\
&\quad N_x(f + f_y) \mathrm{e}^{-\mathrm{i}\phi_x} N_y^*(f + f_y) \mathrm{e}^{\mathrm{i}\phi_y}
\end{aligned} \tag{3-148}$$

式(3-148)中,除第 1 项外的后面 3 项是统计独立的高斯噪声分量的乘积,通过时域积分,其平均值趋于 0。将式(3-145)代入,可得:

$$\begin{aligned}
C_{xy}(f) &= S_x(f + f_x) \mathrm{e}^{-\mathrm{i}\phi_x} S_y^*(f + f_y) \mathrm{e}^{\mathrm{i}\phi_y} \\
&= S(f + f_x) S(f + f_y) \exp[\mathrm{i}(\phi_y - \phi_x)] \cdot \\
&\quad \exp\{\mathrm{i}2\pi[(f + f_y)\tau_y - (f + f_x)\tau_x]\}
\end{aligned} \tag{3-149}$$

需要注意的是,f_x 和 f_y 通常设定为相同的本振频率 f_0,但也允许存在微小的常数频率偏差,这个偏差可通过测站相位校正系统精确地测定:

$$\begin{cases} \Delta f_x = f_x - f_0 \\ \Delta f_y = f_y - f_0 \end{cases} \tag{3-150}$$

若频率偏差 Δf 在积分时间 T 内满足

$$| \Delta f \cdot T | \ll 1 \tag{3-151}$$

则存在以下近似关系式：

$$\begin{cases} S(f+f_x) = S(f+f_0+f_x) \approx S(f+f_0)\exp(-i2\pi\Delta f_x t) \\ S(f+f_y) \approx S(f+f_0)\exp(-i2\pi\Delta f_y t) \end{cases} \tag{3-152}$$

将式（3-151）和式（3-152）代入式（3-149），可得最终的互相关谱表达式如下[20]：

$$\begin{aligned} C_{xy}(f) &= S(f+f_0)S^*(f+f_0) \cdot \exp[i(\phi_y-\phi_x)+i2\pi(\Delta f_y-\Delta f_x)t] \cdot \\ &\quad \exp\{i2\pi[(f+f_y)\tau_y-(f+f_x)\tau_x]\} \\ &= | S(f+f_0) |^2 \exp(i\theta) \end{aligned} \tag{3-153}$$

其中，

$$\begin{aligned} \theta &= 2\pi(f+f_y)\tau_y + 2\pi\Delta f_y t + \phi_y - \\ &\quad 2\pi(f+f_x)\tau_x - 2\pi\Delta f_x t - \phi_x \end{aligned} \tag{3-154}$$

同理，下边带信号的互相关谱为

$$C_{xy}(f) = | S(f-f_0) |^2 \exp(i\theta) \tag{3-155}$$

其中，

$$\begin{aligned} \theta &= 2\pi(f-f_y)\tau_y - 2\pi\Delta f_y t - \phi_y - \\ &\quad 2\pi(f-f_x)\tau_x + 2\pi\Delta f_x t + \phi_x \end{aligned} \tag{3-156}$$

在实际的相关处理中，为了在条纹搜索窗口获得干涉条纹，需要对每个测站的基带进行连续的时延补偿。连续的时延补偿是通过分段连续的时延多项式来实现的：

$$\tau^m = \sum_{i=0}^{5} a_i (t-t_0)^i \tag{3-157}$$

此外，为了在积分时间内减小信号的相干性损失，需要进行相位旋转，相位旋转的作用是消除两测站由混频及本振频率差异带来的相位附加项，使两测站信号的频率对齐。经过时延补偿和相位旋转后，上边带的互相关谱函数为

$$C'_{xy}(f) = | S(f+f_0) |^2 \exp[i2\pi(f+f_0)\Delta\tau] \tag{3-158}$$

同理，下边带信号的互相关谱函数为

$$C'_{xy}(f) = | S(f-f_0) |^2 \exp[i2\pi(f-f_0)\Delta\tau] \tag{3-159}$$

在式（3-158）和式（3-159）中，$\Delta\tau$ 为残余时延，表示如下：

$$\Delta \tau = (\tau_y - \tau_y^m) - (\tau_x - \tau_x^m) \qquad (3\text{-}160)$$

残余时延即射电源真实时延与时延先验值的差。

3.3.3 确定性信号

航天器发射的测量信号通常为正弦波等周期信号,对这类信号时延的测量通常可以转化为对信号相位的估计。下面首先以航天器 TDOA 测量为例说明这一问题。

航天器干涉观测量——差分单向测距等于地面两个不同测站同时接收的两个距离观测量(实际是相应光行时)的差分。航天器差分单向测距原理如图 3.16 所示。

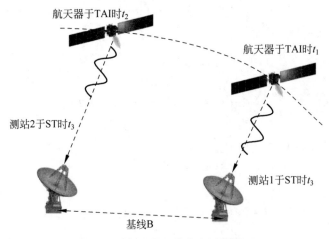

图 3.16 航天器差分单向测距原理

事实上,根据航天器干涉测量信号的形式,可将获取的差分单向测距分为群延迟和相位延迟,虽然二者的数学定义及定轨处理中的数学含义等价,但是由于信号测量的特性,二者的测量精度差别很大。下面分别导出群延迟差分单向测距及相位延迟差分单向测距的测量模型。

假设航天器发射两个正弦点频信号 $\sin(\omega t + \phi_0)$,频点分别为 ω_A 和 ω_B,则在任意时刻 t,每个点频的瞬时相位 $\phi(t)$ 为 $(\omega t + \phi_0)_{\text{mod}2\pi}$。假设在过去某一时刻 t_0(以国际原子时 TAI 表示),两个点频信号 ω_A 和 ω_B 于航天器上同相(in-phase)发射。在 t_0 以后的任意时刻 t,上述两点频信号的相位差可表示如下:

$$(\phi_B - \phi_A)_t = (\omega_B - \omega_A) \cdot (t - t_0) \qquad (3\text{-}161)$$

地面测站 1 和 2 收到的航天器信号对应的信号发出时刻分别为 t_1 和

t_2，则两点频间的相位差为

$$\begin{cases} (\phi_B - \phi_A)_{t_1} = (\omega_B - \omega_A) \cdot (t_1 - t_0) \\ (\phi_B - \phi_A)_{t_2} = (\omega_B - \omega_A) \cdot (t_2 - t_0) \end{cases} \tag{3-162}$$

式(3-162)可变换为

$$\begin{cases} t_1 = t_0 + \dfrac{(\phi_B - \phi_A)_{t_1}}{\omega_B - \omega_A} \\ t_2 = t_0 + \dfrac{(\phi_B - \phi_A)_{t_2}}{\omega_B - \omega_A} \end{cases} \tag{3-163}$$

假设信号完全在真空中传播(不考虑信号传播路径上的介质影响)，并假设航天器在两个不同时刻 t_1 和 t_2(以国际原子时 TAI 表示)发射的两个点频信号 ω_A 和 ω_B 于同一时刻 t_3(以标准时间 ST 表示)分别在测站 1 和 2 被接收。由于无线电信号在真空中的相速度等于信号的传播速度，对于这两个点频信号，无论其在航天器发射天线处发射时的相位差 $(\phi_B - \phi_A)$ 是多少，它们到达测站的瞬时相位差应与发射时刻保持不变，即

$$\begin{cases} (\phi_B - \phi_A)'_{t_{3(1)}} = (\phi_B - \phi_A)_{t_1} \\ (\phi_B - \phi_A)'_{t_{3(2)}} = (\phi_B - \phi_A)_{t_2} \end{cases} \tag{3-164}$$

其中，$(\phi_B - \phi_A)'_{t_{3(i)}}$ $(i=1,2)$ 分别为测站 1 和 2 在接收时刻 t_3 收到的航天器两点频信号的相位差。

将式(3-163)和式(3-164)联立，有

$$\begin{cases} t_1 = t_0 + \dfrac{(\phi_B - \phi_A)'_{t_{3(1)}}}{\omega_B - \omega_A} \\ t_2 = t_0 + \dfrac{(\phi_B - \phi_A)'_{t_{3(2)}}}{\omega_B - \omega_A} \end{cases} \tag{3-165}$$

分别定义航天器到两测站的精确单向光行时为

$$\begin{cases} \rho_1 = t_3 - t_1 \\ \rho_2 = t_3 - t_2 \end{cases} \tag{3-166}$$

考虑到式(3-165)，有

$$\begin{cases} \rho_1 = t_3 - t_0 - \dfrac{(\phi_B - \phi_A)'_{t_{3(1)}}}{\omega_B - \omega_A} \\ \rho_2 = t_3 - t_0 - \dfrac{(\phi_B - \phi_A)'_{t_{3(2)}}}{\omega_B - \omega_A} \end{cases} \tag{3-167}$$

据此，可定义群延迟航天器差分单向测距(精确差分单向光行时)为[21]

$$\Delta\rho = \rho_2 - \rho_1 = -\left[\frac{(\phi_B - \phi_A)'_{t_{3(2)}} - (\phi_B - \phi_A)'_{t_{3(1)}}}{\omega_B - \omega_A}\right] \quad (3\text{-}168)$$

对于相位延迟的航天器差分单向测距,以点频信号 ω_B 为例,在航天器上于两个不同时刻 t_1 和 t_2 发出的瞬时相位分别为

$$\begin{cases} \phi_B(t_1) = \omega_B(t_1 - t_0) + \phi_0 \\ \phi_B(t_2) = \omega_B(t_2 - t_0) + \phi_0 \end{cases} \quad (3\text{-}169)$$

进而可以得出:

$$\begin{cases} t_1 = t_0 + \dfrac{\phi_B(t_1) - \phi_0}{\omega_B} \\ t_2 = t_0 + \dfrac{\phi_B(t_2) - \phi_0}{\omega_B} \end{cases} \quad (3\text{-}170)$$

同样考虑到无线电信号在真空中的相速度等于信号的传播速度,有

$$\begin{cases} (\phi'_B)_{t_{3(1)}} = \phi_B(t_1) \\ (\phi'_B)_{t_{3(2)}} = \phi_B(t_2) \end{cases} \quad (3\text{-}171)$$

变换得:

$$\begin{cases} t_1 = t_0 + \dfrac{(\phi'_B)_{t_{3(1)}} - \phi_0}{\omega_B} \\ t_2 = t_0 + \dfrac{(\phi'_B)_{t_{3(2)}} - \phi_0}{\omega_B} \end{cases} \quad (3\text{-}172)$$

类比式(3-168),即可得到相位延迟的航天器差分单向测距为

$$\Delta\rho = \rho_2 - \rho_1 = -\frac{(\phi'_B)_{t_{3(2)}} - (\phi'_B)_{t_{3(1)}}}{\omega_B} \quad (3\text{-}173)$$

至此,群延迟和相位延迟类型的航天器差分单向测距观测量已获得,二者在数学定义上无本质区别。需要注意的是,根据 CCSDS 给出的建议,在 X 频段,两点频 ω_A 和 ω_B 的频率间隔(即扩展带宽)一般为几十兆赫兹,而对于 X 频段的单载波 ω_A(或 ω_B),频率为 8.4GHz。可见在相位测量精度与频率无关的前提下,理论上相同的相位测量精度得到的群延迟与相位延迟的精度相差几百倍。

JPL 采用的在单个测站对航天器正弦 DOR 侧音分别进行相关处理的原理框图如图 3.17 所示[22]。其中,$s_1(t) = \sqrt{2P_T}\cos(\omega_s t + \theta)$ 为测站当地收到的航天器正弦 DOR 侧音的上、下边带信号之一,ω_L 为测站本振信号的频率。

首先对信号进行混频和低通滤波,有

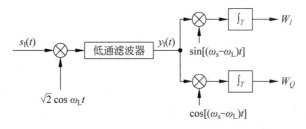

图 3.17 JPL 本地相关 DOR 信号处理原理框图

$$y_1(t) = \sqrt{P_T} \cos[(\omega_s - \omega_L)t + \theta] \qquad (3\text{-}174)$$

对 $y_1(t)$ 信号中的初始相位 θ 做极大似然估计,有

$$\hat{\theta} = -\frac{W_I}{W_Q} \qquad (3\text{-}175)$$

其中,

$$W_I = \int_0^T [y_1(t)\sin(\omega_s - \omega_L)t]\mathrm{d}t \qquad (3\text{-}176)$$

$$W_Q = \int_0^T [y_1(t)\cos(\omega_s - \omega_L)t]\mathrm{d}t \qquad (3\text{-}177)$$

T 为积分时间。

本地相关的好处在于,它是利用匹配滤波的原理提取正弦侧音信号的相位,使噪声的影响达到最小。其关键之处在于在测站当地分别对航天器正弦侧音上、下边带建立一个本地模型,这个模型是无白噪声影响的纯侧音。用这个"人造"的信号与接收到的信号做相关处理,可以使相位精度渐近达到 CRLB。

在实际的信号处理中,受加性高斯白噪声影响的连续正弦波在被采样周期为 T_s 的数字采样之前,需要经过低通滤波,且滤波器带宽为 $1/(2T_s)$,这个带宽即奈奎斯特带宽(Nyquist bandwidth)。单边噪声功率谱密度为 N_0 的噪声功率 P_N 可以表示为

$$P_N = \sigma^2 = \frac{N_0}{2T_s} \qquad (3\text{-}178)$$

另外,由于正弦信号的幅值为 A,故其功率为

$$P_r = \frac{A^2}{2} \qquad (3\text{-}179)$$

可以得到连续形式下正弦信号相位估计的 Fisher 信息为[1]

$$I(\theta) = \frac{NA^2}{2\sigma^2} = \frac{NP_r}{N_0/(2T_s)} = \frac{2P_r}{N_0}(NT_s) \qquad (3\text{-}180)$$

注意到,N 为用于相位估计的数据点数,T_s 为采样周期,则 NT_s 为相位估

计的积分时间 T,即

$$I(\theta) = 2TP_r/N_0 \tag{3-181}$$

因此连续形式下正弦信号相位估计的 CRLB 为

$$\mathrm{Var}(\hat{\theta}) = \frac{1}{2TP_r/N_0} \tag{3-182}$$

考虑本地相关测量与航天器差分单向测距观测量的关系,有

$$\Delta\rho = -\left\{ \frac{[(\phi_B)'_{t_{3(2)}} - (\phi_A)'_{t_{3(2)}}] - [(\phi_B)'_{t_{3(1)}} - (\phi_A)'_{t_{3(1)}}]}{\omega_B - \omega_A} \right\} \tag{3-183}$$

因此,相位测量热噪声对航天器差分单向测距的影响为

$$\sigma_{\Delta\rho} = \frac{\sqrt{[(\sigma_{\phi_B})_{t_{3(2)}}]^2 + [(\sigma_{\phi_B})_{t_{3(1)}}]^2 + [(\sigma_{\phi_A})_{t_{3(2)}}]^2 + [(\sigma_{\phi_A})_{t_{3(2)}}]^2}}{\omega_B - \omega_A}$$

$$\tag{3-184}$$

采用正弦 DOR 侧音对载波调相,则 ω_B,ω_A 分别为同一正弦 DOR 侧音上、下边带信号的频率,因此有[23]

$$\sigma_{\Delta\rho} = \frac{1}{2\omega_{\mathrm{DOR}}} \sqrt{\frac{1}{(P_{\mathrm{DOR}}/N_0)_1 T_{\mathrm{OBS}}} + \frac{1}{(P_{\mathrm{DOR}}/N_0)_2 T_{\mathrm{OBS}}}} \tag{3-185}$$

其中,$2\omega_{\mathrm{DOR}} = \omega_B - \omega_A$,$(P_{\mathrm{DOR}}/N_0)_i (i=1,2)$ 分别为正弦 DOR 侧音到达测站 1 和 2 的信号噪声功率谱密度比,T_{OBS} 为积分时间。

3.4 小结

本章回顾了极大似然估计原理的基本数学模型,并据此简要介绍了载波参数的周期图估计方法和锁相跟踪方法,即时延参数估计在不同信号统计特性模型假设下的估计模型与方法。

对于载波多普勒估计,周期图估计是一种典型的开环批处理估计方法,也是信号时频分析中最为常用的方法,对于其他频率及其高阶变化率的参数估计模型具有很重要的借鉴作用。在后续各章节的分析中可以看到,对于深空探测场景下高动态、低信噪比条件下的测量信号,在没有其他性能更好的估计器时,周期图估计仍然是最实用的,其面临的主要问题是信号功率极值多维联合搜索问题,若能将多维联合极值搜索转化为多个一维极值搜索,则有望提高估计性能,时频分析中对高动态信号降阶即将信号功率极值搜索降维的过程,但由于信号自身带来的平方损失问题,这些估计器在低信噪比下的性能被限制。另一方面,本章回顾了典型二阶、三阶锁相环路的模

型与滤波器系数参数设计方法,这些估计器在典型的深空探测航天器巡航段无线电跟踪测量中已有较好的应用,但在高动态、低信噪比信号参数估计中仍具有局限性。通过对锁相环路计算流程的分析可见,基于负反馈原理将预测信号与输入信号复混频的计算方式一方面降低了信号搜索空间,另一方面显著降低了平方损失的影响。锁相跟踪的局限性主要源于鉴别器,若能够直接鉴别频率变化的高阶量则有望实现对高动态、低信噪比信号的参数估计性能。高阶时频分析与锁相跟踪序贯估计结合的新方法将在第4章中进行阐述。

对于信号时延参数估计,3.3节的分析表明不同的信号统计特性假设将得出结构完全不同的估计器模型。深空探测中航天器作为合作式目标,其信号调制模型及统计特性完全已知,对这类信号的最优估计器即先进行信号重建,再估计时延参数,这一思想完全适用于基于再生伪码测距体制的直接距离测量和基于 TDOA 的干涉测量,具体处理方法与性能将在第4章中进行阐述。

参考文献

[1] KAY S M. 统计信号处理基础[M]. 北京:电子工业出版社,2014.

[2] LINDSEY W C,CHIE C M. A survey of digital phase-locked loops[J]. IEEE Proceedings,1981,69(4):410-431.

[3] HOLMES J K. Coherent spread spectrum systems[M]. Hoboken:John Wiley & Sons. 1982.

[4] HURD W J,STATMAN J I, VILNROTTER V A. High dynamic GPS receiver using maximum likelihod. estimation and frequency tracking [J]. IEEE Transactions on Aerospace and Electronic Systems,1987,AES-23:425-437.

[5] VILNROTTER V A, HINEDI S M, KUMAR R, et al. Frequency estimation techniques for high dynamic trajectories[J]. IEEE Transactions on Aerospace and Electronic Systems,1989,25(4):559-577.

[6] VILNROTTER V A, HINEDI S, KUMAR R. A comparison of frequency estimation techniques for high dynamic trajectories[R]. Pasadena:Jet Propulsion Laboratory,California Insititute of Technology,1988,89:20387.

[7] VAN GRAAS F,SOLOVIEV A, DE HAAG M U, et al. Closed-loop sequential signal processing and open-loop batch processing approaches for GNSS receiver design[J]. IEEE Journal of Selected Topics in Signal Processing, 2009,3(4):571-586.

[8] 加德纳. 锁相环技术:第3版[M]. 北京:人民邮电出版社,2007.

[9] AGUIRRE S,HURD W J. Design and performance of sampled data loops for

subcarrier and carrier tracking[J]. TDA PR,1984,79: 81-95.

[10] THOMAS J B. An analysis of digital phase-locked loops [R]. Pasadena: Jet Propulsion Laboratory,California Insititute of Technology,1989.

[11] HINEDI S. A functional description of the advanced receiver[J]. TDA PR, 1989,100: 131-149.

[12] AGUIRRE S,HURD W J,KUMAR R,et al. A comparison of methods for DPLL loop filter design[J]. TDA PR, 1986,42-87: 114-124.

[13] SADR R,SHAH B, HINEDI S. Application of multirate digital filter banks to wideband all-digital phase-locked loops design [J]. TDA PR, 1992, 42-111: 101-117.

[14] OPPENHEIM A V,SCHAFER R W,BUCK J R. Discrete-time signal processing [M]. 2nd ed. Upper Sadle River: Prentice Hall,1999.

[15] KAZEMI P L. Development of new filter and tracking schemes for weak GPS signal tracking[D]. Alberta: University of Calgary,2010.

[16] CURRAN J T,LACHAPELLE G, MVRPHY C C. Improving the design of frequency lock lcops for GNSS receivers[J]. IEEE Transactions on Aerospace and Electronic Systems,2012,48(1): 850-868.

[17] TRANTER W H. Principles of communication systems simulation with wireless applications: Prentice Hall communications engineering and emerging technologies series[M]. Upper Sadle River: Prentice Hall,2004.

[18] FOWLER M L,HU X. Signal models for TDOA/FDOA estimation[J]. IEEE Transactions on Aerospace and Electronic Systems,2008,44(4): 1543-1550.

[19] 舒逢春. 人造卫星实时射电干涉测量方法研究[D]. 上海: 中国科学院上海天文台,2008.

[20] TAKAHASHI F,KONDO T, TAKAHASHI Y, et al. Very long baseline interferometry[M]. Amsterdam: IOS Press,2000.

[21] MOYER T D. Formulation for observed and computed values of deep space network data types for navigation: Deep Space Communications and Navigation Series[M]. Hoboken: John Wiley & Sons,2000.

[22] KINMAN P W. Doppler tracking of planetary spacecraft[J]. IEEE Transactions on Microwave Theory and Techniques,1992,40(6): 1199-1204.

[23] KINMAN P W. 210 Delta-differential one way ranging. DSMS Telecommunications Link Design Handbook[M]. [S. l. : s. n.],2004.

第4章

深空探测无线电测量处理方法的新进展

本章围绕深空探测场景下高动态、低信噪比跟踪测量信号的多普勒、时延参数估计难题,重点介绍了这一领域的最新研究成果与进展。其中,4.1节对时频分析中用于载波多普勒率估计的立方相位函数特性模型和特性进行了介绍与分析,并提出了用于抑制噪声平方损失的序贯立方相位函数方法;4.2节对再生伪码测距的码片同步与码相位的跟踪测量方法、码捕获的性能与方法进行了重点分析;4.3节则重点介绍了基于 TDOA 的深空干涉测量航天器信号的相关处理算法,在量化分析基于互模糊函数相关处理性能的基础上,通过分析干涉测量信号用于时延估计的克拉美罗界,提出了用于航天器干涉测量信号的处理思路与方法。

4.1 立方相位函数模型与特性分析

根据上文分析,相比于相位鉴别器的跟踪环路,基于频率鉴别器的跟踪环路对于高动态场景具有更好的适应性,立方相位函数(cubic phase function,CPF)作为一种直接估计频率变化率的估计器,具有更好地适应高动态场景载波跟踪的潜在优势,但主要问题是需要解决平方损失的问题。本章从 CPF 的定义出发,对该估计器的特性和影响因素做了较为深入的分析,并提出了一种抑制噪声平方损失的序贯 CPF 估计器。4.1.1 节给出了 CPF 的基本定义,包括连续形式和离散形式;4.1.2 节分析了 CPF 的主要特性和影响因素,重点分析了平方损失的成因;4.1.3 节提出了序贯 CPF 的估计器模型,建立了门限性能的理论模型,并完成了仿真验证。

4.1.1 基本定义

CPF 最早由 O'Shea 在研究瞬时频率变化率的估计量时提出,他以如下多项式相位信号(polynomial-phase signal,PPS)的模型对 CPF 进行了定义[1]:

$$s(t) = A \times \exp[j\phi(t)] = A \times \exp[j(a_0 + a_1 t + a_2 t^2 + a_3 t^3)] \quad (4\text{-}1)$$

其中,a_0 为相位初值,a_1 为频率项,a_2 为频率一阶导数项,a_3 为频率二阶导数项。根据该模型,该 PPS 的瞬时(角)频率变化率(instantaneous frequency rate,IFR)可通过对相位多项式求二阶导数得出:

$$\text{IFR} = \frac{\mathrm{d}^2 \phi(t)}{\mathrm{d}t^2} = 2(a_2 + 3a_3 t) \quad (4\text{-}2)$$

因此,按照式(4-3)定义连续形式的 CPF,有

$$\text{CP}(t,\Omega) = \int_0^{+\infty} s(t+\tau) s(t-\tau) \mathrm{e}^{-j\Omega\tau^2} \mathrm{d}\tau \quad (4\text{-}3)$$

将 $s(t)$ 代入式(4-3)有

$$
\begin{aligned}
\mathrm{CP}(t,\Omega) &= \int_0^{+\infty} s(t+\tau)s(t-\tau)\mathrm{e}^{-\mathrm{j}\Omega\tau^2}\,\mathrm{d}\tau \\
&= \int_0^{+\infty} A\exp\{\mathrm{j}[a_0+a_1(t+\tau)+a_2(t+\tau)^2+a_3(t+\tau)^3]\}\times \\
&\quad A\exp\{\mathrm{j}[a_0+a_1(t-\tau)+a_2(t-\tau)^2+a_3(t-\tau)^3]\}\,\mathrm{e}^{-\mathrm{j}\Omega\tau^2}\,\mathrm{d}\tau \\
&= A^2\int_0^{+\infty}\exp\{\mathrm{j}[2a_0+2a_1t+a_2(t^2+2\tau t+\tau^2+t^2-2\tau t+\tau^2)]\}\times \\
&\quad \exp[\mathrm{j}a_3(t^3+3t^2\tau+3t\tau^2+\tau^3+t^3-3t^2\tau+3t\tau^2-\tau^3)]\mathrm{e}^{-\mathrm{j}\Omega^2}\,\mathrm{d}\tau \\
&= A^2\exp[\mathrm{j}\times 2(a_0+a_1t+a_2t^2+a_3t^3)]\times \\
&\quad \int_0^{+\infty}\exp[\mathrm{j}(2a_2+6a_3-\Omega)\tau^2]\mathrm{d}\tau
\end{aligned}
\tag{4-4}
$$

可见,$\mathrm{CP}(t,\Omega)$ 是关于 (t,Ω) 的二维函数,在任一确定时刻 t,当满足

$$
2a_2+6a_3-\Omega=0 \tag{4-5}
$$

时,$\mathrm{CP}(t,\Omega)$ 的模取得最大值。因此,在任意时刻 t,按照上述定义的 CPF 对 Ω 进行遍历搜索,即可求出 PPS 的 IFR。这就是 CPF 估计瞬时频率变化率的基本数学原理。

对于离散形式的 PPS 模型,有

$$
\begin{aligned}
s(n) &= A\times\exp[\mathrm{j}\phi(n)] \\
&= A\times\exp[\mathrm{j}(a_0+a_1n+a_2n^2+a_3n^3)]
\end{aligned}
\tag{4-6}
$$

可定义离散形式的 CPF 为

$$
\begin{aligned}
\mathrm{CP}(n,\Omega) &= \sum_{m=0}^{(N-1)/2} s(n+m)s(n-m)\mathrm{e}^{-\mathrm{j}\Omega m^2} \\
&= A^2\exp[\mathrm{j}\times 2(a_0+a_1n+a_2n^2+a_3n^3)]\times \\
&\quad \sum_{m=0}^{(N-1)/2}\exp\{\mathrm{j}[2(a_2+3a_3n)-\Omega]m^2\}
\end{aligned}
\tag{4-7}
$$

其中,N 为奇数。因此,信号 $s(n)$ 的瞬时(角)频率变化率可按照式(4-8)进行估计[1]:

$$
\mathrm{IFR}(n)=\mathop{\arg\max}_{\Omega}\,|\,\mathrm{CP}(n,\Omega)\,| \tag{4-8}
$$

4.1.2 主要特性分析

1. 频率变化率搜索范围

下面以式(4-9)所示的二阶多项式相位信号为例,说明 IFR 的取值

范围。

$$s(t) = \exp\left[j \times 2\pi\left(\phi_0 + f \times t + \frac{1}{2} \times \dot{f} \times t^2\right)\right] \tag{4-9}$$

其中,ϕ_0 为初始相位,f 为频率,$\dot{f}$ 为频率变化率。当采样时间为 $T_s = 1/F_s$ 时,有 $t = k \times T_s$,$k = 0,1,2,3,\cdots$,代入式(4-9)可得:

$$s(kT_s) = \exp\left[2\pi j \times \left(\phi_0 + f \times kT_s + \frac{1}{2} \times \dot{f} \times k^2 T_s^2\right)\right] \tag{4-10}$$

根据 CPF 的计算公式,有

$$\begin{aligned}
\mathrm{CP}_s(n,\Omega) &= \sum_{m=0}^{(N-1)/2} s[(n+m)T_s] \times s[(n-m)T_s] e^{-j\Omega m^2} \\
&= \exp\left[2\pi j \times 2\left(\phi_0 + f \times nT_s + \frac{1}{2} \times \dot{f} \times n^2 T_s^2\right)\right] \times \\
&\quad \sum_{m=0}^{(N-1)/2} \exp[j(2\pi\dot{f} \times T_s^2 - \Omega)m^2] \\
&= \exp\left[2\pi j \times 2\left(\phi_0 + f \times nT_s + \frac{1}{2} \times \dot{f} \times n^2 T_s^2\right)\right] \times \\
&\quad \sum_{m=0}^{(N-1)/2} \exp\left[j\left(2\pi \frac{\dot{f}}{F_s^2} - \Omega\right)m^2\right]
\end{aligned} \tag{4-11}$$

注意到,式(4-11)在满足

$$2\pi \frac{\dot{f}}{F_s^2} - \Omega = 0 \tag{4-12}$$

时取到最大值。当 Ω 的搜索范围为 $[-2\pi/F_s, 2\pi/F_s]$ 时,可得由 CPF 估计瞬时频率变化率 $\dot{f}$ 的范围:

$$-F_s \leqslant \dot{f} \leqslant F_s \tag{4-13}$$

2. 数据点数对 CPF 谱的影响

根据 CPF 的计算公式,不考虑频率二阶(含)以上导数的影响,某一特定时刻 kT_s 的 $\mathrm{CP}(kT_s,\Omega)$ 为

$$\begin{aligned}
\mathrm{CP}(kT_s,\Omega) &= A^2 \exp\{j \times 2[a_0 + a_1 kT_s + a_2(kT_s)^2]\} \times \\
&\quad \sum_{m=0}^{(N-1)/2} \exp[j(2a_2 T_s^2 - \Omega)m^2] \\
&= A^2 \exp[j\Phi(kT_s)] \sum_{m=0}^{(N-1)/2} \exp[j(2a_2 T_s^2 - \Omega)m^2]
\end{aligned}$$

$$\tag{4-14}$$

其中，A^2 和 $\Phi(kT_s)$ 相对于时刻 kT_s 均为确定值，变化的部分为

$$I_k = \sum_{m=0}^{(N-1)/2} \cos\left[(2a_2 T_s^2 - \Omega)m^2\right] \qquad (4\text{-}15)$$

$$Q_k = \sum_{m=0}^{(N-1)/2} \sin\left[(2a_2 T_s^2 - \Omega)m^2\right] \qquad (4\text{-}16)$$

上述两分量的连续形式为

$$I_k = \frac{1}{T_s} \sum_{m=0}^{(N-1)/2} \cos\left[(2a_2 T_s^2 - \Omega)m^2\right] \times T_s$$

$$\approx \frac{1}{T_s} \int_0^T \cos\left[(2a_2 T_s^2 - \Omega)m^2\right] \mathrm{d}T_s \qquad (4\text{-}17)$$

$$Q_k = \frac{1}{T_s} \sum_{m=0}^{(N-1)/2} \sin\left[(2a_2 T_s^2 - \Omega)m^2\right] \times T_s$$

$$\approx \frac{1}{T_s} \int_0^T \sin\left[(2a_2 T_s^2 - \Omega)m^2\right] \mathrm{d}T_s \qquad (4\text{-}18)$$

上述连续积分具有菲涅尔积分形式，无闭合的初等函数形式。

由上述分析可见，离散形式的 CPF 与时域信号的频域变换具有很大的相似性，只是此时频域替换为频率变化率域。文献[2]进一步指出，CPF 是原始信号自相关函数相对于延迟时间的傅里叶变换。事实上，CPF 的主要技巧在于将一段原始信号样本由中间对分，然后对两段样本做对折点乘，这一数学运算消除了原始信号样本中频率对相位变化的贡献，运算后产生了一个不包含频率、只包含频率导数及其高阶变化的"新信号"，而进一步的分析表明，对"新信号"瞬时频率变化率做极大似然估计即可导出 CPF 的形式。因此，CPF 具有估计瞬时频率变化率的最优性与渐进特性（证明过程见附录 A）。

图 4.1 为采用数值计算方法评估的用于估计的样本点数目对 CPF 谱特性的影响。

图 4.2 为样本点数目和噪声对 CPF 谱特性影响的对比。

对于三阶多项式相位的信号，瞬时频率变化率估计值与真值的对比如图 4.3 所示（不包含噪声）。

图 4.4 为无噪声时信号电平不变和变化时 CPF 谱的二维特性。

3. 平方损失

实际测量接收到的信号通常包含噪声的影响，因此接收信号的离散形式可建模为

$$r(n) = s(n) + \omega(n) \qquad (4\text{-}19)$$

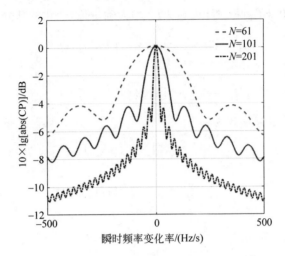

图 4.1 样本点数目对 CPF 谱特性的影响（$f=10\,\mathrm{Hz}, \dot{f}=2\,\mathrm{Hz/s}$）

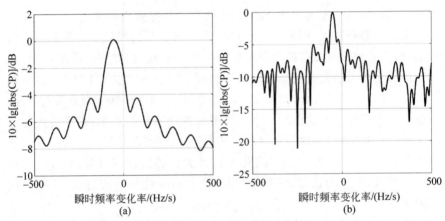

图 4.2 样品点数目噪声对 CPF 谱特性影响的对比

(a) 无噪声 50 点变换的 CPF 谱；(b) SNR＝5dB, 250 点变换的 CPF 谱

因此在进行样本序列对折相乘运算时，有

$$
\begin{aligned}
r(n+m)r(n-m) = {} & A^2\exp\{j\times 2[(a_0+a_1n+a_2n^2+a_3n^3)+ \\
& (a_2+3a_3n)m^2]\}+\omega(n-m)A\exp\{j[a_0+a_1(n+m)+ \\
& a_2(n+m)^2+a_3(n+m)^3]\}+\omega(n+m)A\exp\{j[a_0+ \\
& a_1(n-m)+a_2(n-m)^2+a_3(n-m)^3]\}+ \\
& \omega(n+m)\omega(n-m)
\end{aligned}
\tag{4-20}
$$

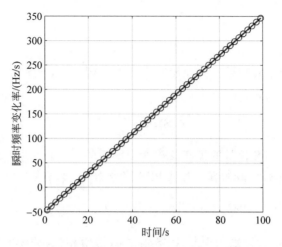

图 4.3 无噪声时瞬时频率变化率估计值与真值的对比

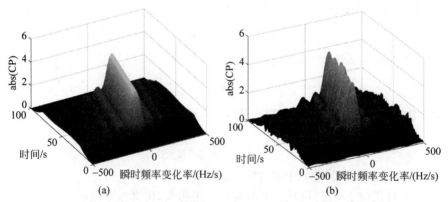

图 4.4 无噪声时信号电平不变和变化时 CPF 谱的二维特性

(a) 信号电平不变时的二维 CPF 谱；(b) 信号电平变化时的二维 CPF 谱

其中,第一项为包含瞬时频率变化率($a_2 + 3a_3n$)的信号项,后三项均为噪声项[3]。可见,CPF 计算中由于涉及对原始采样点进行相乘的运算,带来了信号平方损失的问题,这是 CPF 在低信噪比时估计瞬时频率变化率性能恶化的内在因素。

对于如下离散形式的 PPS 模型:

$$s(n) = A \times \exp[j\phi(n)]$$
$$= A \times \exp[j(a_0 + a_1n + a_2n^2)] \tag{4-21}$$

对应于数字域频率变化率 a_2 的方差下界——克拉美罗下界,如式(4-22)

所示[2,4]：

$$\text{CRLB}(a_2) \geqslant \frac{90}{N^5 \text{SNR}} \tag{4-22}$$

其中，N 为用于参数估计的原始数据样本点数，SNR 为样本点的单点信噪比，SNR 的定义为

$$\text{SNR} = \frac{A^2}{2\sigma^2} \tag{4-23}$$

其中，A 为复 PPS 信号的幅度，$2\sigma^2$ 为复噪声的方差。

对于采样后离散的真实时域 PPS 信号 $s(kT_s)$，有

$$s(nT_s) = \exp\left[2\pi\text{j} \times \left(\phi_0 + f \times nT_s + \frac{1}{2} \times \dot{f} \times n^2 T_s^2\right)\right] \tag{4-24}$$

其中，ϕ_0，f 和 $\dot{f}$ 分别为时域 PPS 信号的初始相位、频率和频率变化率；$T_s = 1/F_s$ 为复采样周期；F_s 为复采样速率。因此，数字域参数 a_2 与时域参数 $\dot{f}$ 的对应关系为

$$a_2 = \pi T_s^2 \dot{f} \tag{4-25}$$

其方差对应关系为

$$\text{Var}(a_2) = \pi^2 T_s^4 \text{Var}(\dot{f}) \tag{4-26}$$

因此，时域参数 $\dot{f}$ 的克拉美罗下界为

$$\text{CRLB}(a_2) \geqslant \frac{90}{\pi^2 T_s^4 N^5 \text{SNR}} \tag{4-27}$$

上述结果转换为文献[5]中参数的形式，结果是一致的。

为对式(4-27)进行验证，下面进行一组仿真，仿真参数见表 4.1。

表 4.1　CPF 仿真计算参数

仿真计算参数	参 数 取 值
复采样率/Hz	100
参数估计样本点数	201
仿真打靶次数	500
PPS 信号阶数	二阶
PPS 信号初相	$\pi/3$
PPS 信号频率/Hz	1
PPS 信号频率变化率/(Hz/s)	4

　　在上述仿真计算条件下,估计的数字域频率变化率 a_2 的均方误差(mean squared error,MSE)及与 CRLB 的对比如图 4.5 所示。

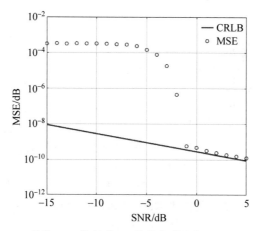

图 4.5　标准 CPF 估计的 a_2 的均方误差与 CRLB 的对比

　　可见,在平方损失的影响下,CPF 谱估计数字频率变化率 a_2 的门限较高。当估计的样本点数目为 $N=201$ 时,信噪比低于 -1dB,估计的方差迅速变大,估计性能开始恶化。进一步的仿真计算分析表明,在不改变估计器结构的前提下,增加用于估计的样本点数目有助于降低数字频率变化率 a_2 的估计 SNR 门限,但其作用仍然有限。

　　下面对平方损失的大小进行具体计算,并分析在火星 EDL 飞行段等载波高动态场景中满足数字频率变化率 a_2 的估计 SNR 门限所需的 PPS 信号信噪谱密度比,即 C/N_0。

　　对于高动态信号的捕获估计,通常需要较高的采样率。以火星 EDL 段为例,为全部接收探测器由进入火星大气至在火星表面软着陆全过程期间回传的载波信号,当本振复混频频率固定时,复采样频率需达到200kHz。图 4.6 给出了当复采样速率为 200kHz 时,根据式(3-7)给出的平方损失计算公式计算的不同接收载波噪声谱密度比对应的平方损失。

　　由平方损失的计算分析可见,当信号的复采样率为 200kHz 时,若对原始样本点直接按照 CPF 进行计算,为满足估计瞬时频率变化率的门限(以 $N=201$ 为例),则至少要求载波的载噪谱密度比为 55dB/Hz。这对火星等深空无线电通信场景而言,是难以达到的苛刻指标。

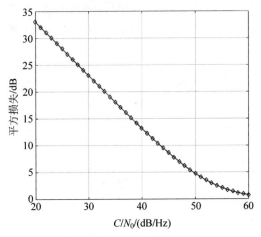

图 4.6　不同接收载波噪声谱密度对应的平方损失

4.1.3　序贯 CPF 估计算法

1. 算法设计

为了提高低信噪比下 CPF 估计器的估计性能,有学者分别提出了积分 CPF(integrated cubic phase function,ICPF)[6] 和相干积分 CPF (coherently integrated cubic phase function,CICPF)[2],希望通过积分运算来降低平方损失对 CPF 估计器的影响。

ICPF 的定义如式(4-28)所示[6]:

$$\mathrm{ICPF}(\Omega) = \sum_n |\mathrm{CPF}(n,\Omega)|^2$$
$$= \sum_n \sum_m \sum_l r(n+m)r(n-m)r^*(n+l)r^*(n-l)\mathrm{e}^{-\mathrm{j}\Omega(m^2-l^2)}$$

$$(4\text{-}28)$$

由式(4-28)可以看出,ICPF 是在计算出 CPF 后,再将时序上相邻的 CPF 进行相加。根据式(4-7),当不考虑频率二阶变化率 a_3 时,每个 CPF 的表达式为

$$\mathrm{CP}(n,\Omega) = A^2 \exp[\mathrm{j} \times 2(a_0 + a_1 n + a_2 n^2)] \times$$
$$\sum_{m=0}^{(N-1)/2} \exp[\mathrm{j}(2a_2 n - \Omega)m^2] \qquad (4\text{-}29)$$

可见,CPF 谱中仍包含与时刻 n 相关的 PPS 信号的相位信息,CPF 谱的相位受到数字频率 a_1 和数字频率变化率 a_2 的影响,即 CPF 谱的相位是时变的。为了进行积分累加,在不采取补偿相位信息的前提下,只能以绝对值

求和的形式进行非相干积分运算,而非相干积分运算仅能降低噪声抖动的水平,不能提高信噪比。因此,ICPF 本质上没有改变 CPF 运算中的平方损失问题,只是通过非相干的积分运算降低平方损失后的噪声影响,其作用有限。

CICPF 的定义为[2]

$$\text{CICPF}(f,\Omega) = \Gamma_n[\text{CP}_s(n,\Omega)]$$

$$= \int_{-\infty}^{\infty} \text{CPF}(n,\Omega) H_{\text{Kernel}}(n,\Omega)\mathrm{d}n \qquad (4\text{-}30)$$

其中,

$$H_{\text{Kernel}}(n,\Omega) = \exp(-\mathrm{j}\times f\times n - \mathrm{j}\times\Omega\times n^2) \qquad (4\text{-}31)$$

可见,$H_{\text{Kernel}}(n,\Omega)$ 的作用是补偿 CPF 谱的时变相位 $\exp[\mathrm{j}\times 2(a_1 n + a_2 n^2)]$ 的影响,当 $H_{\text{Kernel}}(n,\Omega)$ 中满足

$$f = 2a_1, \quad \Omega = 2a_2 \qquad (4\text{-}32)$$

时,有

$$H_{\text{Kernel}}(n,\Omega)\times\exp[\mathrm{j}\times 2(a_1 n + a_2 n^2)] = 1 \qquad (4\text{-}33)$$

此时,在积分累加中,不存在 CPF 谱的时变相位的影响,可以对施加 $H_{\text{Kernel}}(n,\Omega)$ 变换后的 CPF 进行相干积分累加,以提高累加后的信噪比。

文献指出,与 ICPF 相比,CICPF 确实能够降低数字频率变化率估计的门限信噪比。但是为了补偿 CPF 谱的时变相位,CICPF 显著地增加了运算量,特别是当 PPS 信号中存在频率二阶变化率 a_3 时,运算量将进一步增加。

为了改善 CPF 估计器的平方损失问题,重新回到 CPF 估计器的定义:

$$\text{CP}(n,\Omega) = \sum_{m=0}^{(N-1)/2} r(n+m)r(n-m)\mathrm{e}^{-\mathrm{j}\Omega m^2} \qquad (4\text{-}34)$$

平方损失是由原始信号样本点互乘带来的,这种互乘运算带来了两个好处:

(1) 抵消了信号中的频率项;

(2) 获得了对频率变化率的极大似然估计形式。

当对信号参数一无所知,即没有任何先验信息时,只能采用式(4-34)计算估计数字频率变化率 a_2。但是若已知 PPS 的信号参数,或是采用迭代计算的形式,由上一次估计得出对 PPS 波形的估计 $\hat{s}(n)$,则可用 $\hat{s}(n-m)$ 替代 $r(n-m)$ 代入 $\text{CP}(n,\Omega)$ 进行计算。这一序贯计算的方式可由图 4.7 进行说明。

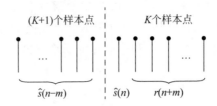

图 4.7 用于计算序贯 CPF 的信号样本

由上一次估计得出的 PPS 波形估计构造的 $(K+1)$ 个信号样本点为

$$\hat{s}(n-m), \quad m=0,1,\cdots,K \tag{4-35}$$

K 个新输入的原始信号采样样本点为

$$r(n+m), \quad m=1,2,\cdots,K \tag{4-36}$$

二者共同构成 $N=2K+1$ 个样本点的信号估计序列。

由该 N 个样本点按照式(4-37)和式(4-38)对 a_2 进行估计。

$$\mathrm{CP}^*(n,\Omega)=\sum_{m=0}^{K} r(n+m)\hat{s}(n-m)\mathrm{e}^{-\mathrm{j}\Omega m^2} \tag{4-37}$$

$$\hat{a}_2=\underset{\Omega}{\operatorname{argmax}}\mid \mathrm{CP}^*(\Omega)\mid^2 \tag{4-38}$$

需注意的是,$[r(n+m)]$ 序列中的第一个点取为

$$r(n)=\hat{s}(n) \tag{4-39}$$

下面给出序贯 CPF 的算法实现框图和算法计算流程,算法实现框图如图 4.8 所示。

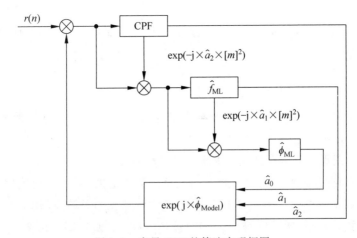

图 4.8 序贯 CPF 的算法实现框图

算法计算流程如下：

(1) 按照式(4-38)和式(4-39)，计算序贯 CPF 统计量，估计 a_2；

(2) 按照式(4-40)，估计新输入信号样本中的数字频率 a_1：

$$\hat{a}_1 = \underset{\omega}{\arg\max} \left| \sum_{m=1}^{K} r(m) \mathrm{e}^{-\mathrm{j}(\omega \times m + \hat{a}_2 m^2)} \right| \qquad (4\text{-}40)$$

(3) 按照式(4-41)，估计新输入信号样本中的初始相位：

$$\hat{a}_0 = \mathrm{angle} \left[\sum_{m=1}^{K} r(m) \mathrm{e}^{-\mathrm{j}(\hat{a}_1 m + \hat{a}_2 m^2)} \right] \qquad (4\text{-}41)$$

(4) 由最新的估计值，根据式(4-42)产生新输入信号样本的波形估计，为

$$\hat{s}(n) = \exp(\mathrm{j}\hat{\phi}_{\mathrm{model}}) = \exp[\mathrm{j}(\hat{a}_0 + \hat{a}_1 n + \hat{a}_2 n^2)] \qquad (4\text{-}42)$$

并保存，用于下一次序贯估计计算；

(5) 读取新输入的 K 个信号样本 $r(n+m)$，完成下一次估计计算。

下面采用表 4.1 所列的仿真参数，对序贯 CPF 算法进行不同信噪比下估计性能的仿真评估，并与标准 CPF 算法进行性能比较。具体结果见表 4.2，两种算法对数字频率变化率 a_2 的估计性能与 CRLB 的对比如图 4.9 所示。

表 4.2 a_2 估计方差统计

SNR/dB	CPF 方差/$(\mathrm{rad/s^2})$	序贯 CPF 方差/$(\mathrm{rad/s^2})$
5	9.84×10^{-11}	9.07×10^{-11}
4	1.32×10^{-10}	1.17×10^{-10}
3	1.73×10^{-10}	1.40×10^{-10}
2	2.48×10^{-10}	1.79×10^{-10}
1	3.02×10^{-10}	2.43×10^{-10}
0	3.86×10^{-10}	3.14×10^{-10}
-1	6.32×10^{-10}	3.76×10^{-10}
-2	4.35×10^{-7}	5.04×10^{-10}
-3	2.09×10^{-6}	5.65×10^{-10}
-4	7.12×10^{-5}	7.44×10^{-10}
-5	1.48×10^{-4}	9.15×10^{-10}
-6	2.06×10^{-4}	1.15×10^{-9}
-7	2.74×10^{-4}	1.63×10^{-5}
-8	2.96×10^{-4}	1.00×10^{-4}
-9	3.12×10^{-4}	1.77×10^{-4}

续表

SNR/dB	CPF 方差/(rad/s^2)	序贯 CPF 方差/(rad/s^2)
-10	3.09×10^{-4}	2.49×10^{-4}
-11	3.18×10^{-4}	2.85×10^{-4}
-12	3.22×10^{-4}	3.10×10^{-4}
-13	3.25×10^{-4}	3.16×10^{-4}
-14	3.26×10^{-4}	3.27×10^{-4}
-15	3.25×10^{-4}	3.31×10^{-4}

由图 4.9 可见,采用序贯估计的方式,基于 CPF 谱估计数字频率变化率 a_2 的门限得到了显著降低,在估计样本点数 $N=201$ 时,估计门限由标准 CPF 算法的 -1dB 降至序贯 CPF 算法的 -6dB。进一步的分析计算表明,随着估计点数的增加,两种估计算法的门限差距进一步加大。例如,仿真计算表明,当 $N=401$ 时,序贯 CPF 算法的估计门限降低至 -9dB,而 CPF 算法的估计门限降低至 -3dB。

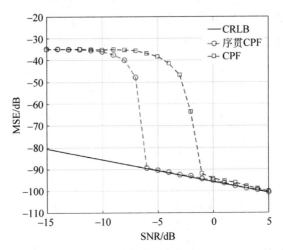

图 4.9 序贯 CPF 估计方差特性及与标准 CPF,CRLB 的对比

2. 门限性能分析

由数字域频率变化率 a_2 的 CRLB 计算公式(4-22)可知,对 a_2 估计的精度主要取决于用于估计的样本点数目和单点信噪比。4.1.2 节的仿真计算分析表明,当信噪比低至一定程度时,对 a_2 估计的方差迅速扩大,即达到所谓的估计门限。从 CRLB 计算公式无法直接判断估计门限与样本点数目和单点信噪比的关系。图 4.9 表明,CPF 估计器与序贯 CPF 估计器的

估计门限 SNR 不同。下面对序贯 CPF 的估计门限性能进行理论分析。

根据全概率计算公式,各个信噪比条件下数字域频率变化率 a_2 估计的方差可分为两种情况,一种是对 a_2 估计错误(即估计出现野值时)时的估计方差,一种是对 a_2 估计正确时的估计方差,因此可得:

$$\mathrm{Var}(\hat{a}_2) = P_{\mathrm{outlier}} \times \mathrm{Var}(\hat{a}_2 \mid \mathrm{outlier}) + (1 - P_{\mathrm{outlier}}) \times \mathrm{Var}(\hat{a}_2 \mid \mathrm{no\ outlier})$$

$$(4\text{-}43)$$

其中,

$$\mathrm{Var}(\hat{a}_2 \mid \mathrm{no\ outlier}) = \mathrm{CRLB}(a_2) \qquad (4\text{-}44)$$

下面对 $\mathrm{Var}(\hat{a}_2 \mid \mathrm{outlier})$ 进行推导分析。当信号复采样率为 F_s,对时域 $\dot{f}$ 的搜索范围为 $-F_s \leqslant \dot{f} \leqslant F_s$ 时,有

$$\mathrm{Var}(\dot{f} \mid \mathrm{outlier}) = \frac{1}{2F_s} \int_{-F_s}^{F_s} x^2 \mathrm{d}x = \frac{1}{F_s} \int_0^{F_s} x^2 \mathrm{d}x = \frac{1}{F_s} \times \frac{1}{3} x^3 \Big|_0^{F_s} = \frac{F_s^2}{3}$$

$$(4\text{-}45)$$

考虑到

$$\mathrm{Var}(a_2) = \pi^2 T_s^4 \mathrm{Var}(\dot{f}) \qquad (4\text{-}46)$$

因此,有

$$\mathrm{Var}(\hat{a}_2 \mid \mathrm{outlier}) = \pi^2 T_s^4 \times \frac{F_s^2}{3} = \frac{\pi^2}{F_s^4} \times \frac{F_s^2}{3} = \frac{\pi^2}{3F_s^2} \qquad (4\text{-}47)$$

对于野值出现的概率 P_{outlier},根据附录 A 的证明,当频率变化率窗格内同时包含信号和噪声时,统计量 $|\mathrm{CP}^*(\Omega)|^2$ 服从参数为 λ 的两自由度非中心卡方分布;当频率变化率窗格内仅包含噪声而没有信号时,统计量 $|\mathrm{CP}^*(\Omega)|^2$ 服从两自由度中心卡方分布。因此,P_{outlier} 的计算公式为

$$P_{\mathrm{outlier}} = 1 - \int_0^\infty f(x) \times \left[F(x)\right]^{N_f-1} \mathrm{d}x \qquad (4\text{-}48)$$

其中,

$$f(x \mid H_1) = \frac{1}{2} \exp\left[-\frac{1}{2}(x+\lambda)\right] \mathrm{I}_0(\sqrt{\lambda x}) \qquad (4\text{-}49)$$

$\mathrm{I}_0(\cdot)$ 为修正的零阶第一类贝塞尔函数:

$$\lambda = 2 \times N \times \mathrm{SNR} \qquad (4\text{-}50)$$

其中,N 为用于估计 a_2 的样本点数,SNR 为单点信噪比,N_f 为计算 CPF 谱时的频率变化率窗格个数(即 a_2 可能取值的个数),$F(x)$ 为两自由度标准卡方分布的累积概率函数。

下面以两组仿真来比较频率变化率 a_2 估计的方差统计值和理论计算

值,仿真计算参数见表 4.3,其余仿真参数与表 4.1 相同。

表 4.3 门限性能仿真参数

仿真计算参数	第一组参数取值	第二组参数取值
复采样率/Hz	100	200
参数估计样本点数	201	401
仿真打靶次数	500	500
PPS 信号阶数	2 阶	2 阶

两组仿真在不同信噪比下的方差统计结果和理论计算曲线的对比如图 4.10 所示。由两组统计结果可得出以下结论:

(1) 当 SNR 大于等于估计门限时,仿真计算的方差统计值与方差的理论计算值基本一致;

(2) 估计门限出现在方差理论计算曲线的拐点附近,仿真计算得出的 SNR 估计门限略高于理论曲线拐点处对应的 SNR,基本与理论计算给出的估计门限一致。

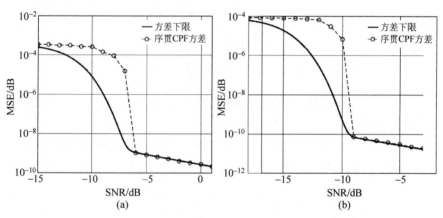

图 4.10 序贯 CPF 估计方差统计结果与理论计算曲线对比

(a) 第一组仿真统计结果;(b) 第二组仿真统计结果

此外,两组仿真结果与理论曲线的对比后表明:在 SNR 低于估计门限 SNR 时,仿真计算的方差统计值与理论计算值有较大偏离,仿真计算的方差统计值快速增大。这是因为序贯 CPF 算法采用序贯方式的迭代计算对频率变化率进行估计,一旦某次迭代计算远离频率变化率真值,会在连续的多个迭代计算周期上产生错误的估计结果,如图 4.11 所示,因此会造成估计方差的迅速扩大。

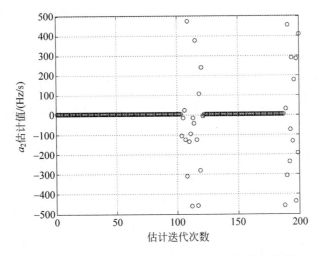

图 4.11　序贯 CPF 算法连续估计错误时的估计结果

由上述分析结果可知,在不进行仿真分析验证的条件下,式(4-43)、式(4-44)和式(4-47)~式(4-50)可以作为给定用于估计的原始数据样本数目时,序贯 CPF 估计器估计门限信噪比的近似计算方法。

3. 初始条件的影响

以二阶 PPS 为例,在序贯 CPF 算法中,第一次迭代计算时需要给出相位、频率和频率变化率的初始值,即需要给出初值 $\tilde{a}_0$,$\tilde{a}_1$ 和 $\tilde{a}_2$,以便产生信号波形的模型,如式(4-51)所示。

$$\tilde{s}(n) = \exp[j(\tilde{a}_0 + \tilde{a}_1 n + \tilde{a}_2 n^2)] \tag{4-51}$$

因此,初值的准确性将会对估计性能产生影响。下面依次对 3 个参数的影响进行理论分析和仿真验证。

1) $\tilde{a}_0$ 不准确

当初始相位 $\tilde{a}_0$ 不准确时,根据序贯 CPF 算法的统计量定义,有

$$\begin{aligned}
\mathrm{CP}^*(n,\Omega) &= \sum_{m=0}^{(N-1)/2} r(n+m)\hat{s}(n-m)\mathrm{e}^{-\mathrm{j}\Omega m^2} \\
&= A\exp[\mathrm{j}\times(\tilde{a}_0 + a_0) + \mathrm{j}\times 2(a_1 n + a_2 n^2)]\times \\
&\quad \sum_{m=0}^{(N-1)/2} \exp[\mathrm{j}(2a_2 - \Omega)m^2]
\end{aligned} \tag{4-52}$$

可见,$\tilde{a}_0$ 只表现为 CPF 谱的常数相位,不改变 CPF 谱的幅值特性。因此,$\tilde{a}_0$ 不准确不会对 CPF 谱估计 a_2 的准确性产生影响。

　　下面以表 4.1 给出的参数为例,依次仿真门限信噪比条件下初始相位与真值间相差 $0,\pi/2,\pi$ 和 $3\pi/2$ 时,序贯 CPF 算法 20 次迭代计算给出的估计值 $\hat{a}_2$,如图 4.12 所示。

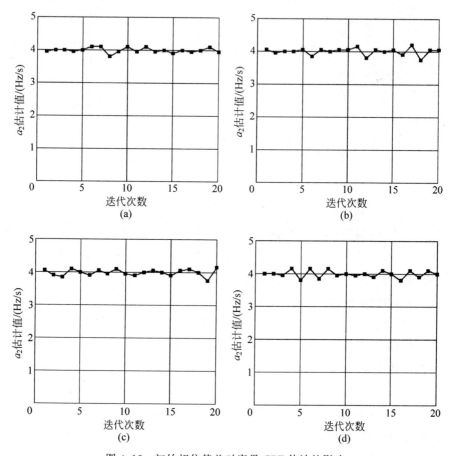

图 4.12　初始相位偏差对序贯 CPF 估计的影响

(a) 初始相位偏差为 0；(b) 初始相位偏差为 $\pi/2$；

(c) 初始相位偏差为 π；(d) 初始相位偏差为 $3\pi/2$

　　由仿真计算结果可知,先验信息中 $\tilde{a}_0$ 不准确不会对 CPF 谱估计 a_2 的性能构成影响,与理论分析结果一致。

　　2) $\tilde{a}_1$ 不准确

　　当初始相位 $\tilde{a}_1$ 不准确时,根据序贯 CPF 算法的统计量定义,有

$$CP^*(n,\Omega) = \sum_{m=0}^{(N-1)/2} r(n+m)\hat{s}(n-m)e^{-j\Omega m^2}$$

$$= \sum_{m=0}^{(N-1)/2} A \times \exp\{j[a_0 + a_1(n+m) + a_2(n+m)^2]\} \times$$

$$\exp\{j[a_0 + \tilde{a}_1(n-m) + a_2(n+m)^2]\} e^{-j\Omega m^2}$$

$$= A \exp[j \times 2(a_0 + a_2 n^2) + j \times (a_1 + \tilde{a}_1)n + j \times (a_1 - \tilde{a}_1)m] \times$$

$$\sum_{m=0}^{(N-1)/2} \exp[j(2a_2 - \Omega)m^2] \tag{4-53}$$

可见，$\tilde{a}_1$ 不准确存在两个影响：① $(a_1 + \tilde{a}_1)n$ 不随 m 的变化而变化；② $(a_1 - \tilde{a}_1)m$ 的数值随 m 发生变化。因此，$\tilde{a}_1$ 不准确将导致 CPF 谱的极大值及其位置发生变化，甚至不能实现序贯估计。

下面以表 4.1 给出的参数为例，依次仿真在门限信噪比条件下初始频率与真值间相差 0.5Hz，1Hz，2Hz 和 4Hz 时，序贯 CPF 算法 20 次迭代计算给出的估计值 $\hat{a}_2$，如图 4.13 所示。

由仿真计算结果可知，先验信息中 $\tilde{a}_1$ 的不准确性会对 CPF 谱估计 a_2 的性能构成显著影响。理论分析结果显示，当 $\tilde{a}_1$ 不准确时，会使 CPF 统计量计算值中包含频率残余项的影响，CPF 谱的特性会发生明显变化，并且这种变化会随 $\tilde{a}_1$ 不准确性的增加而加剧。因此在进行序贯 CPF 算法时，$\tilde{a}_1$ 的准确度要求较高。

3) $\tilde{a}_2$ 不准确

当初始相位 $\tilde{a}_2$ 不准确时，根据序贯 CPF 算法的统计量定义，有

$$CP^*(n,\Omega) = \sum_{m=0}^{(N-1)/2} r(n+m)\hat{s}(n-m)e^{-j\Omega m^2}$$

$$= \sum_{m=0}^{(N-1)/2} A \times \exp\{j[a_0 + a_1(n+m) + a_2(n+m)^2]\} \times$$

$$\exp\{j[a_0 + a_1(n-m) + \tilde{a}_2(n-m)^2]\} e^{-j\Omega m^2}$$

$$= A \exp[j \times 2(a_0 + a_1 n) + j \times (a_2 + \tilde{a}_2)n^2 + j \times 2(a_2 - \tilde{a}_2)mn] \times$$

$$\sum_{m=0}^{(N-1)/2} \exp\{j[(a_2 + \tilde{a}_2) - \Omega]m^2\} \tag{4-54}$$

可见，$\tilde{a}_2$ 不准确存在两个影响，①在第一个 $\exp(\cdot)$ 中，其数值随 m 发生变化；②在第二个 $\exp(\cdot)$ 中，两方面影响的综合作用也将导致 CPF 谱的极大值及其位置发生变化，甚至不能实现序贯估计。

下面仍以表 4.1 给出的参数为例，依次仿真在门限信噪比条件下初始

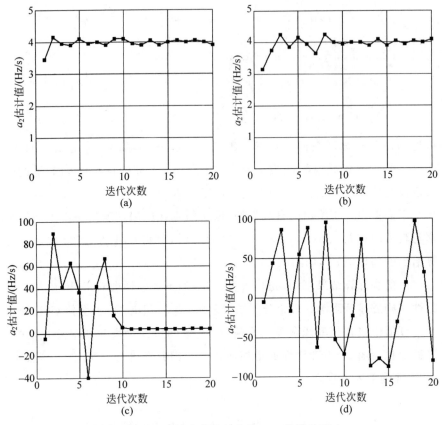

图 4.13 初始频率偏差对序贯 CPF 估计的影响

(a) 初始频率偏差为 0.5Hz；(b) 初始频率偏差为 1Hz；

(c) 初始频率偏差为 2Hz；(d) 初始频率偏差为 4Hz

频率变化率与真值间相差 $20\,\mathrm{Hz/s},100\,\mathrm{Hz/s},150\,\mathrm{Hz/s}$ 和 $200\,\mathrm{Hz/s}$ 时,序贯 CPF 算法 20 次迭代计算给出的估计值 $\hat{a}_2$,如图 4.14 所示。

由仿真计算结果可知,先验信息中 $\tilde{a}_2$ 的不准确性也会对 CPF 谱估计 a_2 的性能构成影响。理论分析结果显示,当 $\tilde{a}_2$ 不准确时,会使 CPF 统计量计算值中包含频率变化率残余项的影响,CPF 谱的特性会发生明显变化,并且这种变化会随 $\tilde{a}_2$ 不准确性的增加而加剧。但通过比较先验信息 $\tilde{a}_2$ 不准确性和 $\tilde{a}_1$ 不准确性对序贯 CPF 算法估计 a_2 性能的影响发现,序贯 CPF 算法对 $\tilde{a}_2$ 不准确性的容忍度更高,即当先验值 $\tilde{a}_2$ 与真值差距较大时,序贯 CPF 算法可较好地估计 a_2,这是由时域参数与数字域参数的关系决定的。时域频率 f 与数字域频率 a_1 的对应关系为

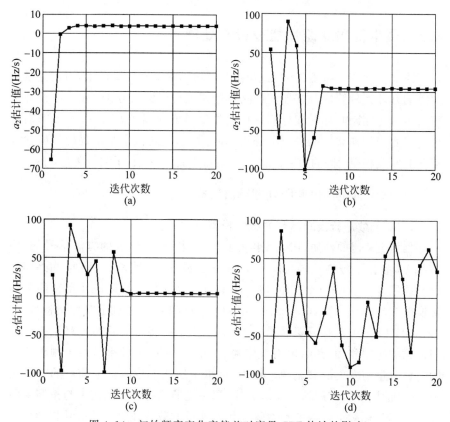

图 4.14 初始频率变化率偏差对序贯 CPF 估计的影响

(a) 初始频率变化率偏差为 20Hz/s；(b) 初始频率变化率偏差为 100Hz/s；

(c) 初始频率变化率偏差为 150Hz/s；(d) 初始频率变化率偏差为 200Hz/s

$$a_1 = 2\pi \frac{f}{F_s} \tag{4-55}$$

其中，F_s 为原始信号的复采样频率。

而时域频率变化率 $\dot{f}$ 与数字域频率 a_2 的对应关系为

$$a_2 = \pi \frac{\dot{f}}{F_s^2} \tag{4-56}$$

通常有 $F_s \gg 1$，因此同等数值的时域频率 f 和时域频率变化率 $\dot{f}$ 变换到数字域后差异很大，结果表现为序贯 CPF 算法对时域频率变化率 $\dot{f}$ 不准确性的容忍度更高。

4.2 再生伪码测距性能分析与处理

第 2 章介绍了再生伪码测距的信号特性,本节在此基础上,对再生伪码测距的开环处理算法及其捕获和测量性能进行了深入分析。4.2.1 节介绍了再生伪码测距开环处理算法的相关数学模型和测量方法;4.2.2 节对再生伪码测距的捕获性能进行了分析,并分析了不同再生测距码的信噪比与捕获时间及捕获时间的关系;4.2.3 节对再生测距码进行了测量性能分析。

4.2.1 深空再生伪码测距处理算法研究

1. 基于数据转换跟踪环的数学模型

根据 PN 码的性质,PN 码事实上是一组由 ±1 组成的方波信号,其中一些 ±1 发生了极性反转,即 +1 变为 -1,或 -1 变为 +1。因此,跟踪 PN 码的码跟踪环(chip tracking loop,CTL)可以在跟踪数据极性反转的数据转换跟踪环(data transition tracking loop,DTTL)的基础上略加调整得出。基于 DTTL 的 CLT 原理框图如图 4.15 所示。将滤波后的环路误差信号与标称的码率相加,其结果用于控制 CTL 内 NCO 的频率。由于测距信号的时钟分量与发射的载波频率相干,可以采用基于载波辅助捕获的方式实现 CLT 的同步。按照这种实现方式,码率是通过将标称的码率与按照测距伪码速率与标称上行载波频率等比例变换后的载波环路误差信号相加得出的。按照这种载波辅助捕获的方式,测距伪码速率与标称上行载波频率等比例变换后的载波环路误差信号事实上给出了对测距伪码信号多普勒动态的估计,由于此时环路仅需要跟踪测距伪码信号的相位,所以可提高 CTL 的整体捕获性能。将 CTL 的 NCO 输出频率控制用于产生码相关器模块(code generator blocks)中 6 个码字分量的移位寄存器。

输入 CTL 的信号来自于载波的正交通道(Q-channel)并可以表示为[7]

$$r(i) = r(it_s) = A \sum_k a_k \cdot p(it_s - kT - \tau) + N_i \qquad (4\text{-}57)$$

其中,t_s 为采样时间间隔,A 为信号幅度,$T = T_c$ 为码片周期,N_i 为零均值的高斯白噪声。数字采样后的方差为

$$\sigma_i^2 = \frac{N_0}{2t_s} \qquad (4\text{-}58)$$

其中,τ 为待估计的伪码信号时延;$p(it_s)$ 为方波函数,在 $0 \leqslant it_s \leqslant T$ 中取值为 1,在其他处取值为 0,即

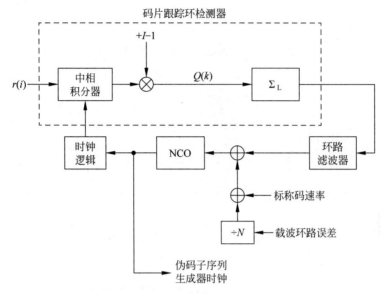

图 4.15　基于 DTTL 的 CTL 原理框图[7]

$$p(it_s) = \text{rect}\left(\frac{it_s}{T}\right) \tag{4-59}$$

其中，a_k 代表了第 k 个码片的极性。

按照这样的表达方式，CLT 的输入可近似看作方波信号。图 4.15 中的中相积分器(mid-phase integrator)可看作积分清零滤波器(integrate and dump filter)，用于估计伪码信号相位误差。

可以假设，CTL 的输入符号(即伪码)信号中每个码片的上升沿分别位于 $\cdots kT+\tau$，$(k+1)T+\tau$，$\cdots$，而环路跟踪产生的码片上升沿为 $\cdots kT+\hat\tau$，$(k+1)T+\hat\tau$，$\cdots$，如图 4.16 所示。因此，环路跟踪的时延误差为 $\varepsilon=\tau-\hat\tau$。

下面可以依据时延误差 ε 的方差 σ_ε^2 评估 CTL 的码跟踪性能。

根据线性理论，σ_ε^2 可通过以下两个量确定：

(1) 环路的 S 曲线；

(2) 等效加性噪声的双边谱密度。

S 曲线(S-curve)定义为在时间同步存在误差的条件下误差控制信号的平均(期望)值，从数学上讲它是一种条件数学期望，可以表示为[7]

$$S(\varepsilon)=L \cdot E(Q_k \mid \varepsilon) \tag{4-60}$$

其中，$E(\cdot)$ 为统计期望值，$Q_k=Q(k)$ 为 CTL 框图中 Q 通道的输出，L 为 CTL 中 Q 支路上积分清零的积分长度。中相积分的输出为

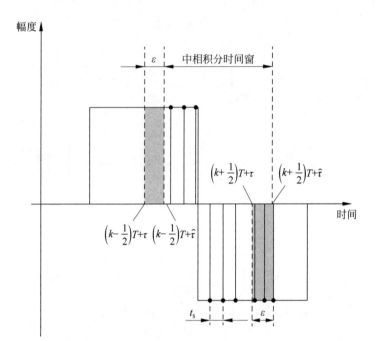

图 4.16　环路跟踪时延误差示意[7]

$$Q_k = \sum_{i \in C_k} r(i) = \sum_{i \in C_k} \left[Aa_k \cdot p(it_s - kT - \tau) + N_i \right] \qquad (4\text{-}61)$$

其中，

$$C_k = \left\{ i : \left(k - \frac{1}{2} \right) T + \hat{\tau} \leqslant it_s < \left(k + \frac{1}{2} \right) T + \hat{\tau} \right\} \qquad (4\text{-}62)$$

中相积分器给出的输出随后与±1 间隔相乘以便对环路进行正确的改正。相比于 DTTL，与±1 间隔相乘代替了 DTTL 中的极性判决，因为这里做了将 PN 码看作方波的简化处理。与±1 间隔相乘后中相积分输出的期望值为

$$E(Q_k) = 2A \frac{\varepsilon}{t_s}, \quad S(\varepsilon) = 2AL \frac{\varepsilon}{t_s} \qquad (4\text{-}63)$$

上述给出的 S 曲线表达式仅在环路处于跟踪状态时成立。此外，由于积分累加的运算性质，ε 总是被量化为采样时间间隔 t_s 的整数倍（即环路可敏感的时间同步误差 ε 的大小总是为采样时间间隔 t_s 的整数倍）。当然，在通常的条件下，如果对每个伪码码片的采样数目足够多（即采样率足够高时），应答机上的热噪声会使采样量化的效应被忽略。S 曲线位于原点处的

斜率代表了环路鉴相器的增益 K_ε,其表达式为

$$K_\varepsilon = \frac{\partial S(\varepsilon)}{\partial \varepsilon}\bigg|_{\varepsilon=0} = \frac{2AL}{t_s} \tag{4-64}$$

下面评估环路内的等效热噪声带来的影响。通常假设 CTL 是稳定跟踪的(即 $\varepsilon \to 0$),在这种条件下,鉴相器输出的噪声方差为

$$\sigma_N^2 = L \cdot \mathrm{Var}(Q_k) = L\,\frac{N_0}{2t_s}\Big(\frac{T}{t_s}\Big) = L \cdot \frac{N_0 T}{2t_s^2} \tag{4-65}$$

环路的时间同步抖动方差 σ_ε^2 可以利用 CTL 的线性化模型进行估计,如图 4.17 所示。

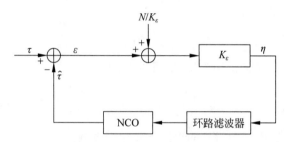

图 4.17　锁相环跟踪信号时延误差原理框图[7]

基于该线性化模型,环路鉴相器输出的误差信号 η 可以为

$$\eta = K_\varepsilon \cdot \varepsilon + N \tag{4-66}$$

其中,N 为加性高斯白噪声。基于该线性化模型,有

$$\sigma_\varepsilon^2 = \frac{\dfrac{S_N}{2} \cdot 2B_L}{K_\varepsilon^2} \tag{4-67}$$

其中,B_L 为等效的单边环路噪声带宽,S_N 为环路的加性噪声谱密度,即有

$$\frac{S_N}{2} = \sigma_N^2 \cdot (L \cdot T) = L^2 \cdot \frac{N_0 T^2}{2t_s^2} \tag{4-68}$$

$$\sigma_\varepsilon^2 = \frac{\Big(L^2 \cdot \dfrac{N_0 T^2}{2t_s^2}\Big) \cdot (2B_L)}{\Big(\dfrac{2AL}{t_s}\Big)^2} \tag{4-69}$$

因此可得:

$$\sigma_\varepsilon^2 = \frac{1}{4} \cdot \frac{B_L \cdot T^2}{P_r/N_0} \tag{4-70}$$

其中, $\dfrac{P_r}{N_0} = \dfrac{1}{T} \cdot \dfrac{E_c}{N_0}$ 为测距信号的噪声功率谱密度且 $E_c/N_0 = A^2 T$, 即有
$P_r = A^2$。

在上述分析计算中, 均假设测距信号的所有功率都用于 CTL 的信号延迟跟踪, 但在实际中, 由于 CLT 滤波的影响, 只有测距时钟分量(即 C_1 码分量)用于跟踪码率(或者说是码相位)。因此, 用测距时钟分量的功率替代测距信号的总功率, 并且考虑到测距时钟分量的频率 f_{rc} 为测距伪码码率的 $1/2$(即有 $F_{Chip} = 1/T_{Chip} = 2f_{rc}$), 可得 CTL 跟踪时延的抖动误差为

$$\sigma_\varepsilon = \frac{1}{4f_{rc}} \cdot \sqrt{\frac{B_L N_0}{P_{rc}}} \quad (\text{单位：s}) \tag{4-71}$$

最后可得等效的单向测距抖动(随机误差)为

$$\sigma_{\text{Range\_CTL\_sq\_sq}} = \frac{c}{2}\sigma_\varepsilon = \frac{c}{8f_{rc}} \cdot \sqrt{\frac{B_L}{P_{rc}/N_0}} \quad (\text{单位：m}) \tag{4-72}$$

其中, c 为光速, B_L 为 CTL 的单边等效噪声带宽。

2. 基于锁相环的数学模型

以 JPL 最早提出的 JPL-1999 再生伪码为例, 说明基于锁相环模型跟踪再生伪码环路的基本原理[8]。

JPL-1999 再生伪码的子码序列同样为 $C_1, C_2, C_3, C_4, C_5, C_6$, 其伪码生成逻辑为

$$\text{Seq}(i) = C_1(i) \bigcup (C_2(i) \bigcap C_3(i) \bigcap C_4(i) \bigcap C_5(i) \bigcap C_6(i)),$$
$$i = 1, 2, \cdots, 1\,009\,470 \tag{4-73}$$

通过生成完整的 JPL-1999 伪码序列可以得出, 序列中脚标 i 为奇数的伪码之和为

$$\sum_{i\text{为奇数}} \text{Seq}(i) = 504\,375 \tag{4-74}$$

由于 $1\,009\,470 \div 2 = 504\,375$, 即脚标为奇数的伪码总为 1, 这也由上面的生成逻辑可见, 只要 $C_1(i) = 1$, 则 $\text{Seq}(i) = 1$。而序列中脚标 i 为偶数的伪码之和为

$$\sum_{i\text{为偶数}} \text{Seq}(i) = -458\,655 \tag{4-75}$$

即当 i 为偶数时, 有 $481\,695$ 个 -1, 有 $23\,040$ 个 $+1$。因此, 对于 JPL-1999

伪码序列,它非常像是一个 ±1 交替变换的方波序列,唯一的不同是某些 −1 被反转为 +1,这是由 $(C_2(i)\bigcap C_3(i)\bigcap C_4(i)\bigcap C_5(i)\bigcap C_6(i))$ 的运算结果造成的。根据生成序列,当 $(C_2(i)\bigcap C_3(i)\bigcap C_4(i)\bigcap C_5(i)\bigcap C_6(i))$ 为 +1 时,即使 $C_1(i)=-1$,$\mathrm{Seq}(i)$ 仍取 +1。

下面分析基于锁相环的码跟踪环数学模型。

通常,在进行再生伪码测距时,测距信号与上行载波是频率相干的。对于 NASA 的深空小型数字应答机(STM),上行信号是 X 频段,伪码速率 R_c 定义为

$$R_c(t)=F_u(t)\frac{221}{23968}\cdot\frac{1}{32} \tag{4-76}$$

随时间 t 的变化是对上行载波频率的调谐,以便抵消星地间的多普勒。伪码速率 R_c 通常约为 2Mchip/s。对于应答机(地面亦是如此),必须首先锁定上行载波才能解调测距信号,锁定上行载波意味着载波频率已知。可以利用上述伪码速率与载波的比例关系计算伪码速率并输入到码跟踪环,这种运算本质上就是将载波的 NCO 频率等比例变换为码跟踪环的伪码速率。码跟踪环剩下的任务仅仅是跟踪码相位,而利用一个简单的一阶方波锁相环即可实现对伪码信号的相位跟踪。

由 6 个子码生成的伪码信号非常类似于一个频率为 $R_c/2$ 的方波信号(对于 JPL-1999 码尤其是这样,对于 T2 码、T2B 码和 T4 码,T4B 码后面将另外说明)。它与方波的唯一不同仅仅是偶尔会有些 −1 被反转为 +1,因此可以利用方波锁相环作为码跟踪环。它的工作原理如下:以伪码序列中可能发生序列反转(即由 +1 变为 −1 或由 −1 变为 +1)的地方为中心,进行时长为 1 码片(chip)的积分(英文为"An integration of one-chip duration is centered about each potential transition of the sequence"),将那些有可能是负向反转的积分结果乘以 −1。因此,每隔一个积分乘以 −1(事实上是将积分运算后的序列与 +1,−1 间隔相乘)。按照这种先进行 1 码片时长积分、再与 +1,−1 间隔相乘的方式即可获得相位误差信号的采样值,且这种采样方式的采样率为 R_c。在例外的情况下 −1 即变为 +1,在发生负向反转时产生了 $-\frac{\pi}{2}$ 的相位误差,相应地会马上在紧邻的下次正向反转中产生一个成对的 $\frac{\pi}{2}$ 的相位误差(在一次积分中若没有发生反转,则意味着在锁相环内完成一次积分产生了 $\frac{\pi}{2}$ 的相位误差)。若码跟踪环的环路更新时间

为 T_u,则在一次环路更新操作中,有 $R_c \times T_u$ 个相位误差采样被进行求和运算,因此可以得出速率为环路更新率 $1/T_u$ 的相位误差。在发生 -1 反转为 $+1$ 的大部分时间内,相位误差 $-\dfrac{\pi}{2}$ 和 $\dfrac{\pi}{2}$ 是成对出现在一次环路积分中的,因此这种反转对于产生用于驱动环路相位跟踪的相位误差是没有贡献的。但偶尔地,在一次环路更新的积分操作中也会出现下述情况:$-\dfrac{\pi}{2}$ 是最后一个相位误差项,而在下一次环路更新的操作中,$\dfrac{\pi}{2}$ 是第一个相位误差项,这些相位误差出现在锁相环中,其对相位跟踪误差的影响会被环路低通滤波大大削弱。

对于一阶的码跟踪环,联系新的相位误差 $\psi[n]$$\Big($即偶尔成对出现的 $-\dfrac{\pi}{2}$ 和 $\dfrac{\pi}{2}$$\Big)$ 与相位跟踪误差 $\phi[n]$ 的差分方程为

$$\phi[n] + (K-1)\phi[n-1] = \frac{K}{R_c \times T_u}\psi[n-1] \tag{4-77}$$

其中,$K = 4B_L \times T_u$。

图 4.18 为对应这一差分方程的码跟踪环的简化模型。

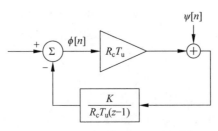

图 4.18　码跟踪环的简化模型[8]

离散时间的序列表示的是按照环路更新率 $1/T_u$ 的相位采样的先后顺序。由 $\psi[0] = -\dfrac{\pi}{2}$ 和 $\psi[1] = +\dfrac{\pi}{2}$ 激励的 $\phi[n]$ 的过渡响应为

$$\begin{cases} \phi[0] = 0 \\ \phi[1] = -\dfrac{\pi}{2}\dfrac{K}{R_c T_u} \\ \phi[n] = +\dfrac{\pi}{2}\dfrac{K^2}{R_c T_u}(1-K)^{n-2}, \quad n \geqslant 2 \end{cases} \tag{4-78}$$

在这一过渡响应过程中,最大的相位跟踪误差幅值为 $\pi K/(2R_c T_u)$,这个值又等于 $2\pi B_L/R_c$。当码跟踪环环路带宽为几赫兹,而伪码速率为 $R_c = 2\text{Mchip/s}$ 时,这一数值是可以忽略的。不过,还需要评估一系列偶尔的反转带来的累计相位误差的影响。如果假设 p 为某个给定 -1 被反转的概率,那么可以近似得出累计相位误差的期望值为

$$\sum_{\substack{n=2 \\ n\text{为偶数}}}^{\infty} p\phi[n] = p\,\frac{\pi}{2}\,\frac{K^2}{R_c T_u} \sum_{\substack{n=2 \\ n\text{为偶数}}}^{\infty} (1-K)^{n-2}$$

$$= p\,\frac{\pi}{2}\,\frac{K^2}{R_c T_u} \times \frac{1}{1-(1-K)^2}$$

$$= \frac{2\pi p B_L T_u}{R_c(2-4B_L T_u)} \tag{4-79}$$

其中,$p = 23\,040/504\,735 = 0.046$。当 $R_c = 2\text{Mchip/s}$,$B_L = 2\text{Hz}$,$1/T_u = 125\text{Hz}$ 时,按照式(4-79)计算可得累计相位跟踪误差的期望值为 $10^{-7}\,\text{rad}$。需要指出的是,式(4-79)中求和的所有项都是正的,累计的相位跟踪误差标准偏差应与期望值相当或比期望值小。因此,累计的相位跟踪误差是可以忽略的。

方波锁相环中环路信噪比定义为

$$\rho_L = \frac{4}{\pi^2 B_L}\,\frac{P_r}{N_0} \tag{4-80}$$

码跟踪环的最小 $P_r/N_0 = 27\text{dB-Hz}$,若环路带宽为 2Hz,则相应的环路信噪比 ρ_L 为 20dB,因此,可以设定环路单边噪声带宽为 $B_L = 2\text{Hz}$。若环路更新率为 $1/T_u = 125\text{Hz}$,则 $B_L T_u = 0.016$,根据模拟环路到数字环路的近似映射关系,一般要求 $B_L T_u$ 小于 0.05,以便得到较好的跟踪性能。

另外需要注意的是,对于伪随机码测距信号的 6 个子码,为了实现伪码相位测量所需的相关运算,由于已经利用码跟踪环实现了测距时钟(ranging clock)的相位测量(相关运算),剩下的相关运算只需 75 次。

图 4.19 为基于锁相环模型编程实现再生伪码测距的码跟踪环跟踪无噪声再生伪码的波形图。其中,上部为再生伪码原始信号,中间为伪码跟踪环路相关信号,下部为伪码环路输出的恢复波形。

可见环路正确恢复了输入的再生伪码波形。图 4.20 为加入高斯白噪声信号条件下伪码跟踪环路实现信号稳定跟踪后的环路误差信号。

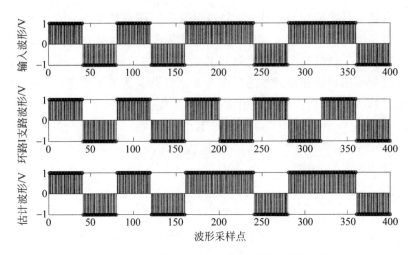

图 4.19 无噪声条件下再生伪码测距波形恢复图

此计算实例中的采样率为 40MHz,即横轴中波形采样点的时间间隔为 0.025ms

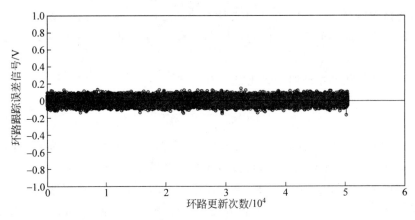

图 4.20 伪码环路稳定跟踪后的环路误差信号

此计算实例中每次环路更新的时间间隔为 0.01ms

3. 基于载波辅助的伪码测距开环测量方法

首先建立伪码测距开环测量方法的数学模型。

测站从一个精确已知的时刻开始,发送伪码测距信号,测距主音的相位为 $\psi_{TX}(t)$。经过单向光行时后,上行发送的测距信号由航天器接收并被发送回地面,从而实现了双向测距的信号传播过程。相比于上行发送的伪码信号,测站收到的下行伪码测距信号经历了双向光行时对应的时间延迟 $\tau(t)$,相应接收到的伪码测距信号中的测距主音相位为[9]

$$\psi_{RX}(t) = \psi_{TX}[t - \tau(t)] \tag{4-81}$$

由于伪码测距信号的时钟频率与上行载波频率相干,因而可以利用锁相环恢复的载波频率历史(或者说是恢复的载波频率随时间的变化)来产生一个接收伪码测距时钟的本地相位模型,表示如下[9]:

$$\psi_M(t) = \psi_{TX}[t - \tau(t)] - \varphi \tag{4-82}$$

这一本地相位模型与测站实际收到的伪码测距时钟信号 $\psi_{RX}(t)$ 有着相同的相位变化速率,唯一的不同是一个未知的初始相位项 φ。这一未知的初始相位项 φ 即对应一个确定的时刻所收到的伪码测距时钟信号的相位,可以通过将接收到的伪码测距时钟与本地相位模型进行相关并积分后估计得出(即正弦信号的极大似然估计方法)。因此,可以估计出某一特定的时刻 t_{RX} 对应的测距时钟信号接收相位为[9]

$$\psi_{RX}(t_{RX}) = \psi_M(t_{RX}) + \varphi = \psi_{TX}[t_{RX} - \tau(t_{RX})] \tag{4-83}$$

如果发射的测距时钟信号相位未知,可以按照同样的方式进行测量,但需要注意此时的时标为 t_{TX}。

将接收的相位和发射的相位进行差分即可得出时延 τ,差分方程模型如下[9]:

$$\Delta\psi = \psi_{TX}(t_{TX}) - \psi_{RX}(t_{RX}) = \int_{t_{RX} - \tau(t_{RX})}^{t_{TX}} \frac{d\psi_{TX}}{dt} dt \tag{4-84}$$

在差分方程(4-84)中,除了位于积分下限的 τ 的时延未知外,其他均为已知量。

如果在实际任务中未对上行载波频率进行调谐(载波频率为常数,频率调谐可补偿上行多普勒),则式(4-84)可进一步简化为[9]

$$\Delta\psi = 2\pi f_c k(t_{TX}) \cdot (t_{TX} - t_{RX}) + 2\pi f_c k(t_{TX}) \cdot \tau(t_{RX}) \tag{4-85}$$

$$\Rightarrow \tau(t_{RX}) = \frac{\Delta\psi}{2\pi f_c k(t_{TX})} - (t_{TX} - t_{RX})$$

根据相关和积分估计得出的相位存在天然的整周模糊特性,因而给出的时延估计值也是带有模糊特性的。因此,通过这种匹配滤波的方式恢复的再生伪码需要与 6 个生成子码分别进行相关。与每个码字相关的结果可用于计算伪码码字的延迟(码片数),伪码的模糊分辨能力为完整码片的数目。

进行伪码开环测量,相位和码片估计可分为 4 步:

(1) 载波解调:载波的相干解调可以提供基带的测距信号,对于接收信号,可利用锁相环重建航天器动态引起的载波多普勒;而对于发射信号,载波频率的历史是完全已知的,因此解调可轻易实现。

(2) 测距时钟(即测距主音)重建:获知载波频率的变化后,通过对测距时钟的 I 支路、Q 支路分别相关(外差积分)可以估计出测距时钟的初始相位,进而估计出接收/发射的主音信号相位模型。

(3) 伪码波形恢复:利用匹配滤波器(积分-清零滤波器)恢复码片(±1)。

(4) 码字相关:得出恢复的码片后,可与 6 个生成子码(或者其循环移位)进行相关。

一般来说,假设从时刻 0 开始记录接收信号,则中频记录的再生伪码测距复信号(即 I,Q 路同时记录)为[9]

$$
\begin{aligned}
S_{RX,IF}(t) &= A_{sig}\exp(i\{2\pi f_{IF}t + \phi_{lo} + mPN[t - r(t)/c] - k \cdot \rho(t)\}) \\
&= A_{sig}\exp(i\{2\pi f_{IF}t + \phi_{lo} + mPN[t + \tau(t)] + \psi_{Cdyn}(t)\})
\end{aligned}
$$

$$(4\text{-}86)$$

其中,$A_{sig} = \sqrt{2P}$ 为信号幅度,P 为信号功率;f_{IF} 为中频记录的接收信号频率;m 为测距信号的调制指数;ϕ_{lo} 为测站本振(local oscillators)引起的未知初始相位;$\psi_{Cdyn}(t) = -k \cdot \rho(t) = -(2\pi f_{carrier}/c) \cdot \rho(t)$ 为几何延迟引起的载波多普勒相位;$\tau(t) = -\rho(t)/c$ 为伪码测距信号在双向测距测量中经历的时间延迟。

对于上行的发射信号可以以同样的方程进行表达,只要去掉动态所引起的多普勒相位(即相位延迟)即可(以复信号的形式表示)[9]:

$$S_{TX,IF}(t) = A_{sig}\exp\{i[2\pi(f_{uplink} - f_{lo})t + \phi_{lo} + mPN(t)]\} \quad (4\text{-}87)$$

为求取发射信号中伪码测距时钟(主音)的相位而对上述上行中频信号进行的处理相比于接收的下行中频信号,其过程要简单一些。下面对上述用于恢复时钟相位和测距码码片的未知的 4 个处理步骤进行详细的描述,并简述对上行信号的处理。

1) 载波解调

对伪码信号的载波解调需要载波的副本。对于上行信号,载波信号相位随时间的变化(载波的频率历史)是完全精确已知的;而下行接收信号由于受到航天器飞行动态的影响(多普勒效应),会产生相应的多普勒相位 $\psi_{Cdyn}(t)$,这一物理量的先验信息并不精确。因此,可以利用锁相环恢复下行载波的多普勒相位,进而得到接收载波的本地副本。载波解调的具体步骤分为以下 4 步:

(1) 下变频和抽取;

（2）通过数字锁相环完成多普勒相位重建；

（3）插值和重建相位；

（4）与下行中频信号混频（beating/mixing）或相位重建。

第一步是利用数字锁相环进行相位重建的必要步骤。事实上，下行中频信号的特征是：

（1）频率值高（伪码信号的带宽是伪码速率的两倍，对于 24Mchip/s 的伪码速率，其信号带宽约为 50MHz，载波频率则位于这一带宽的中心）；

（2）大信号动态（与轨道特性有关），因此很难利用窄带宽的锁相环（弱信号条件下为满足锁相环锁定的信噪比要求，需要锁相环带宽最大至几十赫兹）；

（3）高采样速率加大了计算量，处理困难，为满足奈奎斯特采样定理 $f_{samp} \geqslant 2 \cdot (f_{IF} + f_{chiprate})$，要求采样率至少为伪码速率（24Mchip/s）的两倍。

下变频可以将中频的残余载波变换到 0 频附近，然后进行抽取（滤波和降采样），提供具有低采样率的信号。因此，这一接收和记录的信号可以和一个并不完美的接收载波模型进行混频（如果信号的 I,Q 分量被同时记录，那么混频在数学上仅仅是复数 $\exp(i\phi) \cdot \exp(i\phi_{DC})$），这一载波模型可以表示为[9]

$$\widetilde{\Phi}_{RX,IF}(t) = 2\pi f_{IF}t + \widetilde{\psi}_{Cdyn}(t) = 2\pi f_{IF}t - k \cdot \widetilde{\rho}(t) \qquad (4\text{-}88)$$

其中，$\widetilde{\Phi}$ 为先验信息所对应的量，$\widetilde{\rho}(t)$ 为航天器动态的先验信息（即随时间变化的径向距离）。

对这一混频后的信号进行简单的积分（事实上完成了降采样）即可实现低通滤波，这一步几乎可以完全消除载波上调制的测距信号。滤波同时也可以消除降采样引起的混叠问题。在这两步完成后，即实现下变频和降采样后，信号的新特征为

（1）接近 0 频的残余载波，且无其他信号分量；

（2）弱信号动态；

（3）低采样率（采样率的具体选择需要考虑混频后的残余信号动态，并考虑滤波器的性能）。

实现这两步以后残余载波的相位可以表述如下[9]：

$$\Phi_{RX,DC,lpf} = \phi_{lo} + \psi_{Cdyn,Unk}(t) \qquad (4\text{-}89)$$

式（4-89）中的第一项为本振在载波上附加的未知初始相位，第二项

$\psi_{C\mathrm{dyn},\mathrm{Unk}}(t)$ 对应于轨道动力学预报不准确引起的残余相位误差,即先验的轨道预报模型与航天器飞行真实轨迹间的差异。

$$\psi_{C\mathrm{dyn},\mathrm{Unk}}(t) = \psi_{C\mathrm{dyn}}(t) - \tilde{\psi}_{C\mathrm{dyn}}(t) = k \cdot \left[\rho(t) - \tilde{\rho}(t) \right] \quad (4\text{-}90)$$

随后,即可利用数字 PLL 锁定经过降采样且被先验多普勒补偿的残余载波信号(PLL 的噪声带宽设定需要考虑环路信噪比与残余多普勒动态的大小),其重建的相位为[9]

$$\psi_{\mathrm{RX},\mathrm{pll}}(t_i) \approx \phi_{\mathrm{lo}} + \psi_{C\mathrm{dyn},\mathrm{Unk}}(t_i) \quad (4\text{-}91)$$

对这一 PLL 恢复的残余载波相位序列,可以利用一个简单的三阶多项式进行拟合插值[9]:

$$\psi_{\mathrm{RX},\mathrm{pll},\mathrm{pol}}(t) = a + bt + ct^2 + dt^3 \approx \psi_{\mathrm{RX},\mathrm{pll}}(t_i) \approx \phi_{\mathrm{lo}} + \psi_{C\mathrm{dyn},\mathrm{Unk}}(t)$$

$$(4\text{-}92)$$

将航天器先验轨道对应的相位模型与上述插值的多项式模型相加即可得到接收的载波相位模型副本为[9]

$$2\pi f_{\mathrm{IF}}t + \tilde{\psi}_{C\mathrm{dyn}}(t) + \psi_{\mathrm{RX},\mathrm{pll},\mathrm{pol}}(t) \approx 2\pi f_{\mathrm{IF}}t + \phi_{\mathrm{lo}} + \psi_{C\mathrm{dyn}}(t) \quad (4\text{-}93)$$

得到这一完整的下行载波中频信号相位模型后(实信号或复信号),即可将其与记录的原始下行中频信号进行混频(即相干解调),其数学模型为[9]

$$s_{\mathrm{RX},\mathrm{IF}}(t) \cdot \exp\{ -\mathrm{i}[2\pi f_{\mathrm{IF}}t + \phi_{\mathrm{lo}} + \psi_{C\mathrm{dyn}}(t)] \} \quad (4\text{-}94)$$

在相乘得出的复运算结果中,正交支路(Q 支路)的信号分量即为恢复出的基带伪码信号[9]:

$$s_{\mathrm{RX},\mathrm{PN}} = A_{\mathrm{pn}} PN[t - \rho(t)/c] \quad (4\text{-}95)$$

对于发射信号,其载波频率历史(即相位随时间的变化过程)是完全精确已知的。无需 PLL,其未知的初始载波相位(即本振的初始相位)可通过下述两个步骤简单地估计得出:

(1) 将记录的发射信号与已知的发射信号模型混频(事实上,已知的发射信号模型与记录的发射信号模型相同,二者间仅仅初始相位不同);

(2) Q 支路积分。

将所记录的发射信号与发射信号的模型相乘可以完全消除上行信号频率带来的相位变化,而只剩下一个固定的初始未知相位。这个相位可以通过将混频相乘后的信号进行积分(实际运算中是求和)估计得出(实际上是正弦信号相位的极大似然估计算法模型),具体计算表达式如下[9]:

$$\begin{cases} W_{\mathrm{I}} = \int_0^T \mathrm{Re}\{A_{\mathrm{sig}}\exp[mPN(t)+\phi_{\mathrm{lo}}]\}\mathrm{d}t = A_{\mathrm{sig}}T\cos(\phi_{\mathrm{lo}}) \\ W_{\mathrm{Q}} = \int_0^T \mathrm{Im}\{A_{\mathrm{sig}}\exp[mPN(t)+\phi_{\mathrm{lo}}]\}\mathrm{d}t = A_{\mathrm{sig}}T\sin(\phi_{\mathrm{lo}}) \quad (4\text{-}96) \\ \phi_{\mathrm{lo}} = \arctan\left(\dfrac{W_{\mathrm{Q}}}{W_{\mathrm{I}}}\right) \end{cases}$$

像对待下行接收信号一样,这样的处理方式可以得出发射的基带信号为[9]

$$s_{\mathrm{TX,PN}} = A_{\mathrm{pn}}PN(t) \tag{4-97}$$

2)测距时钟恢复(重建)

接收的测距时钟分量信号相位可以表示为[9]

$$\begin{aligned} \phi_{\mathrm{RX_{ck}}}(t) &= 2\pi f_{\mathrm{ck}}t + \phi_{\mathrm{lo_{pn}}} + \psi_{\mathrm{ck_{dyn}}}(t) \\ &= 2\pi f_{\mathrm{ck}}t + \phi_{\mathrm{lo_{pn}}} + \psi_{\mathrm{ck_{dyn_0}}} + \int_0^t \dot{\psi}_{\mathrm{ck_{dyn}}}(\tau)\mathrm{d}\tau \end{aligned} \tag{4-98}$$

其中,f_{ck} 为伪码测距时钟分量(即 C_1 序列)的频率(为伪码速率 R_{c} 的 1/2),$\phi_{\mathrm{lo_{pn}}}$ 为由本振相位引起的未知常数初始相位[9],$\psi_{\mathrm{ck_{dyn}}}(t)=-k \cdot \rho(t)=\psi_{\mathrm{ck_{dyn_0}}} + \int_0^t \dot{\psi}_{\mathrm{ck_{dyn}}}(\tau)\mathrm{d}\tau$ 为测距时钟分量经历的光行时延迟。

由于载波与伪码测距时钟分量是频率相干的,所以可以利用如下的载波辅助算法:在实现对载波的锁相环相位重建后,航天器动态引起的载波信号上的多普勒相位可以等比例地变换到伪码测距时钟的频率上,作为航天器动态引起的伪码测距时钟频率上的多普勒相位的估计[9]。

$$\int_0^t \dot{\psi}_{\mathrm{ck_{dyn}}}(\tau)\mathrm{d}\tau = \beta\int_0^t \dot{\psi}_{C\mathrm{dyn}}(\tau)\mathrm{d}\tau = \beta[\psi_{C\mathrm{dyn}}(t)-\psi_{C\mathrm{dyn}}(0)] \tag{4-99}$$

其中,β 为比例因子,$\beta=f_{\mathrm{ck}}/f_{\mathrm{carrier}}$ 为测距时钟分量的频率与载波频率的比值。因此可以获得与实际接收的测距时钟分量信号具有相同相位变化率的本地信号模型[9]:

$$\Phi_{\mathrm{RX_{PN}}}(t) = 2\pi f_{\mathrm{ck}}t + \int_0^t \dot{\psi}_{\mathrm{ck_{dyn}}}(\tau)\mathrm{d}\tau \tag{4-100}$$

这一相位模型与实际接收和记录的伪码测距时钟分量信号的唯一不同是记录起始时刻($t_{\mathrm{R}}=0$)的初始相位不同(即实际信号的初始相位是未知的),实际信号的初始相位是本振相位与几何路径引起的相位延迟之和,为[9]

$$\psi_{\mathrm{ck_0}} = \phi_{\mathrm{lo_{pn}}} + \psi_{\mathrm{ck_{dyn_0}}} \tag{4-101}$$

将接收和记录的下行测距时钟分量采样值与本地模型进行 I,Q 相关

（即混频和积分），积分时间可相对较长，能够得出对初始未知相位的估计值[9]：

$$
\begin{cases}
s_{\mathrm{rx,ck}}(t) = A_{\mathrm{pn}}\sin\left[2\pi f_{\mathrm{ck}}(t - t_{\mathrm{R}}) + \phi_{\mathrm{lo_{pn}}} + \phi_{\mathrm{ck_{dyn_0}}} + \int_0^t \dot{\psi}_{\mathrm{ck_{dyn}}}(\tau)\mathrm{d}\tau\right] \\[2mm]
W_I = \int_0^T s_{\mathrm{RX,PN}} \cdot \sin\left[\Phi_{\mathrm{RX_{PN}}}(t)\right]\mathrm{d}t = \dfrac{A_{\mathrm{pn}}}{2}T\cos(\phi_{\mathrm{lo_{pn}}} + \psi_{\mathrm{ck_{dyn_0}}}) \\[2mm]
W_Q = \int_0^T s_{\mathrm{RX,PN}} \cdot \cos\left[\Phi_{\mathrm{RX_{PN}}}(t)\right]\mathrm{d}t = \dfrac{A_{\mathrm{pn}}}{2}T\sin(\phi_{\mathrm{lo_{pn}}} + \psi_{\mathrm{ck_{dyn_0}}}) \\[2mm]
\phi_{\mathrm{ck_0}} = \phi_{\mathrm{lo_{pn}}} + \psi_{\mathrm{ck_{dyn_0}}} = \arctan\left(\dfrac{W_Q}{W_I}\right)
\end{cases}
$$

$$(4\text{-}102)$$

通过与发射的相位进行对比（相减），可以得出对相位延迟的精确测量，因此可以依据这一相位得出接收的测距信号相位的详尽模型，用于以下的伪码信号恢复。对于上行发射的测距信号，可以按照同样的方式进行处理，获取在 $t=0$ 发射时刻的测距时钟分量的相位，以及此后发射的测距时钟分量相位随时间的变化过程。需要指出的是，对于给定的相位估计精度，对发射信号相位估计的积分时间小于对接收信号相位估计的积分时间。

3）伪码波形恢复

恢复的测距时钟分量相位变化历史如下[9]：

$$
\begin{cases}
\Phi_{\mathrm{RX_{PN}}}(t) = 2\pi f_{\mathrm{ck}}t + \int_0^t \dot{\psi}_{\mathrm{ck_{dyn}}}(\tau)\mathrm{d}\tau + \phi_{\mathrm{lo_{pn}}} + \phi_{\mathrm{ck_{dyn_0}}} \\[2mm]
\Phi_{\mathrm{RX_{PN}}}(t) = 2\pi f_{\mathrm{ck}}t + \phi_{\mathrm{lo_{pn}}}
\end{cases}
\qquad (4\text{-}103)
$$

基于这一相位模型，可以利用匹配滤波器分别恢复接收（RX）的伪码测距波形和发射（TX）的伪码测距波形。其过程就是在一个码片的时间间隔内将记录的接收伪码测距信号采样值进行积分（即采样值的累加）。需要注意的是，对于接收的伪码信号，一个码片的时间间隔是变化的，这种变化是由多普勒效应引起的，这也是需要先恢复伪码时钟分量波形的根本原因。

4）码字相关

将重建的伪码波形（±1 序列）与 6 个生成子码分别进行循环相关（即按码片位分别相乘，然后求和），按照孙子剩余定理即可判定伪码的码片位置。这一过程可以利用并行的 76 个相关器同时进行运算。

4.2.2 再生伪码测距捕获性能分析及仿真

BepiColombo 是欧洲航天局的首个水星探测器，星上采用了再生伪码测距技术。本部分基于欧洲航天局 BepiColombo 飞行器的星上和地面站方案[1],对其码捕获的基本原理进行了分析和仿真,并对一些条件进行了适当的近似处理。

1. BepiColombo 星上捕获流程

星上捕获性能分析基于以下前提:

(1)星上采用 6 路并行相关处理(星上资源有限,在每一路的处理中采用串行处理,也就是说对序列长度为 L_i 的子序列来说,需要做 L_i 次的相关处理以确保完成捕获,而如果响应捕获概率对应的积分时间为 T_{acqL_i},那么子序列的捕获时间就为 $L_i \times T_{acqL_i}$,总的捕获时间为 $\max(L_i \times T_{acqL_i})$,而 C_6 序列最长且捕获需要的时间最多,因此总的捕获时间为 $23 \times T_{acq23}$);

(2)采用最大值搜索算法;

(3)不考虑载波解调或码片跟踪带来的影响;

(4)不考虑量化误差影响。

图 4.21 是 BepiColombo 上再生伪码测距信道的初样模型。码捕获首先实现测距时钟分量捕获,然后再利用 6 路并行搜索,实现码序列位置的捕获和跟踪。主要包括以下功能:

(1)CTL(码跟踪环路)完成码片相位和频率恢复,并为匹配滤波器产生同步信号;

(2)同步积分器(匹配滤波器)积分输出后,进行 1bit 量化(符号判定);

(3)6 路并行搜索码序列位置;

(4)下行伪码产生;

(5)相关器和码生成器的逻辑控制。

2. 地面捕获流程

地面捕获基于以下前提假设:

(1)地面站采用 76 路并行相关处理(对于各个子序列,各有 L_i 个状态需要确认,因此对于托斯沃斯码共有 $\sum_{i=1}^{6} L_i = 77$ 种状态;而对于码时钟序列,其两种状态完全是反相的,可以看作一个,因此共有 76 种状态。而地面资源相对充足,可以采用 76 个相关器并行计算,以降低捕获时间。各子序列的捕获时间就是捕获概率对应的积分时间,为 T_{acqL_i},总的捕获时间为 $\max(T_{acqL_i})$,而 C_6 序列捕获需要的时间最多,因此总的捕获时间为 $T = T_{acq23}$);

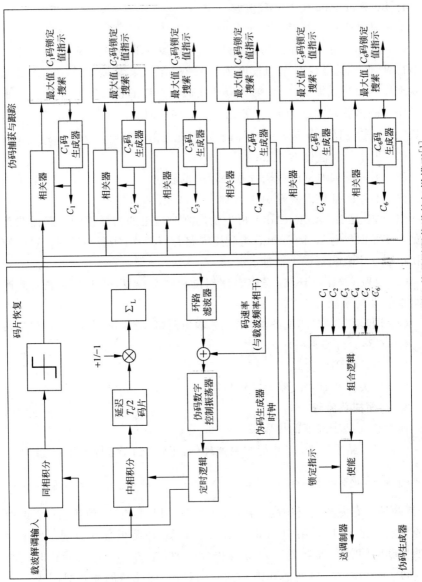

图 4.21 BepiColombo 上再生伪码测距信道的初样模型[1]

（2）采用最大值搜索算法；

（3）不考虑载波解调或码片跟踪带来的影响；

（4）不考虑量化误差影响。

与星上捕获相似，首先完成测距时钟分量捕获，然后利用 76 路并行相关器进行搜索，如图 4.22 所示。

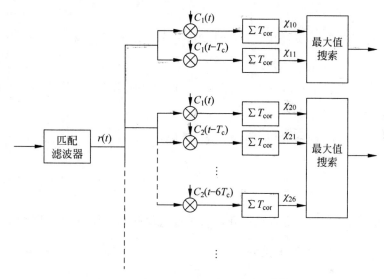

图 4.22 76 路并行码捕获原理图[1]

3. 捕获概率及捕获时间分析

从上述介绍可以看出，无论是星上捕获还是地面捕获，或者说无论是 6 路并行捕获还是 76 路并行捕获，其总捕获时间都与捕获概率对应的最长子序列捕获积分时间（累积时间）有关，求得了捕获积分时间，就可以针对地面和星上不同的并行捕获方法，求得总捕获时间。

1）捕获积分时间精确求解

在上文的前提条件下，假设码捕获采用最大值搜索算法，计算相应捕获概率对应的捕获积分时间。设捕获积分时间为 T，测量信号的 SNR 为 $\dfrac{P_r}{N_0}$，伪码速率为 $R_c = \dfrac{1}{T_c}$，码时钟频率为 $f_{rc} = \dfrac{1}{T_{rc}}$，各序列长度分别为 L_i，各路的捕获概率为 P_i。

各路子序列的平行捕获是相互独立的，因此有

$$P_{acq} = \prod_{i}^{i \leqslant 6} P_i \tag{4-104}$$

对于各序列,设接收到的信号为 $r(t)=s(t)+n(t)$,其中 $s(t)$ 为伪码信号且 $s(t)=\sqrt{P_r}C(t)$,$n(t)$ 为高斯白噪声,双边功率谱密度为 $\dfrac{N_0}{2}$,本地相关信号为 $C_i(t)$,其相关函数为

$$
\begin{aligned}
\chi_{ik} &= \int_0^T [s(t)+n(t)]C_i(t-kT_c)\mathrm{d}t \\
&= \int_0^T s(t)C_i(t-kT_c)\mathrm{d}t + \int_0^T n(t)C_i(t-kT_c)\mathrm{d}t \\
&= R_{ik} + n_{ik}
\end{aligned}
\tag{4-105}
$$

其中,$k=0,1,2,\cdots,L_i-1$。假设 $k=0$ 时是码同步位置,其他为非码同步位置,则

$$
\begin{aligned}
R_{ik} &= \sqrt{P_r}\int_0^T C(t)C_i(t-kT_c)\mathrm{d}t \\
&= \sqrt{P_r}\,T_c \sum_0^{h=\frac{T}{T_c}} c(h)c_i(h-k) = \sqrt{P_r}\,T_c\rho_{ik}
\end{aligned}
\tag{4-106}
$$

其中,c_i 为 $+1/-1$ 的离散序列,ρ_{ik} 为接收序列与本地序列不同相对位置的相关函数值。根据上文分析,$\rho_{i0} \approx \xi\dfrac{T}{T_c}$,$\rho_{ik} \approx \Psi_i\dfrac{T}{T_c}$,$k=1,2,\cdots,L_i-1$。可得:$R_{i0}=\sqrt{P_r}\,T_c\rho_{i0}=\sqrt{P_r}\,T\xi$,$R_{ik}=\sqrt{P_r}\,T_c\rho_{ik}=\sqrt{P_r}\,T\Psi_i$,$k=1,2,\cdots,L_i-1$。$n_{ik}$ 是均值为零、方差 σ_n^2 为 $\dfrac{N_0T}{2}$ 的高斯白噪声。

根据最大值搜索算法的捕获判决准则,当 $\chi_{i0} > \max(\chi_{ik})_{k=1,2,\cdots,L_i-1}$ 时成功捕获,即 C_i 路的捕获概率为

$$
\begin{aligned}
P_i &= P\{\chi_{i0} > \max(\chi_{ik})_{k=1,2,\cdots,L_i-1}\} \\
&= P\{R_{i0}+n_{i0} > \max(R_{ik}+n_{ik})_{k=1,2,\cdots,L_i-1}\}
\end{aligned}
\tag{4-107}
$$

因为有 $R_{i1}=R_{i2}=\cdots=R_{i(L_i-1)}$,并假设 $C_i(t-kT_c)$ 是相互独立的,式(4-107)可变为

$$
\begin{aligned}
P_i &= P\{R_{i0}+n_{i0} > R_{i1}+\max(n_{ik})_{k=1,2,\cdots,L_i-1}\} \\
&= P\{R_{i0}+n_{i0}-R_{i1} > \max(n_{ik})_{k=1,2,\cdots,L_i-1}\} \\
&= P\{n_{i1} < R_{i0}+n_{i0}-R_{i1}\} \cdot P\{n_{i2} < R_{i0}+n_{i0}-R_{i1}\} \cdot \cdots \cdot \\
&\quad P\{n_{iL_i-1} < R_{i0}+n_{i0}-R_{i1}\}
\end{aligned}
\tag{4-108}
$$

由于 n_{ik} 是均值为零、方差为 $\dfrac{N_0T}{2}$ 的高斯白噪声,服从正态分布。因

此有

$$P\{n_{i1} < R_{i0} + n_{i0} - R_{i1}\} = 1 - \frac{1}{2}\mathrm{erfc}\left(\frac{R_{i0} + n_{i0} - R_{i1}}{\sigma_n \sqrt{2}}\right)$$

$$= 1 - \frac{1}{2}\mathrm{erfc}\left(\frac{R_{i0} + n_{i0} - R_{i1}}{\sqrt{N_0 T}}\right) \quad (4\text{-}109)$$

代入得：

$$P_i(x) = \left[1 - \frac{1}{2}\mathrm{erfc}\left(\frac{x}{\sqrt{N_0 T}}\right)\right]^{L_i - 1} \quad (4\text{-}110)$$

设 $x = R_{i0} + n_{i0} - R_{i1}$，其均值为 $\sqrt{P_r}T(\xi_i - \Psi_i)$，方差为 $\frac{N_0 T}{2}$。因此可得其概率密度函数为

$$f(x) = \frac{1}{\sigma_n \sqrt{2\pi}} e^{-\frac{(x-\mu)^2}{2\sigma_n^2}} = \frac{1}{\sqrt{\pi N_0 T}} e^{-\frac{[x-\sqrt{P_r}T(\xi_i-\Psi_i)]^2}{N_0 T}} \quad (4\text{-}111)$$

可得：

$$P_i = \int_{-\infty}^{+\infty} \left[1 - \frac{1}{2}\mathrm{erfc}\left(\frac{x}{\sqrt{N_0 T}}\right)\right]^{L_i - 1} \frac{1}{\sqrt{\pi N_0 T}} e^{-\frac{[x-\sqrt{P_r}T(\xi_i-\Psi_i)]^2}{N_0 T}} \mathrm{d}x$$

$$= \frac{1}{\sqrt{\pi N_0 T}} \int_{-\infty}^{+\infty} \left[1 - \frac{1}{2}\mathrm{erfc}\left(\frac{x}{\sqrt{N_0 T}}\right)\right]^{L_i - 1} e^{-\frac{[x-\sqrt{P_r}T(\xi_i-\Psi_i)]^2}{N_0 T}} \mathrm{d}x$$

$$(4\text{-}112)$$

设 $y = \frac{x}{\sqrt{N_0 T}}$，式(4-112)可变为

$$P_i = \frac{1}{\sqrt{\pi}} \int_{-\infty}^{+\infty} \left[1 - \frac{1}{2}\mathrm{erfc}\left(\frac{x}{\sqrt{N_0 T}}\right)\right]^{L_i - 1} e^{-\left[\frac{x}{\sqrt{N_0 T}} - \frac{\sqrt{P_r}T(\xi_i-\Psi_i)}{\sqrt{N_0}}\right]^2} \mathrm{d}\frac{x}{\sqrt{N_0 T}}$$

$$= \frac{1}{\sqrt{\pi}} \int_{-\infty}^{+\infty} \left[1 - \frac{1}{2}\mathrm{erfc}(y)\right]^{L_i - 1} e^{-\left[y - \frac{\sqrt{P_r}T(\xi_i-\Psi_i)}{\sqrt{N_0}}\right]^2} \mathrm{d}y$$

$$(4\text{-}113)$$

代入捕获概率的公式，可得：

$$P_{\mathrm{acq}} = \prod_{i=1}^{i\leqslant 6} P_i = \prod_{i=1}^{i\leqslant 6} \frac{1}{\sqrt{\pi}} \int_{-\infty}^{+\infty} \left[1 - \frac{1}{2}\mathrm{erfc}(y)\right]^{L_i - 1} e^{-\left[y - \frac{\sqrt{P_r}T(\xi_i-\Psi_i)}{\sqrt{N_0}}\right]^2} \mathrm{d}y$$

$$(4\text{-}114)$$

从式(4-114)可以看出,捕获概率 P_{acq} 是相关时间 T 的函数,假设需要的捕获概率为 99.9%,那么解下列方差可求出所需要的积分时间为

$$\prod_{i=1}^{i \leqslant 6} \frac{1}{\sqrt{\pi}} \int_{-\infty}^{+\infty} \left[1 - \frac{1}{2}\text{erfc}(y) \right]^{L_i - 1} e^{-\left[y - \frac{\sqrt{P_r}\,T(\xi_i - \Psi_i)}{\sqrt{N_0}} \right]^2} \mathrm{d}y = 0.999$$

$$(4\text{-}115)$$

其中,5 种不同 PN 码与其 6 个子序列的相关系数见表 4.4。

表 4.4　5 种不同 PN 码与其 6 个子序列的相关系数

		C_1	C_2	C_3	C_4	C_5	C_6
JPL 码	ξ_i	0.9544	0.0456	0.0456	0.0456	0.0456	0.0456
	Ψ_i	−0.9544	0	0	0	0	0
T2 码	ξ_i	0.6176	0.2591	0.2569	0.2555	0.2545	0.2538
	Ψ_i	−0.6176	−0.0267	−0.0158	−0.0112	−0.0086	−0.0070
T2B 码	ξ_i	0.6274	0.2447	0.2481	0.2490	0.2492	0.2496
	Ψ_i	−0.6274	−0.0410	−0.0247	−0.0177	−0.0139	−0.0113
T4 码	ξ_i	0.9338	0.0662	0.0662	0.0662	0.0662	0.0662
	Ψ_i	−0.9338	−0.0069	−0.0041	−0.0029	−0.0023	−0.0019
T4B 码	ξ_i	0.9387	0.0613	0.0613	0.0613	0.0613	0.0613
	Ψ_i	−0.9387	−0.0103	−0.0061	−0.0044	−0.0034	−0.0028

假设接收到的 $\dfrac{P_r}{N_0} = 27\text{dB-Hz}$,$30\text{dB-Hz}$,用 MATLAB 数值方法解式(4-115),结果见表 4.5。

表 4.5　$P_{\text{acq}} = 0.999$ 时不同码的捕获时间及子序列捕获概率(未修正)

	捕获时间/s		P_1	P_2	P_3	P_4	P_5	P_6
	$P_r/N_0 =$ 27dB-Hz	$P_r/N_0 =$ 30dB-Hz						
JPL 码	16.67	8.36	0.9999999	0.99992	0.99985	0.99980	0.99974	0.99970
T2 码	0.493	0.247	0.9999999	0.99998	0.99991	0.99982	0.99970	0.99959
T2B 码	0.493	0.247	0.9999999	0.99998	0.99991	0.99982	0.99970	0.99959
T4 码	7.29	3.65	0.9999999	0.99997	0.99990	0.99980	0.99971	0.99962
T4B 码	8.13	4.08	0.9999999	0.99999	0.99992	0.99982	0.99970	0.99958

上文用到了一个假设,就是 $C_i(t - kT_c)$,$i = 2, 3, \cdots, 6$ 是相互独立的,但由于子序列的各个位移序列实际并不独立,互相关不为 0,需要进行修正。令 $C_i(t - kT_c) = C_i'(t - kT_c) + b(t)$,其中 $C_i'(t - kT_c)$ 相互正交,

$b(t)$为修正参数。

考虑子序列的互相关特性，自相关峰值为L_i，其他值为-1，即序列与移位序列的内积为-1，可得：

$$R_{ci}(k) = \sum_{h=0}^{L_i-1} c_i(h)c_i[\mathrm{mod}(h+k,L_i)] = \begin{cases} L_i, & k=0 \\ -1, & k=2,3,\cdots,6 \end{cases}$$

(4-116)

由于$c_i(h)$为$+1/-1$序列，可将其展开为

$$\begin{aligned} R_{ci}(k) &= \sum_{h=0}^{L_i-1} c_i(h)c_i[\mathrm{mod}(h+k,L_i)] \\ &= a[1\times(-1)]+b[(-1)\times1]+c(1\times1)+d[(-1)\times(-1)] \\ &= -a-b+c+d \\ &= -1 \end{aligned}$$

(4-117)

其中，式(4-117)的$(x\times y)$中在前的为$c_i(h)$的元素，在后的为$c_i(h+k)$的元素。由序列特性还可知，$c_i(h)$中$+1$的个数为$\dfrac{L_i+1}{2}$，即$a+c=\dfrac{L_i+1}{2}$；序列$c_i(h+k)$中$+1$的个数为$\dfrac{L_i+1}{2}$，即$b+c=\dfrac{L_i+1}{2}$，序列的总长度为$a+b+c+d=L_i$。

$$\text{联立方程组}\begin{cases} -a-b+c+d=-1 \\ a+c=\dfrac{L_i+1}{2} \\ b+c=\dfrac{L_i+1}{2} \\ a+b+c+d-L_i \end{cases} \text{可得}\begin{cases} a=\dfrac{L_i+1}{4} \\ b=\dfrac{L_i+1}{4} \\ c=\dfrac{L_i+1}{4} \\ d=\dfrac{L_i-3}{4} \end{cases}，\text{即 } R_{ci}(k)=\dfrac{L_i+1}{2}$$

$[(-1)\times1]+\dfrac{L_i+1}{4}(1\times1)+\dfrac{L_i-3}{4}[(-1)\times(-1)]$。

要使序列与各位移序列正交，需要使内积为0。即令

$$R_{c'i}(k) = \sum_{h=0}^{L_i-1} [c_i(h)-b][c_i\,\mathrm{mod}(h+k,L_i)-b]=0, k=2,3,\cdots,6$$

(4-118)

同样可将式(4-118)展开，并使其为0，得到：

$$R_{c'i}(k) = \sum_{h=0}^{L_i-1} [c_i(h)-b][c_i\,\mathrm{mod}(h+k,L_i)-b]$$

$$= \frac{L_i + 1}{2}(-1 - b) \times (1 - b) + \frac{L_i + 1}{4}(1 - b) \times (1 - b) +$$

$$\frac{L_i - 3}{4}(-1 - b) \times (-1 - b)$$

$$= L_i b^2 - 2b - 1$$

$$= 0 \tag{4-119}$$

解方程可得 $b(t) = \dfrac{1 \pm \sqrt{L_i + 1}}{L_i}$。

令 $C_i(t - kT_c) = C_i'(t - kT_c) + b(t)$，将式(4-105)进行修正，$R_{ik}$ 不变，n_{ik} 修正为

$$
\begin{aligned}
n_{ik} &= \int_0^T n(t) C_i(t - kT_c) \mathrm{d}t \\
&= \int_0^T n(t) C_i'(t - kT_c) \mathrm{d}t + \int_0^T n(t) b(t) \mathrm{d}t \\
&= n_{ik}' + n
\end{aligned} \tag{4-120}
$$

其中，n 对于各序列是相同的，n_{ik}' 的均值为 0，其方差计算如下：

$$
\begin{aligned}
\mathrm{Var}(n_{ik}') &= E\left[\int_0^T n(t_1) C_i'(t_1) \mathrm{d}t_1 \cdot \int_0^T n(t_2) C_i'(t_2) \mathrm{d}t_2\right] \\
&= E\left[\iint_0^T n(t_1) n(t_2) C_i'(t_1) C_i'(t_2) \mathrm{d}t_1 \mathrm{d}t_2\right] \\
&= \int_0^T \int_0^T E[n(t_1) n(t_2) C_i'(t_1) C_i'(t_2)] \mathrm{d}t_1 \mathrm{d}t_2 \\
&= \int_0^T \int_0^T E[n(t_1) n(t_2)] E[C_i'(t_1) C_i'(t_2)] \mathrm{d}t_1 \mathrm{d}t_2 \\
&= \int_0^T \int_0^T \frac{N_0}{2} \delta(t_1 - t_2) E[C_i'(t_1) C_i'(t_2)] \mathrm{d}t_1 \mathrm{d}t_2 \\
&= \int_0^T \frac{N_0}{2} E[C_i'(t_1)^2] \mathrm{d}t_1
\end{aligned} \tag{4-121}
$$

其中，

$$
\begin{aligned}
E[C_i'(t_1)^2] &= \frac{1}{L_i}\left[\frac{L_i + 1}{2}(1 - b)^2 + \frac{L_i - 1}{2}(1 + b)^2\right] \\
&= \frac{1}{L_i}\left[\frac{L_i + 1}{2}\left(1 - \frac{1 + \sqrt{L_i + 1}}{L_i}\right)^2 + \frac{L_i - 1}{2}\left(1 + \frac{1 + \sqrt{L_i + 1}}{L_i}\right)^2\right] \\
&= \frac{L_i + 1}{L_i}
\end{aligned} \tag{4-122}
$$

代入式(4-122),可推导得:

$$\mathrm{Var}(n'_{ik}) = \int_0^T \frac{N_0}{2} E[C'_i(t_1)^2] \mathrm{d}t_1 = \frac{N_0}{2} \cdot \frac{L_i+1}{L_i} \int_0^T \mathrm{d}t_1$$

$$= \frac{N_0 T}{2} \cdot \frac{L_i+1}{L_i} \tag{4-123}$$

将捕获概率修正为

$$\begin{aligned}
P_i &= P\{R_{i0} + n_{i0} > R_{i1} + \max(n_{ik})_{k=1,2,\cdots,L_i-1}\} \\
&= P\{R_{i0} + n'_{i0} + n > R_{i1} + \max(n_{ik})_{k=1,2,\cdots,L_i-1} + n\} \\
&= P\{R_{i0} + n'_{i0} - R_{i1} > \max(n'_{ik})_{k=1,2,\cdots,L_i-1}\} \\
&= P\{n'_{i1} < R_{i0} + n'_{i0} - R_{i1}\} \cdot P\{n'_{i2} < R_{i0} + n'_{i0} - R_{i1}\} \cdot \cdots \cdot \\
&\quad P\{n'_{iL_i-1} < R_{i0} + n'_{i0} - R_{i1}\} \tag{4-124}
\end{aligned}$$

由于 n'_{ik} 是均值为零、方差为 $\dfrac{N_0 T}{2} \cdot \dfrac{L_i+1}{L_i}$ 的高斯白噪声,服从正态分布。

令 $\alpha_i = \dfrac{L_i+1}{L_i}$,可得:

$$P_i(x) = \left[1 - \frac{1}{2}\mathrm{erfc}\left(\frac{x}{\sqrt{N_0 \alpha_i T}}\right)\right]^{L_i-1} \tag{4-125}$$

设 $x = R_{i0} + n'_{i0} - R_{i1}$,其均值为 $\sqrt{P_r} T(\xi_i - \Psi_i)$,方差为 $\dfrac{N_0 \alpha_i T}{2}$。因此可得其概率密度函数为

$$f(x) = \frac{1}{\sigma'_n \sqrt{2\pi}} e^{-\frac{(x-\mu)^2}{2\sigma'^2_n}} = \frac{1}{\sqrt{\pi N_0 \alpha_i T}} e^{-\frac{[x-\sqrt{P_r} T(\xi_i - \Psi_i)]^2}{N_0 \alpha_i T}} \tag{4-126}$$

利用式(4-126)可得:

$$\begin{aligned}
P_i &= \int_{-\infty}^{+\infty} \left[1 - \frac{1}{2}\mathrm{erfc}\left(\frac{x}{\sqrt{N_0 \alpha_i T}}\right)\right]^{L_i-1} \frac{1}{\sqrt{\pi N_0 \alpha_i T}} e^{-\frac{[x-\sqrt{P_r} T(\xi_i - \Psi_i)]^2}{N_0 \alpha_i T}} \mathrm{d}x \\
&= \frac{1}{\sqrt{\pi N_0 \alpha_i T}} \int_{-\infty}^{+\infty} \left[1 - \frac{1}{2}\mathrm{erfc}\left(\frac{x}{\sqrt{N_0 \alpha_i T}}\right)\right]^{L_i-1} e^{-\frac{[x-\sqrt{P_r} T(\xi_i - \Psi_i)]^2}{N_0 \alpha_i T}} \mathrm{d}x
\end{aligned}$$

$$\tag{4-127}$$

设 $y = \dfrac{x}{\sqrt{N_0 \alpha T}}$,式(4-127)可变为式(4-113),代入捕获概率的公式,可得式(4-114)。

从式(4-127)可以看出,捕获概率 P_{acq} 是相关时间 T 的函数,假设需要的捕获概率为 99.9%,那么解式(4-115)可求出所需要的积分时间,见表 4.6。

表 4.6 $P_{acq}=0.999$ 时不同码的捕获时间及子序列捕获概率(已修正)

	捕获时间/s		P_1	P_2	P_3	P_4	P_5	P_6
	$P_r/N_0=$ 27dB·Hz	$P_r/N_0=$ 30dB·Hz						
JPL	17.82	8.93	0.9999999	0.99984	0.99983	0.99980	0.99978	0.99975
T2	0.522	0.261	0.9999999	0.99995	0.99988	0.99980	0.99972	0.99964
T2B	0.521	0.261	0.9999999	0.99995	0.99988	0.99980	0.99972	0.99964
T4	7.73	3.87	0.9999999	0.99994	0.99987	0.99980	0.99973	0.99967
T4B	8.60	4.31	0.9999999	0.99997	0.99989	0.99981	0.99971	0.99962

若第一级序列 C_1 采用门限判决[1](CCSDS PN Ranging System 中的算法),则第一级捕获概率变为

$$P\{R_{i0}+n_{i0}>0\}=1-\frac{1}{2}\mathrm{erfc}\left(\frac{R_{i0}}{\sigma_n\sqrt{2}}\right)$$

$$=1-\frac{1}{2}\mathrm{erfc}\left(\xi_1\sqrt{\frac{P_rT}{N_0}}\right) \qquad (4-128)$$

总捕获概率变为

$$P_{acq}=\prod_{i=1}^{i\leqslant 6}P_i$$

$$=\left[1-\frac{1}{2}\mathrm{erfc}\left(\xi_1\sqrt{\frac{P_rT}{N_0}}\right)\right]\times$$

$$\prod_{i=1}^{i\leqslant 6}\frac{1}{\sqrt{\pi}}\int_{-\infty}^{+\infty}\left[1-\frac{1}{2}\mathrm{erfc}(y)\right]^{L_i-1}\mathrm{e}^{-\left[y-\frac{\sqrt{P_r/\alpha_i}T(\xi_i-\Psi_i)}{\sqrt{N_0}}\right]^2}\mathrm{d}y \quad (4-129)$$

令捕获概率为 0.999,不同信噪比下的捕获时间见表 4.7。

表 4.7 $P_{acq}=0.999$ 时不同码的捕获时间及子序列捕获概率(门限判决)

	捕获时间/s		P_1	P_2	P_3	P_4	P_5	P_6
	$P_r/N_0=$ 27dB·Hz	$P_r/N_0=$ 30dB·Hz						
JPL	17.82	8.93	0.9999999	0.99984	0.99983	0.99980	0.99978	0.99975
T2	0.522	0.261	0.9999999	0.99995	0.99988	0.99980	0.99972	0.99964
T2B	0.521	0.261	0.9999999	0.99995	0.99988	0.99980	0.99972	0.99964
T4	7.73	3.87	0.9999999	0.99994	0.99987	0.99980	0.99973	0.99967
T4B	8.60	4.31	0.9999999	0.99997	0.99989	0.99981	0.99971	0.99962

由表 4.6 和表 4.7 可以看出,第一级采用固定门限判决或者最大值判决对整个捕获时间几乎没有影响。因为在相同积分时间下,第一级码钟子序列的错误概率远高于其他子序列,捕获概率远高于 0.999,因此对捕获时间影响不大。

求解出捕获积分时间后,不难求出星上和地面不同捕获方案所需的捕获时间。对于地面采用 76 路相关并行捕获方案,其捕获时间就是上文求得的 T。图 4.23 和图 4.24 是 5 种测距码在地面站(76 路相关)捕获概率 $P_{acq}=0.999$ 的条件下,不同测距信号信噪比 P_r/N_0 对应的捕获时间。

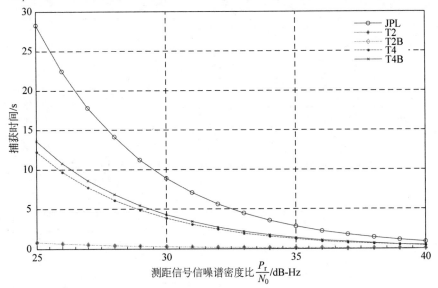

图 4.23　地面站 5 种测距码在不同信噪比下的捕获时间

对于星上处理采用 6 路相关并行捕获方案,其捕获时间为 $23 \times T$。图 4.25 和图 4.26 是 5 种测距码在星上(6 路相关)捕获概率 $P_{acq}=0.999$ 的条件下,不同测距信号信噪比 P_r/N_0 对应的捕获时间。

从图 4.23～图 4.26 可以看出:

(1)星上和地面不同捕获方案的捕获时间的变化趋势相同,因为它们之间只相差一个系数;

(2)捕获时间的指数与信噪比呈线性关系,而且 5 种测距码的斜率相同,在某一捕获概率下,不同信噪比的捕获时间的关系如下:

$$T_a = T_0 10^{\left(\frac{P_r}{N_0}\right)_0 - \left(\frac{P_r}{N_0}\right)_a}$$

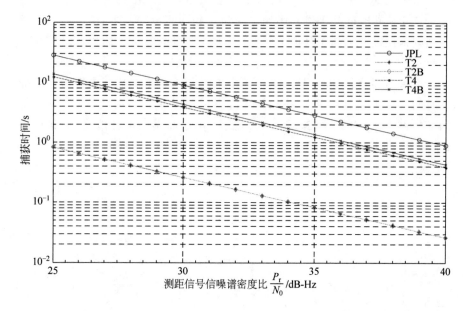

图 4.24　地面站 5 种测距码在不同信噪比下的捕获时间(指数)

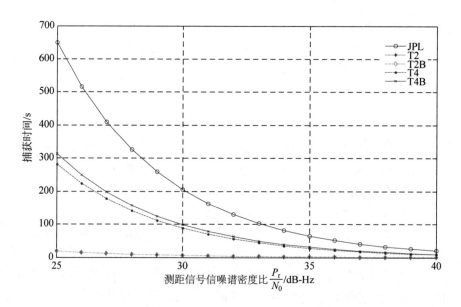

图 4.25　星上 5 种测距码在不同信噪比下的捕获时间

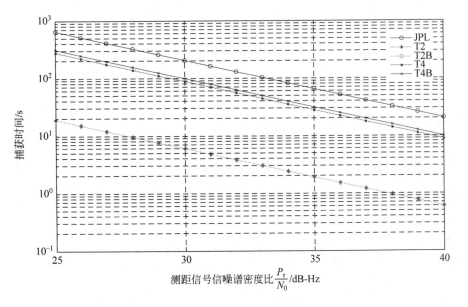

图 4.26 星上 5 种测距码在不同信噪比下的捕获时间(指数)

$$
\lg T_{\mathrm{a}} = \left[\left(\frac{P_{\mathrm{r}}}{N_0}\right)_0 - \left(\frac{P_{\mathrm{r}}}{N_0}\right)_{\mathrm{a}}\right] \lg T_0
$$

$$
\Rightarrow k = \frac{\lg T_{\mathrm{a}} - \lg T_0}{\left(\dfrac{P_{\mathrm{r}}}{N_0}\right)_0 - \left(\dfrac{P_{\mathrm{r}}}{N_0}\right)_{\mathrm{a}}}
\tag{4-130}
$$

(3) JPL 码所需的捕获时间最长,其次是 T4B 码和 T4 码,T2B 码和 T2 码需要的捕获时间最短。这与各测距码的构成有关,JPL 码的测距时钟序列分量最大,在能量一定的情况下,其能量更加集中在时钟序列,其他子序列的能量分量就最少,因此捕获时间最长。

下面分析在信噪比相同($P_{\mathrm{r}}/N_0 = 30\mathrm{dB\text{-}Hz}$)、捕获概率不同的情况下,5 种测距码的捕获时间的变化曲线,如图 4.27 和图 4.28 所示。由于星地不同捕获方案的捕获时间与捕获积分时间只相差一个系数,其变化规律相同,因此在下文中,只对捕获积分时间进行分析。

从图 4.27 和图 4.28 可以看出:

(1) 随着捕获概率的增长,各种码的捕获时间增加;

(2) 不同测距码的捕获时间随捕获概率增长的趋势不同,JPL 增长最迅速,T2 码和 T2B 码增长最缓慢;

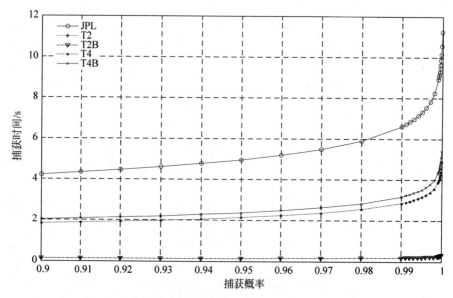

图 4.27 相同信噪比、不同捕获概率下各种码的捕获时间

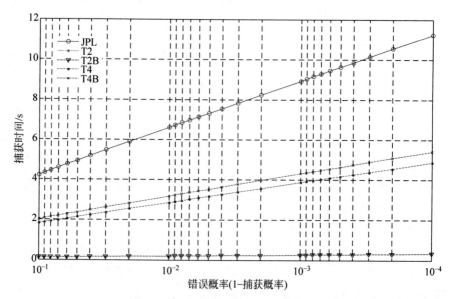

图 4.28 相同信噪比、不同捕获概率下各种码的捕获时间(指数)

(3) 从指数曲线图(图 4.28)可以看出,各序列捕获时间与错误概率的指数呈线性关系,但与捕获时间随信噪比变化曲线不同的是,各序列斜率不同。

2）捕获时间的几种近似估计方法

捕获时间的精确解的求解方程非常复杂，计算数值解需要的运算量巨大，如果有满足一定精度的近似估计方法，就可以使求解方程大大简化，降低运算量。精确求解是将 6 个子序列的捕获概率进行联合求解，而近似估计求解的本质是将捕获概率分配到各个子序列，然后求得最长子序列的捕获时间，作为系统的总捕获时间。

综上分析，不同近似估计方法的区别在于概率分配的方式，有以下几种方法：

（1）平均概率分配法，该方法将捕获概率平均分配到各个子序列，即 $P_i = \sqrt[6]{P_{acq}}$。由于在相同概率下，从 C_1 到 C_6 的捕获时间明显增加，而整个捕获时间以最大的为准，因此从理论上讲这种方法求得的捕获时间偏大，在 JPL 的分析报告中采用了该方法进行估计。

（2）最长子序列等效法，该方法是将最长序列 C_6 的捕获概率 P_6 近似为总捕获概率，即 $P_6 \approx P_{acq}$。这种方法是基于在相同相关时间下，其他序列的捕获概率远大于最长序列的捕获概率，影响总捕获概率的主要是 C_6，这种近似方法求得的捕获时间偏小，在 CCSDS 的标准文件中采用该方法进行估计。

（3）权重概率分配法，该方法是基于不同子序列捕获概率对总捕获概率的贡献不同而提出的一种近似估计方法。除序列 C_1 之外，其他 5 个子序列的权重为 $(L_i - 1)$，可得各子序列的捕获概率为 $P_i = P_{acq} \dfrac{L_i - 1}{\sum\limits_{i=2}^{6}(L_i - 1)}$，总捕获时间仍以最长子序列的捕获时间为准。

下面对各近似估计方法进行推导并仿真计算。

（1）平均概率分配估计法

从上文可知，各子序列的平均分配概率为 $P_i = \sqrt[6]{P_{acq}}$，当捕获概率为 0.999 时，$P_i = \sqrt[6]{P_{acq}} = 0.99983$。

在同样的捕获概率下，C_6 需要的时间最长，因此解下列方程可求出总捕获时间。

$$P_6 = \frac{1}{\sqrt{\pi}} \int_{-\infty}^{+\infty} \left[1 - \frac{1}{2}\text{erfc}(y)\right]^{L_6-1} e^{-\left[y - \frac{\sqrt{P_r T/\alpha_6}(\xi_6 - \Psi_6)}{\sqrt{N_0}}\right]^2} dy = 0.99983$$

(4-131)

可求解得积分时间，结果见表 4.8。

表 4.8　平均概率分配估计法　　　　　单位：s

$P_r/N_0 = 30\text{dB-Hz}$	精确解	积分解	信号空间法解
JPL 码	8.93	9.29	8.98
T2 码	0.261	0.284	0.282
T2B 码	0.261	0.284	0.287
T4 码	3.87	4.17	4.14
T4B 码	4.31	4.70	4.75

式(4-131)的求解仍需要解积分方程,利用信号空间法可大大简化求解过程。信号空间法将子序列的相关峰值和其他值等效看作两个不同的信号,它们在信号空间上的关系如图 4.29 所示。

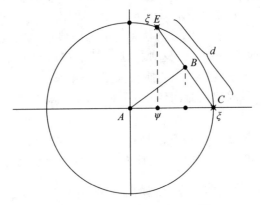

图 4.29　信号空间法示意图[1]

从图 4.29 可以看出,信号欧式距离等于 CE 的长度,可利用几何关系求得 $d = \sqrt{2\xi(\xi - \Psi)}$。将 d 代入错误概率公式 $P_{e2} = Q(d/2\sigma)$,其中 $\dfrac{N_0}{2P_r T}$ 为归一化的方差,可得:

$$P_{e2} = Q\sqrt{\frac{P_r T\xi(\xi - \Psi)}{N_0}} = \frac{1}{2}\text{erfc}\left[\sqrt{\frac{P_r T\xi(\xi - \Psi)}{2N_0}}\right] \quad (4\text{-}132)$$

解得 $T = \dfrac{[Q^{-1}(P_{e2})]^2}{(P_r/N_0)\xi(\xi - \Psi)} = \dfrac{2[\text{erfc}^{-1}(2P_{e2})]^2}{(P_r/N_0)\xi(\xi - \Psi)}$。

利用式(4-132),即可通过误差函数值求解捕获时间,大大简化求解过程。其中,$(1 - P_{e2})^{22} = P_6$,即 $P_{e2} = 1 - \sqrt[22]{P_6}$,$P_6 = 0.99983$,结果见表 4.8。

由表 4.8 可见,平均概率分配方法近似估计的时间偏大,与上文中分析一致。

另外,从上述公式可知,近似解捕获时间的指数与信噪比呈线性关系。而在上文中,得到精确解捕获时间的指数与信噪比呈线性关系,即

$$T_a = T_0 10^{\left[\left(\frac{P_r}{N_0}\right)_0 - \left(\frac{P_r}{N_0}\right)_a\right]} \tag{4-133}$$

从本节上述推导过程可得,近似解捕获时间与信噪比的关系为

$$T'_a = T'_0 10^{\left[\left(\frac{P_r}{N_0}\right)_0 - \left(\frac{P_r}{N_0}\right)_a\right]}, \quad T''_a = T''_0 10^{\left[\left(\frac{P_r}{N_0}\right)_0 - \left(\frac{P_r}{N_0}\right)_a\right]} \tag{4-134}$$

其中,T'_a,T''_a 分别为对应信噪比的积分解和信号空间法解,则

$$\Delta T'_a = T'_a - T_a = (T'_0 - T_0)10^{\left[\left(\frac{P_r}{N_0}\right)_0 - \left(\frac{P_r}{N_0}\right)_a\right]} = \Delta T'_0 10^{\left[\left(\frac{P_r}{N_0}\right)_0 - \left(\frac{P_r}{N_0}\right)_a\right]}$$

$$\Delta T''_a = T''_a - T_a = (T''_0 - T_0)10^{\left[\left(\frac{P_r}{N_0}\right)_0 - \left(\frac{P_r}{N_0}\right)_a\right]} = \Delta T''_0 10^{\left[\left(\frac{P_r}{N_0}\right)_0 - \left(\frac{P_r}{N_0}\right)_a\right]}$$

$$\tag{4-135}$$

其中,$\Delta T'_a$,$\Delta T''_a$ 分别为对应信噪比的积分解和信号空间法解与精确解的绝对误差。从式(4-135)可以看出,近似解的绝对误差随信噪比的增加而呈指数递减。其相对误差表达式如下:

$$\eta'_a = \frac{T'_a - T_a}{T_a} = \frac{(T_0 - T'_0)10^{\left[\left(\frac{P_r}{N_0}\right)_0 - \left(\frac{P_r}{N_0}\right)_a\right]}}{T_0 10^{\left[\left(\frac{P_r}{N_0}\right)_0 - \left(\frac{P_r}{N_0}\right)_a\right]}}$$

$$= \frac{T'_0 - T_0}{T_0} = \eta'_0 \tag{4-136}$$

同理可推得 $\eta''_a = \eta''_0$。也就是在固定捕获概率的条件下,该近似估计方法两种解法的相对误差不变,见表 4.9。

表 4.9 信噪比为 30dB-Hz 时近似估计解的相对误差

$P_r/N_0 = 30\text{dB-Hz}$	精确解/s	积分解/s	相对误差 η'_0	信号空间法解/s	相对误差 η''_0
JPL 码	8.93	9.29	4.0%	8.98	0.56%
T2 码	0.261	0.284	8.8%	0.282	8.0%
T2B 码	0.261	0.284	8.8%	0.287	10.0%
T4 码	3.87	4.17	7.8%	4.14	7.0%
T4B 码	4.31	4.70	9.0%	4.75	10.2%

对于 T2 码、T2B 码、T4 码、T4B 码这 4 种码,采用积分法和信号空间法两种求解方法的结果相当;对于 JPL 码,两种解法的结果相差较大。

(2) 最长子序列等效估计法

根据上文的分析,该方法令 $P_6 = P_{acq}$,同样采用上文使用过的积分法和信号空间法。当捕获概率为 $P_{acq} = 0.999$ 时,求得该估计方法两种解法的捕获时间和相对误差,见表 4.10,其在固定捕获概率条件下的相对误差固定不变。

表 4.10 最长子序列等效估计解及其相对误差

$P_r/N_0 = 30$dB-Hz	精确解/s	积分解/s	相对误差 η_0'	信号空间法解/s	相对误差 η_0''
JPL 码	8.93	7.55	-15.5%	7.37	-17.5%
T2 码	0.261	0.231	-11.5%	0.231	-11.5%
T2B 码	0.261	0.231	-11.5%	0.235	-10.0%
T4 码	3.87	3.39	-12.4%	3.40	-12.1%
T4B 码	4.31	3.82	-11.4%	3.90	-9.5%

由表 4.10 可知,该近似方法估计的时间偏小,与上文中分析一致,且误差普遍较大。

(3) 权重概率分配估计法

从上文分析可知,在相当的捕获时间下,$1 - P_1 \ll 1 - P_i$,$P_i = \dfrac{1}{\sqrt{\pi}} \int_{-\infty}^{+\infty} \left[1 - \dfrac{1}{2} \mathrm{erfc}(y) \right]^{L_i - 1} \mathrm{e}^{-\left[y - \frac{\sqrt{P_r T/a_i}(\xi_i - \Psi_i)}{\sqrt{N_0}} \right]^2} \mathrm{d}y$。对于不同的 P_i 表达式,主要是 L_i 和 $(\xi_i - \Psi_i)$ 存在不同。从表 4.4 可以看出,同一序列除 C_1 外,其他子序列的 $(\xi_i - \Psi_i)$ 值非常相近,因此主要受 $(L_i - 1)$ 的影响,可将各个子序列的捕获概率进行如下权重分配:

$$P_i \approx \begin{cases} 1, & i = 1 \\ \sqrt[\frac{L_i - 1}{K}]{P_{acq}}, & i = 2, 3, \cdots, 6 \end{cases} \tag{4-137}$$

其中,$\sum\limits_{i=2}^{6} (L_i - 1) = 70$,同样以 C_6 的捕获时间作为估计解,采用上文提到的两种解法,解得其捕获时间的近似估计解及其相对误差,见表 4.11。

表 4.11　权重概率分配的估计解及其相对误差

$P_r/N_0 = 30\text{dB-Hz}$	精确解/s	积分解/s	相对误差 η_0'	信号空间法解/s	相对误差 η_0''
JPL 码	8.93	8.71	−2.5%	8.43	−5.6%
T2 码	0.261	0.266	1.9%	0.265	1.5%
T2B 码	0.261	0.266	1.9%	0.269	3.1%
T4 码	3.87	3.90	0.78%	3.89	0.52%
T4B 码	4.31	4.41	2.3%	4.46	3.5%

在捕获概率为 0.999 的条件下,与前面两种估计方法相比,该方法精度更高一些。

3) 捕获时间的精确解与三种近似估计方法解的比较

本节主要分析三种不同码的三种近似估计解与精确解在不同捕获概率条件下的比较及不同捕获概率条件下近似估计解的相对误差(由于不同信噪比条件下的相对误差相同),以得出何种估计方法更优。由于 T2 码与 T2B 码,T4 码与 T4B 码的捕获时间相似,下文以常用的 T2B 码和 T4B 码为例进行比较。

首先采用积分法求解三种近似估计解并与精确解进行比较,如图 4.30~图 4.35 所示。

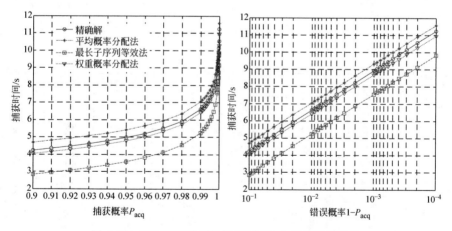

图 4.30　JPL 码三种近似解(积分法)与精确解的比较

从图 4.30 和图 4.31 可以看出采用积分法求解的 JPL 码捕获时间相对误差随捕获概率的变化规律。当捕获概率从 0.9 增加至 0.9999 时,平均概率分配法的相对误差由约 11% 下降至 2%,最长子序列等效法的相对误

差由约－33％上升至－12％,权重概率分配法的相对误差由约－5％上升至
－2％。

从图 4.32 和图 4.33 可以看出采用积分法求解的 T2B 码捕获时间相
对误差随捕获概率的变化规律。当捕获概率从 0.9 增加至 0.9999 时,平均
概率分配法的相对误差由约 16％下降至 7％,最长子序列等效法的相对误
差由约－30％上升至－8％,权重概率分配法的相对误差在 2％内变化。

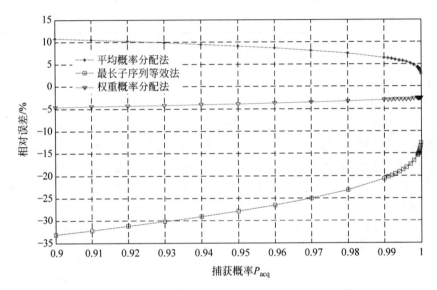

图 4.31　JPL 码三种近似解(积分法)的相对误差

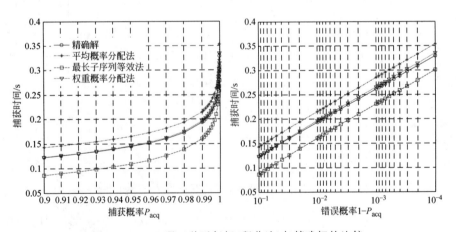

图 4.32　T2B 码三种近似解(积分法)与精确解的比较

从图 4.34 和图 4.35 可以看出采用积分法求解的 T4B 码捕获时间相对误差随捕获概率的变化规律。当捕获概率从 0.9 增加至 0.9999 时，平均概率分配法的相对误差由约 17% 下降至 7%，最长子序列等效法的相对误差由约 −30% 上升至 −8%，权重概率分配法的相对误差在 2% 内变化。

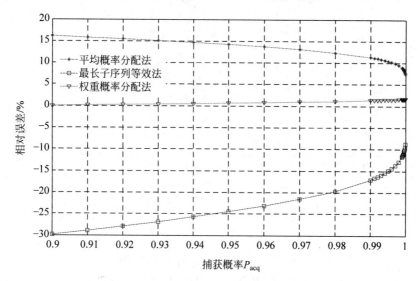

图 4.33　T2B 码三种近似解（积分法）的相对误差

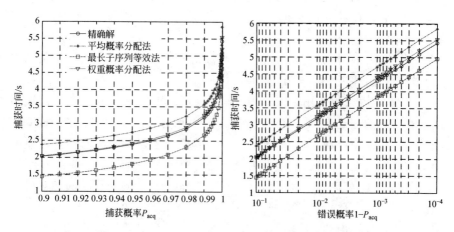

图 4.34　T4B 码三种近似解（积分法）与精确解的比较

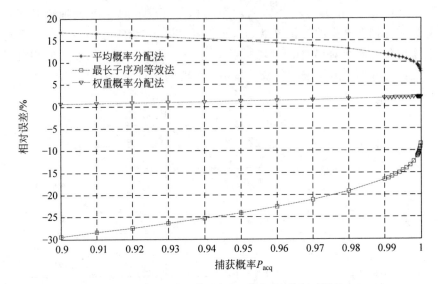

图 4.35   T4B 码三种近似解(积分法)的相对误差

从上述分析可以看出:

(1) 对于三种码,权重概率分配法的精度相对最优,且波动范围较小,尤其是对于 T2B 码和 T4B 码,该方法的相对误差精度控制在 2% 范围内,JPL 码在 −5% 的范围内,精度稍差。

(2) 平均概率分配法和最长子序列等效法的相对误差较大,不过随着捕获概率的增加,相对误差逐渐降低。

图 4.36~图 4.38 是采用信号空间法求解的三种近似方法解与精确解的比较(信噪比 $P_r/N_0 = 30\text{dB-Hz}$)。

从图 4.36 可以看出采用信号空间法求解的 JPL 码捕获时间相对误差随捕获概率的变化规律。当捕获概率从 0.9 增加至 0.9999 时,平均概率分配法的相对误差由约 14% 下降至 −1%,最长子序列等效法的相对误差由约 −24% 上升至 −15%,权重概率分配法的相对误差由约 0 下降至 −6%。

从图 4.37 可以看出采用信号空间法求解的 T2B 码捕获时间相对误差随捕获概率的变化规律。当捕获概率从 0.9 增加至 0.9999 时,平均概率分配法的相对误差由约 24% 下降至 7%,最长子序列等效法的相对误差由约 −16% 上升至 −8%,权重概率分配法的相对误差由约 10% 下降至 2%。

从图 4.38 可以看出采用信号空间法求解的 T4B 码捕获时间相对误差随捕获概率的变化规律。当捕获概率从 0.9 增加至 0.9999 时,平均概率分配法由约 25% 下降至 8%,最长子序列等效法的相对误差由约 −16% 上升

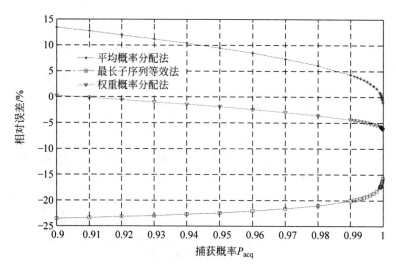

图 4.36 JPL 码三种近似解(信号空间法)的相对误差

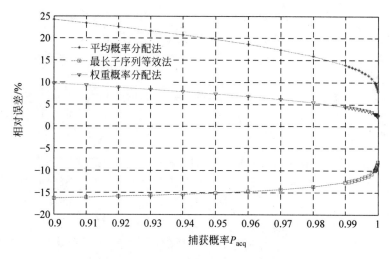

图 4.37 T2B 码三种近似解(信号空间法)的相对误差

至-7%,权重概率分配法的相对误差由约 10% 下降至 3%。

从上述对信号空间法求解的分析可以看出:

(1) 对于三种码,权重概率分配法的精度更优,且波动范围较小。对于 T2B 码和 T4B 码,该方法的相对误差精度控制在 10% 内,JPL 码的误差在 $-6\%\sim0$,精度更优。信号空间法的误差整体大于积分法。

(2) T2B 码和 T4B 码平均概率分配法估计结果的相对误差较大,不过

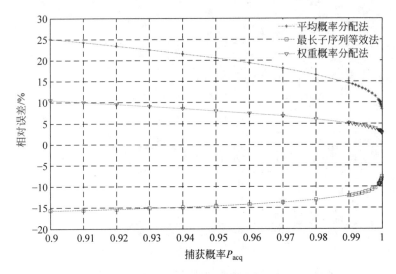

图 4.38　T4B 码三种近似解（信号空间法）的相对误差

随着捕获概率的增加,相对误差逐渐降低。JPL 码的平均概率分配法估计结果较优,尤其是在高捕获概率区,其近似估计结果更优。

（3）最长子序列等效法相对误差较大,不过随着捕获概率的增加,相对误差逐渐降低。

通过上述对比可知,权重概率分配近似估计法对于各个码是综合最优的。具体到求解方法,积分法的误差普遍小于信号空间法,但是信号空间法的计算更加简单。

4）最大值搜索算法与其他算法的比较

上述对捕获概率和捕获时间的分析都是基于伪码捕获采用最大值搜索算法,最大值搜索算法有最佳的捕获特性,但是也存在一个问题：在无有用输入信号,即只有噪声时也会捕获一个最大值,造成错捕。虽然码捕获是在码钟捕获之后进行的,但是还是存在这样的可能性。为了避免错捕,有几种其他捕获方案。

（1）基于捕获确认的几种方法

① 相关值超过固定门限,捕获成功;

② 最大值和最小值之差超过固定门限,捕获成功;

③ 最大值搜索捕获到码相位后,再进行 k 次判决,如果有 n 次成功,则捕获成功。

（2）基于操作层面的方法

在上行载波信号后,再通过指令打开星上测距通道。

下面以固定门限判决算法为例,分析其与最大值搜索算法的性能差异。同样设捕获积分时间为 T,测量信号的 SNR 为 $\dfrac{P_r}{N_0}$,伪码速率为 $R_c = \dfrac{1}{T_c}$,码时钟频率为 $f_{rc} = \dfrac{1}{T_{rc}}$。各序列长度分别为 L_i,各路的捕获概率为 P_i。各路的平行捕获是相互独立的,因此有式(4-104)。

对于各序列,设接收到的信号为 $r(t) = s(t) + n(t)$,其中 $s(t)$ 为伪码信号且 $s(t) = \sqrt{P_r} C(t)$,$n(t)$ 为高斯白噪声,双边功率谱密度为 $\dfrac{N_0}{2}$,本地相关信号为 $C_i(t)$,其相关函数见式(4-105)。在式(4-105)中,$k = 0$,$1, \cdots, L_i - 1$,假设 $k = 0$ 时是码同步位置,其他为非码同步位置,可得到式(4-106)。

在式(4-106)中,c_i 为 $+1/-1$ 的离散序列,ρ_{ik} 为接收序列与本地序列不同相对位置的相关函数值。根据上文分析,$\rho_{i0} \approx \xi_i \dfrac{T}{T_c}$,$\rho_{ik} \approx \Psi_i \dfrac{T}{T_c}$ $(k = 1, 2, \cdots, L_i - 1)$,可得:

$$\begin{cases} R_{i0} = \sqrt{P_r} T_c \rho_{i0} = \sqrt{P_r} T \xi_i \\ R_{ik} = \sqrt{P_r} T_c \rho_{ik} = \sqrt{P_r} T \Psi_i, k = 1, 2, \cdots, L_i - 1 \end{cases} \tag{4-138}$$

采用正交修正后,n_{ik} 是均值为零、方差 σ_n^2 为 $\dfrac{N_0 T}{2}\left(1 + \dfrac{1}{L_i}\right)$ 的高斯白噪声。

根据固定门限判决的捕获判决准则,设门限为 $\sqrt{P_r} T \dfrac{\xi_i + \Psi_i}{2}$,当 $\chi_{i0} > \sqrt{P_r} T \dfrac{\xi_i + \Psi_i}{2}$ 且 $\chi_{ik} < \sqrt{P_r} T \dfrac{\xi_i + \Psi_i}{2}$ 时成功捕获,即 C_i 路的捕获概率为

$$P_i = P\left\{ \chi_{i0} > \sqrt{P_r} T \dfrac{\xi_i + \Psi_i}{2} \text{ 且 } \chi_{ik} < \sqrt{P_r} T \dfrac{\xi_i + \Psi_i}{2} \right\} \tag{4-139}$$

因为有 $R_{i1} = R_{i2} = \cdots = R_{i(L_i-1)}$,且 $C_i(t - kT_c)$ 正交化之后是相互独立的,式(4-139)可变为

$$P_i = P\left\{ R_{i0} + n_{i0} > \sqrt{P_r} T \dfrac{\xi_i + \Psi_i}{2} \right\} P\left\{ R_{i1} + n_{i1} < \sqrt{P_r} T \dfrac{\xi_i + \Psi_i}{2} \right\}^{L_i - 1} \tag{4-140}$$

由于 $R_{i0} + n_{i0}$ 是均值为 $\sqrt{P_r} T \xi_i$、方差为 $\dfrac{N_0 T}{2}\left(1 + \dfrac{1}{L_i}\right)$ 的高斯白噪声且服从正态分布,$R_{i1} + n_{i1}$ 是均值为 $\sqrt{P_r} T \Psi_i$、方差为 $\dfrac{N_0 T}{2}\left(1 + \dfrac{1}{L_i}\right)$ 的高斯白噪

声且服从正态分布,因此可得:

$$P\left\{R_{i0}+n_{i0}>\sqrt{P_r}\,T\,\frac{\xi_i+\Psi_i}{2}\right\}=\frac{1}{2}\mathrm{erfc}\left[\frac{\sqrt{P_r}\,T\,\dfrac{\xi_i+\Psi_i}{2}-\sqrt{P_r}\,T\xi_i}{\sqrt{\dfrac{N_0T}{2}\left(1+\dfrac{1}{L_i}\right)}\,\sqrt{2}}\right]$$

$$=\frac{1}{2}\mathrm{erfc}\left[-\frac{\sqrt{P_r}\,T\,\dfrac{\xi_i-\Psi_i}{2}}{\sqrt{N_0T\left(1+\dfrac{1}{L_i}\right)}}\right]$$

$$=1-\frac{1}{2}\mathrm{erfc}\left(\frac{\xi_i-\Psi_i}{2}\sqrt{\frac{P_r}{N_0}}\sqrt{T\frac{L_i}{L_i+1}}\right) \tag{4-141}$$

同样地,

$$P\left\{R_{i1}+n_{i1}<\sqrt{P_r}\,T\,\frac{\xi_i+\Psi_i}{2}\right\}=1-\frac{1}{2}\mathrm{erfc}\left[\frac{\sqrt{P_r}\,T\,\dfrac{\xi_i+\Psi_i}{2}-\sqrt{P_r}\,T\Psi_i}{\sqrt{\dfrac{N_0T}{2}\left(1+\dfrac{1}{L_i}\right)}\,\sqrt{2}}\right]$$

$$=1-\frac{1}{2}\mathrm{erfc}\left(\frac{\xi_i-\Psi_i}{2}\sqrt{\frac{P_r}{N_0}}\sqrt{T\frac{L_i}{L_i+1}}\right) \tag{4-142}$$

推导得:

$$P_i(x)=\left[1-\frac{1}{2}\mathrm{erfc}\left(\frac{\xi_i-\Psi_i}{2}\sqrt{\frac{P_r}{N_0}}\sqrt{T\frac{L_i}{L_i+1}}\right)\right]^{L_i} \tag{4-143}$$

代入捕获概率的公式可得:

$$P_{\mathrm{acq}}=\prod_{i=1}^{6}P_i$$

$$=\prod_{i=1}^{i\leqslant 6}\left[1-\frac{1}{2}\mathrm{erfc}\left(\frac{\xi_i-\Psi_i}{2}\sqrt{\frac{P_r}{N_0}}\sqrt{T\frac{L_i}{L_i+1}}\right)\right]^{L_i} \tag{4-144}$$

从式(4-144)可以看出,捕获概率 P_{acq} 是相关时间 T 的函数,假设需要的捕获概率为 99.9%,那么解式(4-114)可求出所需的积分时间。

假设捕获概率为 $P_{\mathrm{acq}}=0.999$,用 MATLAB 数值方法求解不同信噪比下固定门限判决的捕获时间,并与最大值搜索算法进行比较,如图 4.39~图 4.41 所示。

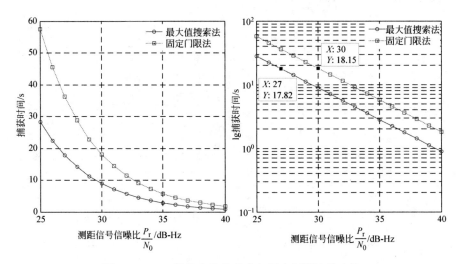

图 4.39 JPL 码最大值搜索法与固定门限法的比较

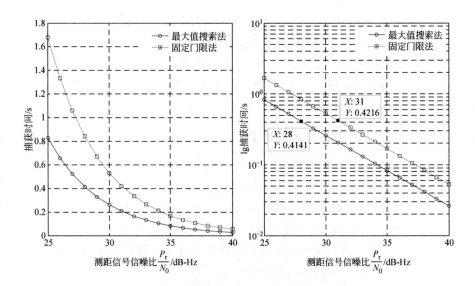

图 4.40 T2B 码最大值搜索法与固定门限法的比较

从图 4.39～图 4.41 可以看出,固定门限判决比最大值搜索损失约 3dB,从信号空间图(图 4.29)中可以分析原因。

在最大值搜索算法中,$d_1 = \sqrt{2\xi(\xi - \Psi)}$,而在固定门限搜索中,$d_2 = \xi - \Psi$,则 $\left(\dfrac{d_1}{d_2}\right)^2 = \dfrac{2\xi}{\xi - \Psi} = \dfrac{2}{1 - \Psi/\xi}$。在上述各种码中,除测距时钟子序列

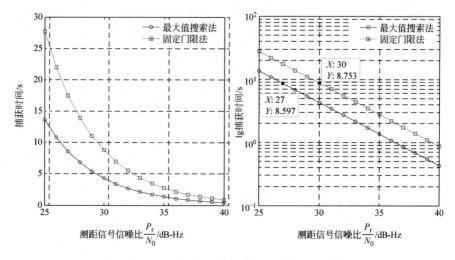

图 4.41　T4B 码最大值搜索法与固定门限法比较

外,其他子序列的 Ψ/ξ 都非常小,而测距码钟子序列对捕获时间的贡献可以忽略不计,因此固定门限判决损失约 3dB。

另外,在前面的计算中假设不考虑量化损失,而在实际操作中是需要量化的,不同的量化位数会带来不同的损失,量化位数越高,损失越小,但是复杂度越高,1bit 量化约带来 2dB 损失,而 3bit 量化约带来 0.3dB 损失。

4.2.3　再生伪码测距测量性能分析

Bepicolombo 上的码跟踪环(CTL)采用两路来实现,如图 4.15 所示。一路采用同相积分器,用于恢复双极性的伪码序列,从而实现序列捕获;另一路采用中相积分器(积分清零积分器),用于相位误差检测。滤波后的环路误差与码速率之和用于控制 NCO 频率,其中码速率是名义码速率与码多普勒的和,码多普勒由载波跟踪误差乘以码速率和载波频率的系数求得,这是因为码速率是与载波频率相干的。

1. 矩形波形的测量性能

4.2.1 节的分析推导是基于矩形波形信号进行的,由式(4-71)可知:

$$\sigma_\varepsilon^2 = \frac{B_L}{16 f_{rc}^2 P_r/N_0} \tag{4-145}$$

由于在环路滤波之后只采用了测距时钟分量,因此可得时间误差为

$$\sigma_\varepsilon = \frac{1}{4 f_{rc}} \sqrt{\frac{B_L}{P_{rc}/N_0}} = \frac{1}{4 \xi_1 f_{rc}} \sqrt{\frac{B_L}{P_r/N_0}} \tag{4-146}$$

其中,ξ_1 是码钟子序列与 PN 序列归一化的相关值。由式(4-146)可推导得跟踪码相位误差为

$$\sigma_\phi = \frac{1}{4\xi_1 f_{rc} T_c} \sqrt{\frac{B_L}{P_r/N_0}} = \frac{1}{2\xi_1} \sqrt{\frac{B_L}{P_r/N_0}} \tag{4-147}$$

从式(4-147)可以看出,相位跟踪误差只与码钟分量信噪比和环路带宽有关,信噪比越高,环路带宽越小,误差越小,其与伪码速率无关。换算为双程距离测量误差为

$$\sigma_r = \frac{c}{8\xi_1 f_{rc}} \sqrt{\frac{B_L}{P_r/N_0}} \tag{4-148}$$

从式(4-148)可以看出,测距误差除与码钟分量信噪比及环路带宽有关外,还与伪码速率有关,可以理解为在相位误差一定的情况下,伪码速率越高,一个码片对应的距离越短,测距误差越小。

当 $B_L = 1\text{Hz}$,$P_r/N_0 = 30\text{dB-Hz}$,$R_c = 3\text{Mchip/s}$ 时,可得相位跟踪误差和距离误差,见表 4.12。

表 4.12 矩形波形相位跟踪误差和距离误差

码型	相位跟踪误差 σ_ϕ/chip	距离测量误差 σ_r/m
JPL	0.0166	0.83
T2	0.0256	1.28
T2B	0.0252	1.26
T4	0.0169	0.85
T4B	0.0168	0.84

2. 正弦波形的测量性能

把 PN 码序列近似看作正弦波序列,因为它并不是严格双极性交替的,正交支路的输入信号为

$$r(i) = r(it_s) = A \sum_k c_k \sin\left[\frac{p(it_s - kT - \tau)}{T}\pi\right] + N_i \tag{4-149}$$

其中,t_s 为采样时间;T 为码片周期;A 为码片幅度;τ 为需要检测的随机时标;N_i 为噪声采样值,均值为 0、方差为 $\frac{N_0}{2t_s}$;c_k 是第 k 个码片的极性或者符号,且

$$p(t)=\begin{cases}1, & 0\leqslant t\leqslant T\\0, & \text{其他}\end{cases} \tag{4-150}$$

同样假设环路检测得到的时标为 $\hat{\tau}$，则环路的时间误差为 $\varepsilon=\tau-\hat{\tau}$。

积分清零累加器的输出为

$$Q_k=A\sum_i\left(c_{k-1}\sin\left\{\frac{p\left[it_s-(k-1)T-\tau\right]}{T}\pi\right\}+\right.$$

$$\left.c_k\sin\left[\frac{p(it_s-kT-\tau)}{T}\pi\right]\right)+N_i \tag{4-151}$$

其中，$i\in\left\{i:\left(k-\dfrac{1}{2}\right)T+\hat{\tau}\leqslant it_s\leqslant\left(k+\dfrac{1}{2}\right)T+\hat{\tau}\right\}$。按照上文中假设将 PN 码序列看作方波序列，当 $c_{k-1}\neq c_k$ 时，由于序列为双相序列，可得 $c_{k-1}=-c_k$，可求得其输出值为

$$E(Q_k)=\sqrt{2}A\sum_i\left(c_{k-1}\sin\left\{\frac{p\left[it_s-(k-1)T-\tau\right]}{T}\pi\right\}+c_k\sin\left[\frac{p(it_s-kT-\tau)}{T}\pi\right]\right)$$

$$=\sqrt{2}A\sum_{\left(k-\frac{1}{2}\right)\tau+\hat{\tau}<it<kT+\tau}c_{k-1}\sin\left\{\frac{p\left[it_s-(k-1)T-\tau\right]}{T}\pi\right\}+$$

$$\sqrt{2}A\sum_{kT+\tau<it<\left(k+\frac{1}{2}\right)T+\hat{\tau}}c_k\sin\left[\frac{p(it_s-kT-\tau)}{T}\pi\right]$$

$$\overset{t_s\to 0}{\approx}\sqrt{2}Ac_{k-1}\left(-\frac{T}{t_s\pi}\cos\left\{\frac{p\left[it_s-(k-1)T-\tau\right]}{T}\pi\right\}\Bigg|_{\left(k-\frac{1}{2}\right)T+\hat{\tau}}^{kT+\tau}\right)+$$

$$\sqrt{2}Ac_k\left\{-\frac{T}{t_s\pi}\cos\left[\frac{p(it_s-kT-\tau)}{T}\pi\right]\Bigg|_{kT+\tau}^{\left(k+\frac{1}{2}\right)T+\hat{\tau}}\right\}$$

$$=\sqrt{2}Ac_{k-1}\left(-\frac{T}{t_s\pi}\left\{-1-\cos\left[\frac{\pi}{2}-\frac{\pi(\tau-\hat{\tau})}{T}\right]\right\}\right)+$$

$$\sqrt{2}Ac_k\left(-\frac{T}{t_s\pi}\left\{\cos\left[\frac{\pi}{2}-\frac{\pi(\tau-\hat{\tau})}{T}\right]-1\right\}\right)$$

$$\overset{c_{k-1}=-c_k}{=\!=\!=}2\sqrt{2}Ac_{k-1}\frac{T}{t_s\pi}\cos\left[\frac{\pi}{2}-\frac{\pi(\tau-\hat{\tau})}{T}\right]$$

$$=2\sqrt{2}Ac_{k-1}\frac{T}{t_s\pi}\sin\frac{\pi\varepsilon}{T} \tag{4-152}$$

当 $\varepsilon\ll T$ 时，积分完成后需要乘以 $s(s=\pm1)$，以提供正确的误差控制

信号。与 4.1 节相同，$s = c_{k-1}$，则：

$$E(Q_k) = 2\sqrt{2}A c_{k-1}^2 \frac{T}{t_s \pi} \sin \frac{\pi \varepsilon}{T} \approx 2\sqrt{2}A \frac{\varepsilon}{t_s} \qquad (4\text{-}153)$$

同样，可得 S 曲线为

$$S(\varepsilon) = 2\sqrt{2}AL \frac{\varepsilon}{t_s} \qquad (4\text{-}154)$$

检测环路增益为

$$K_\varepsilon \mid_{\varepsilon \to 0} = \frac{\partial S(\varepsilon)}{\partial \varepsilon} = \frac{2\sqrt{2}AL}{t_s} \qquad (4\text{-}155)$$

环路噪声的功率谱密度为

$$\frac{S_N}{2} = L T \sigma_N^2 = \frac{L^2 T^2 N_0}{2 t_s^2} \qquad (4\text{-}156)$$

根据线性理论，环路误差可表示为

$$\eta = K_\varepsilon \cdot \varepsilon + N \qquad (4\text{-}157)$$

设环路带宽为 B_L，可推得：

$$\sigma_\varepsilon^2 = \frac{\dfrac{S_N}{2} \cdot 2B_L}{K_\varepsilon^2} = \frac{N_0 T^2 B_L}{8A^2} \qquad (4\text{-}158)$$

其中，$A^2 = P_r$，$T = \dfrac{1}{2f_{rc}}$，代入式（4-158）得：

$$\sigma_\varepsilon^2 = \frac{B_L}{32 f_{rc}^2 P_r / N_0} \qquad (4\text{-}159)$$

由于在环路滤波之后只采用了测距时钟分量，因此可得时间误差为

$$\sigma_\varepsilon = \frac{1}{4\sqrt{2} f_{rc}} \sqrt{\frac{B_L}{P_{rc}/N_0}} = \frac{1}{4\sqrt{2} \xi_1 f_{rc}} \sqrt{\frac{B_L}{P_r/N_0}} \qquad (4\text{-}160)$$

由式（4-160）可推导得跟踪码相位误差为

$$\sigma_\phi = \frac{1}{4\sqrt{2} \xi_1 f_{rc} T_c} \sqrt{\frac{B_L}{P_r/N_0}} = \frac{1}{2\sqrt{2} \xi_1} \sqrt{\frac{B_L}{P_r/N_0}} \qquad (4\text{-}161)$$

双程距离测量误差为

$$\sigma_r = \frac{c}{8\sqrt{2} \xi_1 f_{rc}} \sqrt{\frac{B_L}{P_r/N_0}} \qquad (4\text{-}162)$$

当 $B_L = 1\text{Hz}$，$P_r/N_0 = 30\text{dB-Hz}$，$R_c = 3\text{Mchip/s}$ 时，可得相位跟踪误差和距离误差，见表 4.13。

表 4.13 正弦波形相位跟踪误差与距离误差

码型	相位跟踪误差 σ_ϕ/chip	距离测量误差 σ_r/m
JPL	0.0117	0.59
T2	0.0181	0.91
T2B	0.0178	0.89
T4	0.0120	0.60
T4B	0.0119	0.59

与矩形波相比,正弦波的跟踪误差是其的 $\dfrac{1}{\sqrt{2}}$,性能更优,相当于约 1.5dB 的增益。

3. 测量性能的 DTTL 环路分析

一个更加完整的 DTTL 环路如图 4.42 所示,与矩形波相比,区别在于近似分析中,Q 支路的输出乘以 ± 1,是一个常数值。而在实际系统中,Q 支路的输出是与 I 支路输出的转换检测信号相乘。

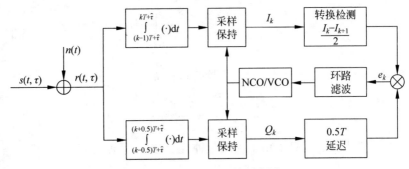

图 4.42 DTTL 环路示意图

环路的输入信号为

$$r(t) = s(t) + n(t) = A \sum_k c_k p(t - kT - \tau) + n(t) \qquad (4\text{-}163)$$

假设 I 支路积分长度为 K_1 个码片长度,I 支路的输出为

$$I_k = K_1 \int_{(k-1)T+\hat{\tau}}^{kT+\hat{\tau}} r(t)\,\mathrm{d}t + K_1 \int_{(k-1)T+\hat{\tau}}^{kT+\hat{\tau}} n(t)\,\mathrm{d}t = a_k + n_{Ik} \qquad (4\text{-}164)$$

假设 Q 支路积分长度为 K_2 个码片长度,Q 支路的输出为

$$Q_k = K_2 \int_{(k-0.5)T+\hat{\tau}}^{(k+0.5)T+\hat{\tau}} r(t)\,\mathrm{d}t + K_2 \int_{(k-0.5)T+\hat{\tau}}^{(k+0.5)T+\hat{\tau}} n(t)\,\mathrm{d}t = b_k + n_{Qk} \qquad (4\text{-}165)$$

由于实际需要检测的序列中并不完全是 $c_{k-1} = -c_k$，转换检测输出信号为 $\dfrac{I_k - I_{k-1}}{2}$。设 $\varepsilon = \tau - \hat{\tau}$，其中 $-\dfrac{T}{2} < \varepsilon < \dfrac{T}{2}$，此处假设 $0 < \varepsilon < \dfrac{T}{2}$，由于小于 0 的情况与大于 0 是相同的，设 $\lambda = \dfrac{\varepsilon}{T}$，可得：

$$a_k = K_1 A [c_{k-2}\varepsilon + c_{k-1}(T-\varepsilon)] = K_1 AT [c_{k-2}\lambda + c_{k-1}(1-\lambda)]$$

$$b_k = K_2 A \left[c_{k-1}\left(\frac{T}{2}+\varepsilon\right) + c_k\left(\frac{T}{2}-\varepsilon\right) \right]$$

$$= K_2 AT \left[c_{k-1}\left(\frac{1}{2}+\lambda\right) + c_k\left(\frac{1}{2}-\lambda\right) \right] \tag{4-166}$$

另外设

$$\begin{cases} n_{I,k} = N_{1,k} + M_{1,k} \\ n_{Q,k} = N_{2,k+1} + M_{2,k} \end{cases} \tag{4-167}$$

其中，

$$\begin{cases} N_{1,k} = K_1 \displaystyle\int_{(k-1)T+\hat{\tau}}^{(k-0.5)T+\hat{\tau}} n(t)\,\mathrm{d}t \\[2mm] M_{1,k} = K_1 \displaystyle\int_{(k-0.5)T+\hat{\tau}}^{kT+\hat{\tau}} n(t)\,\mathrm{d}t \\[2mm] N_{2,k} = K_2 \displaystyle\int_{(k-1)T+\hat{\tau}}^{(k-0.5)T+\hat{\tau}} n(t)\,\mathrm{d}t \\[2mm] M_{2,k} = K_2 \displaystyle\int_{(k-0.5)T+\hat{\tau}}^{kT+\hat{\tau}} n(t)\,\mathrm{d}t \end{cases} \tag{4-168}$$

以上 4 个噪声，除 $N_{1,k}$ 与 $N_{2,k}$，$M_{1,k}$ 与 $M_{2,k}$ 在 $k=n$ 是不相互独立的以外，其他两两之间相互独立。

$$\begin{cases} \sigma_{N_{1,k}}^2 = \sigma_{M_{1,k}}^2 = \dfrac{K_1^2 T N_0}{4} \\[2mm] \sigma_{N_{2,k}}^2 = \sigma_{M_{2,k}}^2 = \dfrac{K_2^2 T N_0}{4} \end{cases} \tag{4-169}$$

可以推导出控制误差信号的表达式为

$$e_k = \frac{I_k - I_{k+1}}{2} Q_k$$

$$= \frac{(a_k + n_{1,k}) - (a_{k+1} + n_{1,k+1})}{2}(b_k + n_{Qk})$$

$$= \frac{(a_k + N_{1,k} + M_{1,k}) - (a_{k+1} + N_{1,k+1} + M_{1,k+1})}{2}(b_k + N_{2,k+1} + M_{2k})$$

(4-170)

误差控制信号的期望为

$$E(e_k) = E\left[\frac{(a_k + N_{1,k} + M_{1,k}) - (a_{k+1} + N_{1,k+1} + M_{1,k+1})}{2} \times \right.$$

$$\left. (b_k + N_{2,k+1} + M_{2,k})\right]$$

$$= E\left(\frac{a_k - a_{k+1}}{2}b_k\right) + E(M_{1,k}M_{2,k}) - E(N_{1,k+1}N_{2,k+1})$$

$$= E\left(\frac{a_k - a_{k+1}}{2}b_k\right)$$

$$= K_1K_2A^2T^2\left[\frac{3}{4}\lambda - \frac{3}{2}\lambda^2 + E(c_{k-1}c_k)\left(-\frac{5}{4}\lambda + \frac{3}{2}\lambda^2\right) + \right.$$

$$\left. E(c_{k-2}c_{k-1})\left(\frac{1}{4}\lambda + \frac{1}{2}\lambda^2\right) + E(c_{k-2}c_k)\left(\frac{1}{4}\lambda - \frac{1}{2}\lambda^2\right)\right]$$

$$= K_1K_2A^2T^2\left[\frac{3}{4}\lambda - \frac{3}{2}\lambda^2 + E(c_{k-1}c_k)(-\lambda + 2\lambda^2) + \right.$$

$$\left. E(c_{k-2}c_k)\left(\frac{1}{4}\lambda - \frac{1}{2}\lambda^2\right)\right]$$

(4-171)

对于不同的序列,$E(c_{k-1}c_k)$ 和 $E(c_{k-2}c_k)$ 的值不同。对于完全随机序列,这两个值为零;对于不同的托斯沃斯码,它的值不为零,也不相同。由式(4-171)可得 S 曲线:

$$S(\lambda) = K_1K_2A^2T^2\left[\frac{3}{4}\lambda - \frac{3}{2}\lambda^2 + E(c_{k-1}c_k)(-\lambda + 2\lambda^2) + \right.$$

$$\left. E(c_{k-2}c_k)\left(\frac{1}{4}\lambda - \frac{1}{2}\lambda^2\right)\right]$$

(4-172)

当 $\lambda \to 0$ 时,求导得到环路增益为

$$K_\lambda \mid_{\lambda \to 0} = \frac{\partial S(\lambda)}{\partial \lambda}\bigg|_{\lambda \to 0} = K_1K_2A^2T^2\left[\frac{3}{4} - R_c(1) + \frac{1}{4}R_c(2)\right]$$

(4-173)

环路噪声密度为

$$\frac{S_N}{2} = \int_{-\infty}^{+\infty}R_n(t)\mathrm{d}t = T\sum_{m=-\infty}^{+\infty}R_n(m) = T\left[R_n(0) + 2\sum_{m=1}^{+\infty}R_n(m)\right]\bigg|_{\lambda \to 0}$$

(4-174)

其中，$R_n(0) = E(e_k^2 |_{\lambda=0})$，$R_n(m) = E(e_k e_{k+m} |_{\lambda=0,m \geqslant 1})$，

$$E(e_k^2 |_{\lambda=0}) = E\left\{ \left[\frac{(a_k + N_{1,k} + M_{1,k}) - (a_{k+1} + N_{1,k+1} + M_{1,k+1})}{2} \right]^2 \times \right.$$

$$\left. (b_k + N_{2,k+1} + M_{2k})^2 \right\}$$

$$= \frac{1}{4} \left\{ E[(a_k - a_{k+1})^2 b_k^2] + E[(a_k - a_{k+1})^2 (N_{2,k+1} + M_{2,k})^2] + \right.$$

$$E[b_k^2 (N_{1,k} + M_{1,k} - N_{1,k+1} - M_{1,k+1})^2] +$$

$$\left. E[(N_{1,k} + M_{1,k} - N_{1,k+1} - M_{1,k+1})^2 (N_{2,k+1} + M_{2,k})^2] \right\} \Big|_{\lambda=0}$$

$$= \frac{1}{4} \left\{ 0 + K_1^2 K_2^2 A^2 T^3 N_0 [1 - E(c_{k-1} c_k)] + \right.$$

$$\left. \frac{1}{2} K_1^2 K_2^2 A^2 T^3 N_0 [1 + E(c_{k-1} c_k)] + \frac{1}{2} K_1^2 K_2^2 T^2 N_0^2 \right\}$$

$$= \frac{1}{4} \left\{ K_1^2 K_2^2 A^2 T^3 N_0 \left[\frac{3}{2} - \frac{1}{2} E(c_{k-1} c_k) \right] + \frac{1}{2} K_1^2 K_2^2 T^2 N_0^2 \right\}$$

$$= \frac{1}{8} K_1^2 K_2^2 T^2 N_0 \{ A^2 T[3 - R_c(1)] + N_0 \} \qquad (4\text{-}175)$$

$$E(e_k e_{k+m} |_{\lambda=0,m \geqslant 1})$$

$$= E\left\{ \left[\frac{(a_k + N_{1,k} + M_{1,k}) - (a_{k+1} + N_{1,k+1} + M_{1,k+1})}{2} \right] (b_k + N_{2,k+1} + M_{2,k}) \times \right.$$

$$\left[\frac{(a_{k+m} + N_{1,k+m} + M_{1,k+m}) - (a_{k+m+1} + N_{1,k+m+1} + M_{1,k+m+1})}{2} \right] \times$$

$$\left. (b_{k+m} + N_{2,k+m+1} + M_{2,k+m}) \right\}$$

$$= \frac{1}{4} \left[(a_k - a_{k+1}) b_{k+m} N_{1,k+m} N_{2,k+1} - (a_{k+m} - a_{k+m+1}) b_k M_{1,k+1} M_{2,k+m} - \right.$$

$$\left. b_k b_{k+m} (N_{1,k+1} N_{1,k+m} + M_{1,k+1} M_{1,k+m}) - N_{1,k+m} N_{2,k+1} M_{1,k+1} M_{2,k+m} \right] \Big|_{\lambda=0}$$

$$(4\text{-}176)$$

由式(4-176)可得 $R_n(m) = E(e_k e_{k+m} |_{\lambda=0}) = 0 (m > 1)$，即

$$E(e_k e_{k+1} |_{\lambda=0}) = \frac{1}{4} \left[(a_k - a_{k+1}) b_{k+1} N_{1,k+1} N_{2,k+1} - \right.$$

$$(a_{k+1} - a_{k+2}) b_k M_{1,k+1} M_{2,k+1} -$$

$$b_k b_{k+1} (N_{1,k+1} N_{1,k+1} + M_{1,k+1} M_{1,k+1}) -$$

$$\left. N_{1,k+1} N_{2,k+1} M_{1,k+1} M_{2,k+1} \right] |_{\lambda=0}$$

$$
\begin{aligned}
= & \frac{1}{4}\left\{\frac{1}{8}K_1^2 K_2^2 A^2 T^3 N_0 [R_c(2) - R_c(0)] - \frac{1}{8}K_1^2 K_2^2 A^2 T^3 N_0 [R_c(0) - R_c(2)] - \right. \\
& \left. \frac{1}{8}K_1^2 K_2^2 A^2 T^3 N_0 [2R_c(1) + R_c(0) + R_c(2)] - \frac{1}{16}K_1^2 K_2^2 T^2 N_0^2 \right\} \\
= & \frac{1}{32}K_1^2 K_2^2 T^2 N_0 \left\{A^2 T[-3R_c(0) - 2R_c(1) + R_c(2)] - \frac{1}{2}N_0 \right\}
\end{aligned}
$$

$$(4\text{-}177)$$

代入得：

$$
\begin{aligned}
\frac{S_N}{2} &= T\left[R_n(0) + \sum_{m=1}^{+\infty} R_n(m)\right]\Big|_{\lambda=0} \\
&= T[R_n(0) + 2R_n(1)]\big|_{\lambda=0} \\
&= \frac{1}{8}K_1^2 K_2^2 T^3 N_0 \{A^2 T[3 - R_c(1)] + N_0\} + \\
&\quad \frac{1}{16}K_1^2 K_2^2 T^3 N_0 \left\{A^2 T[-3R_c(0) - 2R_c(1) + R_c(2)] - \frac{1}{2}N_0\right\} \\
&= \frac{1}{16}K_1^2 K_2^2 T^3 N_0 \left\{A^2 T[6 - 5R_c(1) + R_c(2)] + \frac{3}{2}N_0\right\}
\end{aligned}
$$

$$(4\text{-}178)$$

若不利用已知的再生测距伪码的先验信息,根据线性理论,环路误差可
表示为

$$\eta = K_\varepsilon \cdot \varepsilon + N \qquad (4\text{-}179)$$

已知 $K_\lambda|_{\lambda\to 0} = \dfrac{\partial S(\lambda)}{\partial \lambda}\Big|_{\lambda\to 0} = K_1 K_2 A^2 T^2 \left[\dfrac{3}{4} - R_c(1) + \dfrac{1}{4}R_c(2)\right]$,设

环路带宽为 B_L,可推导得：

$$
\begin{aligned}
\sigma_{\text{DTTL}}^2 &= \frac{\dfrac{S_N}{2} \cdot 2B_L}{K_\varepsilon^2} = \frac{\dfrac{1}{8}K_1^2 K_2^2 T^3 N_0 \left\{A^2 T[6 - 5R_c(1) + R_c(2)] + \dfrac{3}{2}N_0\right\} B_L}{K_1^2 K_2^2 A^4 T^4 \left[\dfrac{3}{4} - R_c(1) + \dfrac{1}{4}R_c(2)\right]^2} \\
&= \frac{N_0 \left\{A^2 T[6 - 5R_c(1) + R_c(2)] + \dfrac{3}{2}N_0\right\} B_L}{8A^4 T\left[\dfrac{3}{4} - R_c(1) + \dfrac{1}{4}R_c(2)\right]^2} \\
&= \frac{1}{8\left[\dfrac{3}{4} - R_c(1) + \dfrac{1}{4}R_c(2)\right]^2} \frac{B_L}{A^2/N_0} \times
\end{aligned}
$$

$$\left\{\left[6-5R_c(1)+R_c(2)\right]+\frac{3}{2}\frac{1}{A^2T/N_0}\right\} \tag{4-180}$$

其中，$A^2=P_r$，代入得：

$$\sigma_{\text{DTTL}}^2=\frac{1}{8\left[\dfrac{3}{4}-R_c(1)+\dfrac{1}{4}R_c(2)\right]^2}\times$$

$$\frac{B_L}{P_r/N_0}\left\{\left[6-5R_c(1)+R_c(2)\right]+\frac{3}{2}\frac{1}{P_rT/N_0}\right\} \tag{4-181}$$

将 $B_L=1\text{Hz}$，$P_r/N_0=30\text{dB-Hz}$，$R_c=3\text{Mchip/s}$ 代入，并考虑时钟信号的相关性，$R_c(1)=-1$，$R_c(2)=1$，则

$$\sigma_{\text{DTTL}}^2=\frac{1}{32}\frac{B_L}{P_r/N_0}\left(12+\frac{3}{2}\frac{1}{P_rT/N_0}\right)=0.141 \tag{4-182}$$

相位误差为

$$\sigma_\phi=\sigma_{\text{DTLL}}=0.375 \tag{4-183}$$

测量误差为

$$\sigma_r=\frac{\sigma_\phi c}{2R_c}=18.8 \tag{4-184}$$

可以看出，如果不利用再生测距伪码的先验信息，测量误差会非常大。若已知先验信息，则 $I_k=a_k$，$n_{1k}=N_{1k}+M_{1k}=0$。

将上述结果重新代入计算，得：

$$\frac{S_N}{2}=T\left[R_n(0)+2\sum_{m=1}^{+\infty}R_n(m)\right]\Bigg|_{\lambda=0}$$

$$=\frac{1}{4}K_1^2K_2^2T^3N_0A^2T[1-R_c(1)] \tag{4-185}$$

已知 $K_\lambda|_{\lambda\to0}=\dfrac{\partial S(\lambda)}{\partial\lambda}\Big|_{\lambda\to0}=K_1K_2A^2T^2\left[\dfrac{3}{4}-R_c(1)+\dfrac{1}{4}R_c(2)\right]$，利用已知再生测距伪码的先验信息，根据线性理论，环路误差可表示为式(4-179)。

设环路带宽为 B_L，可推导得：

$$\sigma_{\text{DTTL}}^2=\frac{\dfrac{S_N}{2}\cdot2B_L}{K_\varepsilon^2}$$

$$=\frac{\dfrac{1}{2}K_1^2K_2^2T^3N_0A^2T[1-R_c(1)]B_L}{K_1^2K_2^2A^4T^4\left[\dfrac{3}{4}-R_c(1)+\dfrac{1}{4}R_c(2)\right]^2}$$

$$= \frac{1-R_c(1)}{2\left[\frac{3}{4}-R_c(1)+\frac{1}{4}R_c(2)\right]^2}\frac{B_L}{A^2/N_0} \tag{4-186}$$

其中,$A^2=P_r$,代入得:

$$\sigma_{\text{DTTL}}^2 = \frac{1-R_c(1)}{2\left[\frac{3}{4}-R_c(1)+\frac{1}{4}R_c(2)\right]^2}\frac{B_L}{P_r/N_0} \tag{4-187}$$

考虑时钟信号的相关性(不考虑托斯沃斯码修正),$R_c(1)=-1$,$R_c(2)=1$,则:

$$\sigma_{\text{DTTL}}^2 = \frac{1}{4}\frac{B_L}{P_r/N_0} \tag{4-188}$$

相位误差为

$$\sigma_\phi = \sigma_{\text{DTTL}} = \frac{1}{2}\sqrt{\frac{B_L}{P_r/N_0}} \tag{4-189}$$

未修正情况与 CCSDS 建议中的结果一致,需要对实际 PN 码进行修正。CCSDS 采用 PN 码与码钟序列的相关系数进行修正,这里直接求得 $R_c(1)$ 和 $R_c(2)$ 的值进行修正,更加精确。PN 序列中相邻元素极性不同的概率称为"转换率"。可求得:

$$\begin{cases} R_c(1) = E(c_k c_{k-1}) = -\rho + 1 - \rho = 1 - 2\rho \\ R_c(2) = E(c_k c_{k-2}) = \rho^2 + (1-\rho)^2 - 2\rho(1-\rho) = (1-2\rho)^2 \end{cases} \tag{4-190}$$

代入求得各 PN 码的转换率,见表 4.14。

表 4.14　各 PN 码的转换率

码型	转换率 ρ	$R_c(1)$	$R_c(2)$
JPL	0.9544	-0.9088	0.8259
T2	0.6996	-0.3992	0.1594
T2B	0.7109	-0.4218	0.1779
T4	0.9465	-0.8930	0.7974
T4B	0.9415	-0.8830	0.7797

将上述结果和 $B_L=1\text{Hz}$,$P_r/N_0=30\text{dB-Hz}$,$R_c=3\text{Mchip/s}$ 代入相位误差计算公式(4-187)可得相位误差为

$$\sigma_\phi = \sigma_{\text{DTTL}} = \sqrt{\frac{1-R_c(1)}{2\left[\frac{3}{4}-R_c(1)+\frac{1}{4}R_c(2)\right]^2}\frac{B_L}{P_r/N_0}} \tag{4-191}$$

因而得测量误差为

$$\sigma_r = \frac{c}{2R_c}\sigma_\phi = \frac{c}{2R_c}\sqrt{\frac{1-R_c(1)}{2\left[\frac{3}{4}-R_c(1)+\frac{1}{4}R_c(2)\right]^2}\frac{B_L}{P_r/N_0}} \quad (4\text{-}192)$$

各 PN 码的相位跟踪误差和距离误差见表 4.15。

表 4.15　各 PN 码的相位跟踪误差和距离误差

码型	相位跟踪误差 σ_ϕ/chip	距离测量误差 σ_r/m
JPL	0.0166	0.83
T2	0.0222	1.11
T2B	0.0219	1.10
T4	0.0167	0.84
T4B	0.0168	0.84

4.3　干涉测量性能分析与处理

4.3.1　互模糊函数相关处理算法的性能分析

目前在我国历次月球探测任务中,对探测器下行信号进行 TDOA 测量的信号相关处理算法仍然采用与自然射电源信号相关处理算法类似的算法[8],并且信号多普勒动态的补偿依赖于航天器先验运动模型[10]。根据上文 TDOA 测量信号模型的分析,自然射电源发出的信号具有宽平稳特性,且其信号结构未知。因此,通过站间信号的互相关运算求取互模糊函数极大值是对自然射电源 TDOA 参数的极大似然估计。但航天器作为合作目标,其信号结构已知,是确定性信号。根据 2.3.3 节对 TDOA 信号模型的回顾,采用基于计算互模糊函数的 TDOA 估计方法不是航天器 TDOA 的最优估计方法。本节首先进一步分析了采用计算互模糊函数估计航天器 TDOA 参数的性能损失。

互模糊函数相关处理算法的框图如图 4.43 所示。在图 4.43 中,r_A 和 r_B 分别是地面测站 A,B 接收到的航天器原始电压信号,S_x 是互模糊函数的傅里叶变化——互相关功率谱。由于航天器发射多个正弦信号用于 TDOA 测量,在实际的信号处理中对航天器各个正弦信号分别按照如图 4.43 所示的处理流程进行处理,再进行后续的带宽综合运算计算群时延。从图 4.43 可以看出,用于获取航天器 TDOA 参数的互模糊函数相关处理算法具有两个显著特征:

（1）需要航天器的运动模型作为先验信息，分别导出航天器信号到达各个测站的时延和多普勒模型，对信号动态进行补偿，先验模型的精度对相关处理的性能具有重要影响；

（2）航天器 TDOA 参数包含在互相关功率谱中，为得到互相关功率谱，需要对原始信号进行互相关乘积运算，不可避免地带来了噪声相乘引起的平方损失。

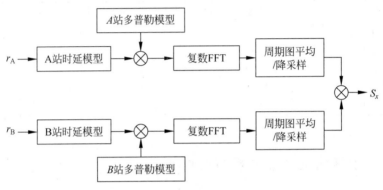

图 4.43　互模糊函数相关处理算法框图

因此，互模糊函数相关处理算法在处理航天器信号获取航天器 TDOA 参数时，具有三方面的局限性：①噪声平方损失；②先验模型补偿后残余动态的影响；③未考虑航天器功率的分配特性。文献[10]给出了用于处理航天器信号的互模糊函数相关处理算法的典型处理参数：复采样速率为 4MHz，互相关运算的处理带宽为 4kHz。下面基于上述处理参数依次对各方面的局限性进行量化分析。

1. 噪声平方损失

关于平方损失的计算，不同的文献给出了不同的计算结果[11-12]。其中 Parkinson 等人在分析 GPS 接收机 Costas 环路时给出了关于原始采样点 I，Q 支路互乘运算的平方损失的解析计算公式，Costas 环相位跟踪误差的方差如下[13]：

$$\sigma_\phi^2 \approx \frac{B_L}{C/N_0}\left(1 + \frac{1}{2\frac{C}{N_0}T}\right) \tag{4-193}$$

无平方损失的锁相环相位跟踪误差的方差如下[14]：

$$\sigma_\phi^2 \approx \frac{B_L}{C/N_0} \tag{4-194}$$

因此,信噪比的平方损失为

$$SL = SNR_{in} - SNR_{out} \tag{4-195}$$

将式(4-193)和式(4-194)代入式(4-195)可得:

$$SL = \frac{\dfrac{B_L}{C/N_0}}{\dfrac{B_L}{C/N_0}\left(1 + \dfrac{1}{2\dfrac{C}{N_0}T}\right)} = 1 + \frac{1}{2\dfrac{C}{N_0}T} \tag{4-196}$$

注意到,若采样率为 F_s,T 取采样时间 $T_s = 1/F_s$,则平方损失为

$$SL = 1 + \frac{1}{\dfrac{1}{F_s/2}\dfrac{C}{N_0}} \tag{4-197}$$

在进行采样前,信号通过带宽为奈奎斯特带宽的带通滤波器,即有

$$B_n = \frac{F_s}{2} \tag{4-198}$$

代入可得:

$$SL = 1 + \frac{1}{\dfrac{1}{F_s/2}\dfrac{C}{N_0}} = 1 + \frac{1}{\dfrac{C}{B_n N_0}} = 1 + \frac{1}{SNR_{in}} \tag{4-199}$$

Strässle 等人通过利用信号检测数值仿真的方法,得出了不同运算形式、不同信噪比条件下信噪比平方损失与输入信噪比关系的实验曲线,如图 4.44 所示[15]。

对比 Parkinson 等人给出的平方损失解析公式计算得出的平方损失计算值(图 4.44(a))与 Strässle 数值仿真得出的平方损失实验值(图 4.44(b))可见,在相同输入信噪比下,平方损失计算值比 Strässle 给出的平方损失实验值高 1dB 左右,基本一致。因此,可利用式(4-199)对两路样本信噪比相同的信号做互相关运算时的噪声平方损失进行近似评估。

对于航天器 TDOA 测量的站间信号的互相关处理,当互相关运算的处理带宽为 4kHz 时,不同信噪谱密度比下的平方损失如图 4.45 所示。由图 4.45 可见,信号信噪谱密度比越低,平方损失越大;当信噪谱密度比为 30dB-Hz 时,平方损失增大到 7dB。

2. 信号残余动态的影响

在互相关运算之前通过航天器先验运动模型对原始信号动态进行补偿,然后相干累加降采样以压低噪声带宽并提高信噪比。若先验模型不准确,则信号残余动态在相干累加运算中会导致相干性损失。相干性损失可

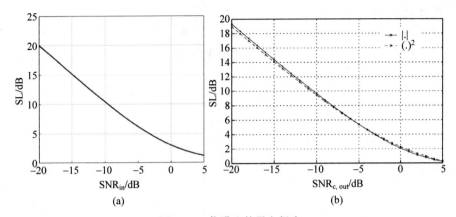

图 4.44 信噪比的平方损失

(a) 理论计算曲线；(b) Strässle 仿真统计值曲线

图(b)中横轴 $\mathrm{SNR}_{c,out}$ 表示信号相乘运算前的样本信噪比

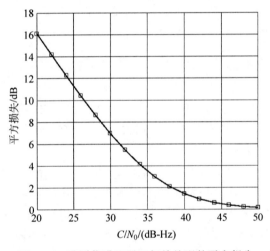

图 4.45 不同信噪比下互相关处理的平方损失

按照文献[16]给出的相干性损失函数式进行量化计算。

$$G(\Delta f) = \frac{1}{N} \sum_{i=-\frac{N}{2}}^{\frac{N}{2}-1} \exp\left[-2\pi \times \mathrm{j}\left(\Delta f t_i + \frac{1}{2}\Delta \dot{f} t_i^2\right)\right] \qquad (4\text{-}200)$$

其中，Δf 为残余常数频率，$\Delta \dot{f}$ 为残余常数频率变化率；N 为信号样本点的相干累加个数，在相关处理运算中对应于复数 FFT 的点数。为简化分析，忽略 $\Delta \dot{f}$，只考虑残余常数频率带来的影响，相干性损失的影响可简化为式(4-201)：

$$\begin{cases} \dfrac{1}{N}\sum_{i=1}^{N} I_i = \dfrac{\sin(\pi\Delta f_i T)}{\pi\Delta f_i T}\cos\Delta\varphi_i \\ \dfrac{1}{N}\sum_{i=1}^{N} Q_i = \dfrac{\sin(\pi\Delta f_i T)}{\pi\Delta f_i T}\cos\Delta\varphi_i \end{cases} \tag{4-201}$$

图 4.46 为原始信号复采样速率为 4MHz、$N = 1024$ 时不同残余频率对应的相干性损失。对于航天器动力飞行段，航天器动力学模型复杂，很难甚至不能建立准确的航天器运动模型，且短时间内航天器信号的多普勒变化很大。"嫦娥三号"动力落月期间的多普勒变化量为 40kHz，而火星着陆器 EDL 飞行期间的多普勒变化量可达 160kHz。从图 4.46 可知，当残余频率为 2kHz 时，相干性损失约为 4dB（$10\times\lg0.4$）。

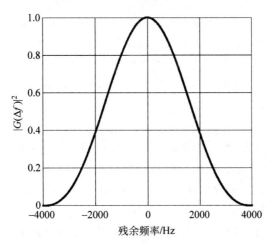

图 4.46 不同残余频率对应的相干性损失

3. 各信号功率差异性

互模糊函数相关处理算法的第三个局限性是未考虑航天器下行信号空间传输过程的一致性和航天器下行载波、DOR 音信号的功率分配特性。由于空间传输过程一致，包含在下行载波信号和 DOR 音信号中的时延、多普勒等信道参数相同。另外，载波通常被分配较高的传输功率，而 DOR 音的功率相比于载波功率通常低十余分贝。根据统计信号处理理论，对正弦信号相位估计的方差下限如下[17]：

$$\sigma_\varphi^2 = \frac{1}{2T\times S/N_0} \tag{4-202}$$

可见，在相同的积分时间下，对具有较高功率的载波分量进行相位估计时，

方差抖动更小,其估计结果可用于获取对信道参数的准确估计。而对于
DOR 音信号,由于其功率较低,尽量延长积分时间有助于提高相位估计精
度。互模糊函数相关处理算法未能有效利用载波功率较高这一优势,而对
载波和 DOR 音采用了相同的信号处理算法。同时,若先验模型精度不准
确,对 DOR 音的长时间积分将带来明显的相干性损失。在诸如火星 EDL
飞行段等高动态场景下,甚至很难建立有效的航天器运动模型,导致很难在
这些场景下基于互模糊函数相关处理算法获取航天器 TDOA 参数。因此,
需要对航天器 TDOA 测量的相关处理算法进行独立设计。

4.3.2 航天器载波及 DOR 音信号信道参数估计的 CRLB

在航天器发射的下行信号中,包括载波和对载波调相的多个 DOR 音,
载波和 DOR 音均为正弦波信号,各个信号间的发射频率不同,频率间隔约
为几兆至几十兆赫兹。地面天线设施采用开环记录的方式将各个信号记录
在以各信号分量发射标称频率为中心频率、带宽为几十至上百千赫兹(记录
带宽取决于航天器信号动态)的多个独立的记录通道内。设载波和 DOR
音共有 M 个分量,每个通道记录的原始数据可以表示为

$$r_i(t) = A_i \cos[2\pi f_i(t - \tau_0 - \dot{\tau} \times t)] + n_i(t), \quad i = 1, 2, \cdots, M$$

(4-203)

其中,f_i 为第 i 个信号分量的标称发射频率,A_i 为信号的接收幅度,τ_0 为
记录起始时刻航天器到达地面测站所对应的传输时延,$\dot{\tau}$ 为时延的一阶变
化率。由于 M 个分量的信号均在同一地面接收机内进行采样记录,因此各
个通道内的热噪声 $n_i(t)$ 具有相同的噪声功率谱密度,记为 N_0。

因此,对信道参数 $\tau_0,\dot{\tau}$ 估计的方差下界可由如下对数似然函数导出。

$$l(\theta) = -\frac{1}{N_0} \int_0^T \sum_{i=0}^{M-1} \{r_i(t) - A_i \cos[2\pi f_i(t - \tau_0 - \dot{\tau} \times t)]\}^2 dt$$

(4-204)

τ_0 的一阶偏导数为

$$\frac{\partial l}{\partial \tau_0} = \frac{2\pi}{N_0} \int_0^T \sum_{i=0}^{M-1} 2f_i \{r_i(t) - A_i \cos[2\pi f_i(t - \tau_0 - \dot{\tau} \times t)]\} \times$$

$$A_i \sin[2\pi f_i(t - \tau_0 - \dot{\tau} \times t)] dt$$

(4-205)

其二阶偏导数为

$$\frac{\partial^2 l}{\partial \tau_0^2} = \frac{2\pi}{N_0} \int_0^T \sum_{i=0}^{M-1} 2f_i A_i \sin[2\pi f_i(t - \tau_0 - \dot{\tau} \times t)] 2\pi f_i \times$$

$$(-1)A_i \sin[2\pi f_i(t - \tau_0 - \dot{\tau} \times t)] dt +$$

$$\frac{2\pi}{N_0} \int_0^T \sum_{i=0}^{M-1} 2f_i \{r_i(t) - A_i \cos[2\pi f_i(t - \tau_0 - \dot{\tau} \times t)]\} \times$$

$$A_i \cos[2\pi f_i(t - \tau_0 - \dot{\tau} \times t)] 2\pi f_i \times$$

$$(-1) \mathrm{d}t \qquad (4\text{-}206)$$

注意到，$n_i(t) = r_i(t) - A_i \cos[2\pi f_i(t - \tau_0 - \dot{\tau} \times t)]$，可得：

$$E\{r_i(t) - A_i \cos[2\pi f_i(t - \tau_0 - \dot{\tau} \times t)]\} = E[n_i(t)] = 0 \qquad (4\text{-}207)$$

因此有

$$-E\left(\frac{\partial^2 l}{\partial \tau_0^2}\right) = \frac{(2\pi)^2}{N_0} \int_0^T \sum_{i=0}^{M-1} 2f_i^2 A_i^2 \sin^2[2\pi f_i(t - \tau_0 - \dot{\tau} \times t)] \mathrm{d}t$$

$$= \frac{(2\pi)^2}{N_0} \int_0^T \sum_{i=0}^{M-1} 2f_i^2 A_i^2 \frac{1}{2} \{1 - \cos[4\pi f_i(t - \tau_0 - \dot{\tau} \times t)]\} \mathrm{d}t$$

$$= \frac{(2\pi)^2}{N_0} \sum_{i=0}^{M-1} f_i^2 A_i^2 \int_0^T \mathrm{d}t$$

$$= \frac{(2\pi)^2}{N_0} \sum_{i=0}^{M-1} f_i^2 A_i^2 T \qquad (4\text{-}208)$$

故对 τ_0 估计的方差下界为

$$\mathrm{Var}(\hat{\tau}_0) \geqslant \frac{1}{-E\left(\dfrac{\partial^2 l}{\partial \tau_0^2}\right)} = \frac{1}{\dfrac{(2\pi)^2}{N_0} \displaystyle\sum_{i=0}^{M-1} f_i^2 A_i^2 T} \qquad (4\text{-}209)$$

$\dot{\tau}$ 的一阶偏导数为

$$\frac{\partial l}{\partial \dot{\tau}} = \frac{2\pi}{N_0} \int_0^T \sum_{i=0}^{M-1} 2f_i t \{r_i(t) - A_i \cos[2\pi f_i(t - \tau_0 - \dot{\tau} \times t)]\} \times$$

$$A_i \sin[2\pi f_i(t - \tau_0 - \dot{\tau} \times t)] \mathrm{d}t \qquad (4\text{-}210)$$

其二阶偏导数为

$$\frac{\partial^2 l}{\partial \dot{\tau}^2} = \frac{2\pi}{N_0} \int_0^T \sum_{i=0}^{M-1} 2f_i t A_i \sin[2\pi f_i(t - \tau_0 - \dot{\tau} \times t)] 2\pi f_i \times$$

$$(-t) A_i \sin[2\pi f_i(t - \tau_0 - \dot{\tau} \times t)] \mathrm{d}t +$$

$$\frac{2\pi}{N_0} \int_0^T \sum_{i=0}^{M-1} 2f_i t \{r_i(t) - A_i \cos[2\pi f_i(t - \tau_0 - \dot{\tau} \times t)]\} \times$$

$$A_i \cos[2\pi f_i(t - \tau_0 - \dot{\tau} \times t)] 2\pi f_i \times (-t) \mathrm{d}t \qquad (4\text{-}211)$$

同样注意到 $E\{r_i(t) - A_i \cos[2\pi f_i(t - \tau_0 - \dot{\tau} \times t)]\} = 0$，因此在取期望运算后，式(4-211)的第二项为 0，故有

$$
\begin{aligned}
-E\left(\frac{\partial^2 l}{\partial \dot{\tau}^2}\right) &= \frac{(2\pi)^2}{N_0} \int_0^T \sum_{i=0}^{M-1} 2f_i^2 A_i^2 t^2 \sin^2\left[2\pi f_i(t-\tau_0-\dot{\tau}\times t)\right] \mathrm{d}t \\
&= \frac{(2\pi)^2}{N_0} \int_0^T \sum_{i=0}^{M-1} 2f_i^2 A_i^2 t^2 \frac{1}{2}\{1-\cos\left[4\pi f_i(t-\tau_0-\dot{\tau}\times t)\right]\} \mathrm{d}t \\
&= \frac{(2\pi)^2}{N_0} \int_0^T \sum_{i=0}^{M-1} f_i^2 A_i^2 t^2 \mathrm{d}t \\
&= \frac{(2\pi)^2}{N_0} \sum_{i=0}^{M-1} f_i^2 A_i^2 \int_0^T t^2 \mathrm{d}t \\
&= \frac{(2\pi)^2}{N_0} \sum_{i=0}^{M-1} f_i^2 A_i^2 \frac{T^3}{3}
\end{aligned} \tag{4-212}
$$

对 $\dot{\tau}$ 估计的方差下界为

$$
\mathrm{Var}(\dot{\tau}) \geqslant \frac{1}{-E\left(\dfrac{\partial^2 l}{\partial \dot{\tau}^2}\right)} = \frac{1}{\dfrac{(2\pi)^2}{N_0} \displaystyle\sum_{i=0}^{M-1} f_i^2 A_i^2 \dfrac{T^3}{3}} \tag{4-213}
$$

4.3.3　深空干涉测量 DOR 信号全开环处理算法

目前对航天器下行 DOR 音信号的典型处理方式是利用数字锁相环对载波通道进行波形重建与相位恢复,进而估计出星上发射频率。根据经典的锁相环理论与深空探测器的动态特性,一般只有当载波的信噪谱密度比大于 13dB·Hz 时才能够实现较为可靠的信号跟踪。对于弱信号,利用数字锁相环很难实现对频率的准确估计,甚至无法实现对信号的锁定。由于对航天器 DOR 音或遥测谐波的估计是通过对载波的频率估计值进行等比例变换来实现频率的预测(这是一种典型的外差积分/锁相环驱动的动态补偿方法),对星上频率估计的误差会显著地影响对各个 DOR 音通道频率的预报精度。

在这一背景需求下,需要开发一种可处理低信噪比信号的相关处理算法,以便在极低的信噪谱密度比条件下实现对各个通道频率的精确预报,以实现对信号的长时间相关处理。

1. 对弱信号进行相关处理的基本思想

为了能够适应极低信噪谱密度比的应用需求,新的算法必须摆脱锁相环对高信噪比的要求。因此,可以按照以下的开环处理算法对载波通道(载波信号通常具有较强的信噪谱密度比)进行发射频率估计:

(1)基于轨道预报和先验已知的星上频率信息对载波通道进行多普勒

补偿；

（2）利用精细的频谱分析算法，找出频率峰值。

一旦估计出星上发射频率并据此对各个 DOR 音/遥测谐波通道的频率预报值进行了调整，则可以按照以下的处理步骤对各个通道进行信号波形重建与滤波：

（1）根据估计出的星上发射频率和先验轨道信息，对所有信号通道进行多普勒补偿；

（2）信号抽取（滤波和降采样）。

上述步骤完成后，各个通道的信号波形即可被重建，且多普勒相位被大部分消除。剩下的处理步骤与标准的相关处理步骤相同。下文首先回顾了高信噪谱密度比条件下航天器信号相关处理的数学模型和相应的信号处理步骤。

2. 高信噪谱密度比航天器信号相关处理的数学模型

在开展△DOR 测量时，通常以航天器直接发射信号的单下行模式进行。发射的载波、DOR 音/遥测谐波是以航天器星上的振荡器作为频率基准，其信号可以建模为[18-19]

$$s(t) = \text{Re}\{s_0 \exp[\text{i}(\omega_0 t + \phi_0)]\} \tag{4-214}$$

其中，ω_0 为角频率，ϕ_0 为发射信号的初始相位。

由于信号的频率并不稳定，通常会在短时间尺度内（<1s）发生几赫兹的抖动。同时信号的纯净度也并不完全理想（即发射的单频信号并不是单频的，而是在一定窄带的范围内存在多个分量，带宽可达 5Hz），由于温度漂移的影响，在若干天的时间尺度范围内，相比于频率预报模型会发生几十赫兹的频率漂移。因此，可以将所有信号的发射频率都建模为一个常数与一个抖动频率之和，即

$$\omega_0 = \langle \omega_0 \rangle + \Delta \omega \tag{4-215}$$

测站 A 和测站 B 分别收到了信号强度被空间衰减、时间上存在延迟、动态上存在多普勒的接收信号，其信号模型可表示如下[18-19]：

$$\begin{cases} S_A(t) = \text{Re}(s_{0A}\text{i}\{\omega_0 t + \phi_0 + \boldsymbol{k}_A \cdot [\boldsymbol{r}_A(t) - \boldsymbol{r}_{SC}(t - \tau_A)]\}) \\ S_B(t) = \text{Re}(s_{0B}\text{i}\{\omega_0 t + \phi_0 + \boldsymbol{k}_B \cdot [\boldsymbol{r}_B(t) - \boldsymbol{r}_{SC}(t - \tau_B)]\}) \end{cases} \tag{4-216}$$

其中，s_{0A} 和 s_{0B} 分别为测站 A 和测站 B 接收到的信号强度（幅值）；$\boldsymbol{k}_A$ 和 $\boldsymbol{k}_B$ 均为矢量，表示电磁信号的波矢量（$|\boldsymbol{k}| = \omega_0/c$），其信息包含了光行时和像差；$\boldsymbol{r}_A$ 和 $\boldsymbol{r}_B$ 表示在惯性空间内测站 A 和测站 B 的位置矢量；$\boldsymbol{r}_{SC}$ 为航天器在惯性空间内的矢量；τ_A 和 τ_B 为航天器与测站 A 和测站 B 间的光行时。

事实上，在上述复信号模型中，$\boldsymbol{k}_A \cdot [\boldsymbol{r}_A(t) - \boldsymbol{r}_{SC}(t - \tau_A)]$，$\boldsymbol{k}_B \cdot$

$[\boldsymbol{r}_B(t)-\boldsymbol{r}_{SC}(t-\tau_B)]$ 包含了航天器发射的信号(光子)由星上发射到被测站接收的整个传播过程中经历的多普勒漂移和时间延迟所对应的信号波长数目(乘以 2π 即转换为相位)。上述方程中各个项的计算最好在太阳质心参考系(solar system barycenter,SSB)下进行,t 为坐标时。

信号的相位可区分为快变分量(即发射频率对应的相位变化 $\omega_0 t$)和由飞行动态和传播介质变化引起的慢变分量,综合表示如下[18-19]:

$$\begin{cases} \Phi_A(t)=\omega_0 t+\phi_0+\Psi_A(t,\tau_A(t)) \\ \Phi_B(t)=\omega_0 t+\phi_0+\Psi_B(t,\tau_B(t)) \end{cases} \tag{4-217}$$

对于欧洲航天局的地面系统,其航天器干涉测量原始信号在被开环采样记录以前经历了两次固定频率的变频,本振分别为 X 频段本振和 L 频段本振。进行开环采样记录时,利用一个已知的常数频率复信号对接收信号进行混频,使混频和低通滤波后的接收信号尽可能地位于所在记录通道的中心频率(或通道的零频附近,对复混频而言)。

测站本地下变频信号的相位可以建模为[18-19]

$$\begin{cases} \Phi_{LO_A}=-\hat{\omega}_0 t-\hat{\omega}_{DS_A}t \\ \Phi_{LO_B}=-\hat{\omega}_0 t-\hat{\omega}_{DS_B}t \end{cases} \tag{4-218}$$

其中,$\hat{\omega}_0$ 为对发射角频率的先验预测值,$\hat{\omega}_{DS_A}$ 和 $\hat{\omega}_{DS_B}$ 分别为依据先验轨道预报的多普勒相位变化值。

相应地,混频后的下行信号为[18-19]

$$\begin{cases} S_A(t)=S_{0A}\exp[i(\Omega_A t+\phi_{A_0}+\Psi_A)] \\ S_B(t)=S_{0B}\exp[i(\Omega_B t+\phi_{B_0}+\Psi_B)] \end{cases} \tag{4-219}$$

对该信号进行采样(如 50kHz 复采样)和量化(如 8bit 位数),通常不太可能获得混频后位于通道零频($(\Omega_{A,B}t+\dot{\Psi}_{A,B})/2\pi(t=0)$)的信号,因为发射频率的先验信息精度通常在数千赫兹的量级。这一误差项会引起第一个相位项的残差(或称为"残余频率":$\Omega_{A/B}/2\pi=\omega_0-\hat{\omega}_0$)。由于先验频率不准确,这一误差还会引起多普勒动态的补偿($\dot{\Psi}_{A/B}/2\pi\neq0$),因为多普勒动态直接正比于发射频率。另一个量级较小的误差是先验的距离变化率对应的多普勒动态模型误差。在通常情况下,记录开始时刻($t=0$)记录信号的残余频率会远远小于信号记录的通道带宽,而且在一次观测中(600s 的时间尺度上)信号的多普勒漂移应在数百赫兹量级的水平。ϕ_{A_0} 和 ϕ_{B_0} 为本振对应的初始相位。相关处理的过程就是计算出各个对应通道的差分相位(包含整数周模糊 2π),然后利用带宽综合的方式确定整周模糊,求出航天器时延观测量。

航天器信号的相关处理过程包括以下步骤：

（1）估计星上发射频率；

（2）信号波形恢复与相位估计；

（3）多普勒相位补偿（固定相位矢量，停止相位矢量）；

（4）相位矢量叉乘；

（5）精细的频率调谐、补偿和差分相位计算；

（6）确定整周模糊。

由于是采用单向测量方式以星上晶振为频率基准开展 ΔDOR 且发射频率先验信息不准确，需要对发射频率进行重新估计。由于载波信号较强，可以利用数字锁相环对载波进行波形恢复和相位估计。利用一个考虑航天器飞行引起信号动态的数学模型对重建的信号进行插值，可以得出接收的信号频率：

$$\hat{f}_{sky} = f_{pll} + f_{lo} \tag{4-220}$$

将该实测频率与一个利用轨道动力学模型预报距离和距离变化率（$\dot{\rho}_m$）产生的接收信号模型进行对比，有

$$f_{sky} = \hat{\omega}_0 / 2\pi \left(1 - \frac{\dot{\rho}_m}{c} \right) \tag{4-221}$$

由实测的载波信号接收频率与轨道预报的载波信号接收频率间的偏差即可估计出实际的发射频率，然后再利用这一频率调整发射频率的预测值（$\hat{\omega}_0$）。对于这一初始化的步骤，利用载波信号（或其他通道的信号，其信号强度足以利用锁相环进行跟踪）提供一个发射频率经过修正的新的接收信号模型，这一模型不仅可以用于消除信号的多普勒动态（步骤（3）），也可以用于信号的波形恢复与重建（步骤（2））。利用重新估计的频率值驱动一个外差式积分器（或称为"锁相环驱动"），以便对每一个信号通道在选定的带宽内（一般为 $10 \sim 20\,Hz$）滤除航天器信号周围的噪声影响。滤波完成后，多普勒几乎被完全补偿（相位矢量被停止）。随后可以依据修正后的先验模型（轨道动力学预报值与重新估计出的发射频率值）计算用于停止信号相位矢量的反转信号相位矢量：

$$\exp[i(-\Omega_A t - \Psi_{mA})], \quad \exp[i(-\Omega_B t - \Psi_{mB})] \tag{4-222}$$

其中，角频率项 $\Omega_{A,B} = \omega_0 - \hat{\omega}_0$ 对应于发射频率的先验值和估计预测的发射频率间的偏差；时变的相位项 $\Psi_{mA,B}$ 对应于轨道动力学变化在残余频率上引起的记录信号的相位变化。

将记录的信号与重建信号模型后计算出的信号对应的复数据流（I,Q 两

路)相乘(步骤(3)),即得出[9]:

$$\begin{cases} \boldsymbol{X}_A(t) = S_{0A} \cdot \exp[i(-\Omega_A t - \Psi_{mA})] = S_{0A} \cdot \exp[i(\phi_{A_0} - \Omega_A t - \Psi_{mA})] \\ \boldsymbol{X}_B(t) = S_{0B} \cdot \exp[i(-\Omega_B t - \Psi_{mB})] = S_{0B} \cdot \exp[i(\phi_{B_0} - \Omega_B t - \Psi_{mB})] \end{cases}$$

$$(4\text{-}223)$$

对于得出的经精细的多普勒与频率估计补偿后的信号 $\boldsymbol{X}_A(t)$ 和 $\boldsymbol{X}_B(t)$,如果不存在星上发射频率的抖动,或是对星上发射频率的零值和漂移估计得不准确(这一现象可用相位项($\Psi_A - \Psi_{mA}$)和($\Psi_B - \Psi_{mB}$)来描述),其频率应正好为零。将测站 A 的信号 $\boldsymbol{X}_A(t)$ 与测站 B 信号的共轭形式相乘,可得[9]:

$$\begin{aligned} \boldsymbol{X}_{AB}(t) &= \boldsymbol{X}_A(t) \boldsymbol{X}_B^*(t) \\ &= S_{0A} S_{0B} \exp\{i[\phi_{A_0} - \phi_{B_0} + (\Psi_A - \Psi_{mA}) - (\Psi_B - \Psi_{mB})]\} \end{aligned}$$

$$(4\text{-}224)$$

由于影响两个测站补偿后信号($\boldsymbol{X}_A(t)$ 和 $\boldsymbol{X}_B(t)$)的误差具有很强的相关性,因此交叉相乘(共轭相乘)能够极大地消除这类误差的影响。但是叉乘后得到的相位矢量仍具有一定的旋转频率(该频率值基本为常值,对应残余频率),为了进行精确的相位测量仍需要去掉这一频率的影响。首先可以通过在频率域上进行傅里叶频谱分析的方式搜寻谱线峰值,确定残余频率。残余频率的进一步精确搜索可通过以下方式进行:在初步频率粗搜索的基础上进一步确定搜索窗口,然后利用多个与粗搜索的频率值相近的信号与原始信号进行相关,通过相关峰的大小即可进一步判定频率的精确搜索值。经过精细的频率补偿后的相位矢量 $\boldsymbol{X}_{AB}(t)$ 为[9]

$$\boldsymbol{X}_{AB}(t) \approx S_{0A} S_{0B} \exp[i(\phi_{A0} - \phi_{B0} + \psi_{A0} - \psi_{B0})] \approx S_{0A} S_{0B} \exp(i\Delta\Phi)$$

$$(4\text{-}225)$$

其中,$\phi_{A_0} - \phi_{B_0}$ 对应于信号记录的起始时刻 $t = 0$ 时航天器位置对应的差分相位延迟(注:如果在步骤(3)的多普勒动力学补偿中,本地相位模型不仅包括距离变化率引起的多普勒,还包括时刻 $t = 0$ 时的距离预报值,则差分相位延迟不再是对应双站的绝对差分距离,而是对应时刻 $t = 0$ 时先验差分距离与真实差分距离间的差异)。对于各个通道,对相位矢量的 I, Q 分量分别进行积分可以确定最终的差分相位延迟,其中包含了航天器的几何位置信息及测站本振(local oscillator)的贡献,其形式如下[9]:

$$\boldsymbol{Z} = \int_0^T \boldsymbol{X}_{AB}(t) \mathrm{d}t = S_{0A} S_{0B} T \exp(i\Delta\Phi) \tag{4-226}$$

$$\Delta\Phi = \arctan\left[\frac{\mathrm{Im}(Z)}{\mathrm{Re}(Z)}\right] \tag{4-227}$$

根据计算得出的差分相位 $\Delta\Phi_i(i=1,2,\cdots,n)$，可以解出相位整周模糊及本振相位，并据此计算得出航天器 DOR 测量值。根据图 4.47 相位-频率平面上的线性拟合即可很容易地得出所需的航天器延迟（DOR），其数值为拟合直线 $\Delta\Phi/(2\pi\Delta f)$ 的斜率。

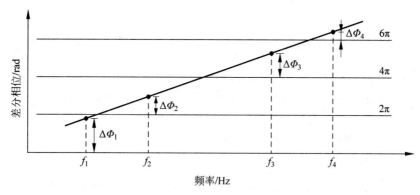

图 4.47 航天器信号带宽综合原理示意图

3. 低信噪谱密度比航天器信号相关处理的数学模型

虽然低信噪谱密度比条件下航天器信号相关处理的数学模型与高信噪谱密度比条件下的基本一致，但在具体细节上还是存在着显著差异。

在每个测站接收、下变频和记录的原始信号分别为[20]

$$\begin{cases} S_A = S_{0A}\exp\left\{i\left[\omega_{SC}t - \omega_{LO_A}t - \dfrac{\omega_{SC}}{c}\rho_A(t) + \phi_{A_0}\right]\right\} \\ S_B = S_{0B}\exp\left\{i\left[\omega_{SC}t - \omega_{LO_B}t - \dfrac{\omega_{SC}}{c}\rho_B(t) + \phi_{B_0}\right]\right\} \end{cases} \tag{4-228}$$

其中，ω_{SC} 为发射信号的角频率；ω_{LO_A} 和 ω_{LO_B} 分别为两个测站下变频链路的本振角频率，它们都包含（补偿）了先验的航天器发射频率信息和由航天器飞行引起的多普勒信号动态；$\dfrac{\omega_{SC}}{c}\rho_A(t)$ 和 $\dfrac{\omega_{SC}}{c}\rho_B(t)$ 分别为多普勒相位动态的贡献，其中 $\rho_A(t)$ 和 $\rho_B(t)$ 分别为航天器到两个测站的单向距离；ϕ_{A_0} 和 ϕ_{B_0} 分别为本振的初始相位。

单向距离 $\rho(t)$ 可以用一个二阶多项式进行建模[20]：

$$\rho_{A/B}(t) = c_{0_{A/B}} + c_{1_{A/B}}t + c_{2_{A/B}}t^2 \tag{4-229}$$

本振角频率项（$\omega_{LO_{A/B}}$）可以包含对航天器发射频率的先验估计（$\hat{\omega}_{SC}$）及多普勒频移（距离的一阶导数），并表示为[20]

$$\omega_{LO_{A/B}} = \hat{\omega}_{SC} - \frac{\hat{\omega}_{SC}}{c} c_{1_{A/B}} \tag{4-230}$$

将上述各项代入接收信号的模型中,并忽略测站角标,则接收信号可以建模为

$$S(t) = S_0 \exp \left[i(\omega_{SC} - \hat{\omega}_{SC})t - \frac{\omega_{SC}}{c}(c_1 t + c_2 t^2) + \frac{\hat{\omega}_{SC}}{c} c_1 t + \hat{\phi}_0 \right] \tag{4-231}$$

可见对于记录的原始信号,其相位包含四个部分:

(1) 第一项为星上发射频率真值与地面先验值的偏差;

(2) 第二项为真实的航天器下行发射频率对应的时变多普勒动态的贡献(包括多普勒频移和多普勒变化率,因为是以二阶多项式近似真实的航天器飞行动态);

(3) 第三项为依据地面先验的航天器下行频率预测的多普勒动态(只包含多普勒频移项);

(4) 第四项为本振的初始相位及信号起始记录时刻 $t=0$ 的相位延迟所对应的常值相位项。

下一步,可以利用本地信号模型与记录的原始信号相乘消除多普勒变化率带来的相位变化,其模型如下[20]:

$$DR(t) = \exp \left[i \left(-\frac{\hat{\omega}_{SC}}{c} c_2 t^2 \right) \right] \tag{4-232}$$

多普勒动态补偿后的信号为[20]

$$SS(t) = S(t)DR(t)$$
$$= S_0 \exp \left\{ i \left[(\omega_{SC} - \hat{\omega}_{SC})t - \frac{\omega_{SC} - \hat{\omega}_{SC}}{c}(c_1 t + c_2 t^2) + \hat{\phi}_0 \right] \right\} \tag{4-233}$$

其中,各个项所包含的频率含义如下:

(1) 第一项的频率 $\omega_{SC} - \hat{\omega}_{SC}$(相位关于时间的导数)为地面和航天器下行频率先验值的误差;

(2) 第二项的频率 $\frac{\omega_{SC} - \hat{\omega}_{SC}}{c} c_1$(相位关于时间的导数)为下行频率先验误差对应的多普勒频移;

(3) 第三项的频率 $2\frac{\omega_{SC} - \hat{\omega}_{SC}}{c} c_2 t$(相位关于时间的导数)为下行频率先验误差对应的多普勒变化率;

对多普勒变化率补偿后的信号 $SS(t)$ 进行傅里叶频谱分析，找出谱线的峰值即可估计出常值的频率项[20]：

$$\omega_{FFT_{max}} = (\omega_{SC} - \hat{\omega}_{SC}) - \frac{\omega_{SC} - \hat{\omega}_{SC}}{c} c_1 \qquad (4-234)$$

再忽略掉第三个频率项（残余多普勒变化率的动态），可以近似估计得出航天器下行信号的发射频率[20]为

$$\omega_{est} = \omega_{FFT_{max}} - \hat{\omega}_{SC} = \omega_{FFT_{max}} + \omega_{LO} / \left(1 - \frac{c_1}{c}\right) \qquad (4-235)$$

这种近似引起的最大误差项为[20]

$$\omega_{error} = \omega_{SC} - \omega_{est} = \frac{\omega_{SC} - \hat{\omega}_{SC}}{c} c_1 \qquad (4-236)$$

若假设地面所估计的航天器下行信号发射频率先验误差最大为 $25kHz$，距离变化率（系数 c_1）为 $10\ km/s$，则误差量级在 $0.8Hz$ 的水平。

相比于高信噪谱密度比条件下利用锁相环进行波形重建与频率估计的处理算法，这种频率估计算法能够适应低信噪比的信号，只需信号的峰值在傅里叶分析中可以被检测到。这样，只要在接收记录的各个信号通道中有一个通道的信噪谱密度比高于 $13dB$-Hz，即可实现可靠的检测。

在完成上述对航天器下行信号发射频率的重新估计后，即可重建一个新的接收信号的预测模型（修正后的下行发射频率＋多普勒动态），并可据此重建每个通道的信号。对于每个通道的信号，可以首先利用一个复信号模型与其相乘，以便消除多普勒影响（使相位矢量停止）[20]：

$$\boldsymbol{X}_m(t) = \exp\left[i\left(\omega_{est}t - \frac{\omega_{est}}{c}(\rho_{m_{A/B}}(t) - \rho_{m_{A/B}}(0)) - \omega_{LO_{A/B}}t\right)\right]$$
$$(4-237)$$

假设 $\omega_{est} = \omega_0$，那么可得两测站补偿后相应的信号为[20]

$$\boldsymbol{X}_A(t) = S_{0A}\exp[i(\phi_{A_0} + \boldsymbol{\Psi}_A - \boldsymbol{\Psi}_{mA})]$$
$$\boldsymbol{X}_B(t) = S_{0B}\exp[i(\phi_{B_0} + \boldsymbol{\Psi}_B - \boldsymbol{\Psi}_{mB})] \qquad (4-238)$$

其中，ϕ_{A_0} 和 ϕ_{B_0} 分别为测站本振的未知初始相位，$\boldsymbol{\Psi}_A - \boldsymbol{\Psi}_{mA}$ 和 $\boldsymbol{\Psi}_B - \boldsymbol{\Psi}_{mB}$ 分别为残余的航天器动态不准确对应的残余信号相位。

将多普勒补偿后的信号在频域上进行滤波，减小带宽并使信号可以完全落入通带内，然后以奈奎斯特频率重新进行采样。典型的低通滤波器带宽一般为 $50\sim100Hz$。对于弱信号，特别是 $1dB$-Hz 的极低信噪谱密度比的信号，滤波带宽应尽可能地小，大约为 $1Hz$。$1Hz$ 的条件是非常苛刻的，

需要航天器飞行的先验动力学模型非常准确。滤波通带 1Hz 的带宽意味着由残余动力学动态引起的频率不得超过 0.5Hz，以免引起混叠。考虑到这一因素的影响，航天器到测站距离变化率的先验信息精度需要在 cm/s 的水平。

后续的相关处理步骤与高信噪比条件下的步骤相同，包括：

(1) 计算各个对应通道的相关(差分)相位，$\boldsymbol{X}_{AB}(t) = \boldsymbol{X}_A(t)\boldsymbol{X}_B^*(t)$；

(2) 精确的频率估计与补偿，对相位矢量进行期望时长的积分，并计算出相位延迟，$\Delta\Phi = \arctan[\mathrm{Im}(Z)/\mathrm{Re}(Z)]$；

(3) 相位整周解模糊，并在相位-频率平面内进行先行拟合。

4.4 小结

本章围绕深空探测任务中高动态、低信噪比跟踪测量信号的多普勒、时延参数估计难题重点介绍了这一研究领域的最新研究成果与进展。用于估计载波多普勒率的序贯立方相位函数既保持了正弦信号频率变化率极大似然估计器的渐进性能，又能够抑制信号降阶自乘运算带来的噪声平方损失，因此能够在估计高动态、低信噪比的载波动态方面表现出良好的性能。对于再生伪码测距体制，本章重点介绍了星上和地面伪码捕获的基本原理，对基于最大值搜索算法的捕获性能进行了理论分析，并通过数值计算对精确解和估计解的仿真分析给出了一个更优的捕获时间估计方法；对最大值搜索算法和其他判决算法进行了比较，然后着重对码环跟踪及测量性能进行了理论分析和模拟仿真。对于基于 TDOA 的探测器干涉测量信号的相关处理，在量化分析基于互模糊函数的相关处理性能的基础上，通过分析干涉测量信号用于时延估计的克拉美罗界，提出了用于航天器干涉测量信号的处理思路与方法。

参考文献

[1] OSHEA P. A new technique for instantaneous frequency rate estimation[J]. IEEE Signal Processing Letters, 2002, 9(8): 251-252.

[2] LI D, ZHAN M, SU J, et al. Performances analysis of coherently integrated CPF for LFM signal under low SNR and its application to ground moving target imaging[J]. IEEE Transactions on Geoscience and Remote Sensing, 2017, 99: 1-18.

[3] OSHEA P. A fast algorithm for estimating the parameters of a quadratic FM signal[J]. IEEE Transactions on Signal Processing,2004,52(2): 385-393.

[4] FARQUHARSON M L. Estimating the parameters of polynomial phase signals [D]. Brisbane: Queensland University of Technology,2006.

[5] VILNROTTER V A, HINEDI S, KUMAR R. A comparison of frequency estimation techniques for high-dynamic trajectories[R]. Pasadena: Jet Propulsion Labratory,California Institute of Technology,1988.

[6] WANG P,LI H B,DJUROVIC I,et al. Integrated cubic phase function for linear FM signal analysis[J]. IEEE Transactions on Aerospace and Electronic Systems, 2010,46(3): 963-977.

[7] CCSDS. Pseudo-noise(PN) ranging systems: CCSDS 414: 1-B-2[R]. Washington DC: [s. n.],2014.

[8] BERNER J B,LAYLAND J M,KINMAN P W,et al. Regenerative pseudo-noise ranging for deep-space applications[J]. TMO PR,1999,42-137: 1-18.

[9] BARGBAGLIO F. Precise angle and range measurements advanced systems for deep space missions[D]. Rome: Rome University,2012.

[10] MA M L, ZHENG W M, HUANG Y D, et al. Local correlation and orbit determination for DOR signals in Chang'E-3(in Chinese)[J]. Sci Sin-PhysMech Astron,2017,47: 029502.

[11] TSUI J BY. Fundamentals of global positioning system receivers[M]. Hoboken: John Wiley & Sons,2000.

[12] VAN DIGGELEN F. Course 240A: Indoor GPS I,IONGPS-2001 Tutorial[M]. Salt Lake City: [s. n.]2001.

[13] PARKINSON B W,ENGE P, AXELRAD P,et al. Global positioning system: Theory and applications, Volume I [M]. Reston: American Institute of Aeronautics and Astronautics,1996.

[14] KINMAN P W. Doppler tracking of planetary spacecraft[J]. IEEE Transactions on Microwave Theory and Techniques,1992,40(6): 1199-1204.

[15] STRASSLE C, MEGNET D, MATHIS H. The squaring-loss paradox [J]. Proceedings of International Technical Meeting of the Satellite Division of the Institute of Navigation,2007: 2715-2722.

[16] VILNROTTER V A,HINEDI S, KUMAR R. Frequency estimation techniques for high dynamic trajectories[J]. IEEE Transactions on Aerospace and Electronic Systems,2002,25(4): 559-577.

[17] KAY S. Fundamentals of statistical signal processing: estimation theory[M]. Upper Saddle River: Prentice-Hall,1993.

[18] HAO W,DONG G,LI H,et al. The spacecraft signal correlation approach in China's Delta-DOR correlator for Chang'E-3 mission[C]//Proceedings of IEEE aerospace conference. Piscataway: IEEE Press,2014: 1-9.

[19] IESS L,PUYUELO R,ARDITO A,et al. The European delta-DOR correlator[C]// Proceedings of the 57th International Astronautical Congress. [S. l. : s. n.],2006.

[20] BARBAGLIO F,ARDITO A,IESS L. The ESA Delta-DOR system upgrade [C]//Proceedings of the 6th ESA International Workshop on Tracking, Telemetry and Command Systems for Sapce Applications. [S. l. : s. n.],2013.

第5章

月球任务高动态飞行段信号处理

本章以航天器 TDOA 测量信号处理为着眼点,提出了高动态飞行段多正弦侧音信号的相关处理算法和远距离异地载波辅助算法,并利用"嫦娥三号"动力落月段实测数据验证了算法的正确性和有效性。其中,5.1 节从确定性信号 TDOA 测量模型和航天器 TDOA 测量信号的频谱特性出发,提出了无需航天器先验动态模型的高动态飞行段多音正弦信号的相关处理算法;5.2 节针对高动态飞行段的跟踪门限问题,提出了通过优化小口径天线跟踪高动态信号性能的异地载波辅助算法;5.3 节对上述两种算法的性能因素进行了分析和评估;5.4 节利用佳木斯 66m 口径深空站、喀什 35m 口径深空站和新诺舍 35m 口径深空站实际接收的"嫦娥三号"动力落月段数据对两个算法进行了验证,证明了算法的正确性和有效性。

5.1 高动态飞行段多正弦侧音信号相关处理的模型与算法设计

对于具有确定性结构的信号,TDOA 的最佳估计器是先估计信号波形,然后采用匹配滤波的方式估计 TDOA 参数,这样计算的最大好处是避免了将原始采样样本数据直接相乘带来的噪声平方损失。根据这一方式及 TDOA 的定义,TDOA 可以通过先分别估计航天器到两个测站的传输时延及多普勒,再进行差分。只要对每个站的传输时延及多普勒参数是极大似然估计,差分后获得的 TDOA 就具有极大似然估计特性。

根据航天器 TDOA 测量的多正弦侧音信号结构,附录 B 给出了航天器到单个测站时延及时延率 τ_0(对应于多普勒)估计的 CRLB:

$$\mathrm{Var}(\hat{\tau}_0) \geqslant \frac{1}{-E\left(\frac{\partial^2 l}{\partial \tau_0^2}\right)} = \frac{1}{\frac{(2\pi)^2}{N_0}\sum_{i=0}^{M-1} f_i^2 A_i^2 T} \tag{5-1}$$

式(5-1)是 Kay 给出的距离估计结果的特例。根据 Kay 的分析结果,时延估计的 CRLB[1] 为

$$\mathrm{Var}(\hat{\tau}_0) \geqslant \frac{1}{\frac{\varepsilon}{N_0/2}\bar{F}^2} \tag{5-2}$$

其中,$\varepsilon/(N_0/2)$ 为信噪比,$\bar{F}^2$ 定义为

$$\bar{F}^2 = \frac{\int_{-\infty}^{\infty} (2\pi F)^2 \mid S(F) \mid^2 \mathrm{d}F}{\int_{-\infty}^{\infty} \mid S(F) \mid^2 \mathrm{d}F} \tag{5-3}$$

注意到对于正弦信号,其功率谱密度为

$$S(F) = \delta(f_0), \quad F = f_0 \tag{5-4}$$

因此对于多正弦音信号,有

$$\overline{F}^2 = (2\pi)^2 \sum_{i=0}^{M-1} f_i^2 \tag{5-5}$$

其中,$A_i^2 T/N_0$ 为每个正弦侧音信号的信噪比。由式(5-1)可知,利用多正弦音信号进行时延(距离)测量的 CRLB 取决于多正弦音信号的综合带宽及各个正弦音信号的信噪比,当信号接收的信噪谱密度比已经确定时,延长测量积分时间 T 是提高时延(距离)估计精度的有效手段。由于航天器与测站间的相对运动,时延 τ_0 随时间变化。因此在实际的处理过程中需要补偿时延率,进而采用较长的积分时间估计时延 τ_0。

航天器到单个测站时延率 $\dot{\tau}$ 估计的 CRLB(参见 4.3.3 节)为

$$\mathrm{Var}(\dot{\tau}) \geqslant \frac{1}{-E\left(\dfrac{\partial^2 l}{\partial \dot{\tau}^2}\right)} = \frac{1}{\dfrac{(2\pi)^2}{N_0} \displaystyle\sum_{i=0}^{M-1} f_i^2 A_i^2 \dfrac{T^3}{3}} \tag{5-6}$$

可见,对时延率 $\dot{\tau}$ 估计的主要影响因素有各个正弦侧音信号的频率及其接收信噪谱密度比,以及积分时间。

航天器下行信号载波通常分配有较高的功率,而相比于载波功率,DOR 音的功率低约 12dB。下面以实际任务中采用的具体参数为例,分析载波信号和 DOR 音信号对估计时延率 $\dot{\tau}$ 的贡献。具体参数见表 5.1。

表 5.1　时延率方差估计计算参数选取

参　数　项	参　数　值
载波频率/MHz	8450
载波信噪谱密度比/dB-Hz	30～45
第一 DOR 音频率/MHz	8430.8
第二 DOR 音频率/MHz	8446.2
第三 DOR 音频率/MHz	8453.8
第四 DOR 音频率/MHz	8469.2
DOR 音信噪谱密度比/dB-Hz	18～33
积分时间/s	0.002

图 5.1 给出了仅利用下行载波信号进行航天器到单个测站时延率估计的方差下界,以及利用包括多个 DOR 音在内的所有信号进行时延率估计的方差下界。由图中结果可见,由于载波具有最大的功率且其功率显著高

于其他 DOR 音信号分量,因此载波对时延率估计的贡献最大,当载波功率仅为 30dB-Hz 时,利用所有信号分量进行时延率估计获得的精度比仅利用载波信号分量进行时延率估计获得的精度提高了约 20%。当载波功率进一步增大时,两者差异进一步减小。这一结果也说明,仅利用载波信号进行时延率估计就可以达到与方差下限近似的水平,且大大降低了算法复杂度和数据处理总量,该方法可作为一种准最优的单站信号时延率估计算法。

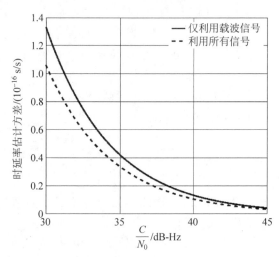

图 5.1　不同估计策略的时延率估计方差对比

通过上述理论和数值分析结果可知,对航天器 TDOA 参数的估计可以分解为对航天器到各个测站到达时延差的估计。当信号接收功率已经确定时,延长积分时间是提高时延估计精度的有效手段。由于航天器相对于测站运动而引起的时延变化,需要对时延率进行估计和补偿。基于航天器下行信号多正弦侧音的功率分配特性,仅利用载波信号即可实现接近时延率估计方差下限的准最优估计。下面基于上述分析结果提出无需先验航天器时延模型的高动态飞行段多正弦侧音信号的相关处理算法。

对于每个测站,航天器载波信号到达时刻的相位可以表示为

$$\varphi_{\mathrm{car}}(t) = \omega_{\mathrm{c}}t - \omega_{\mathrm{c}}\frac{\rho(t)}{c} + \varphi_0^{\mathrm{car}} \qquad (5\text{-}7)$$

其中,ω_{c} 为载波的发射角频率,$\rho(t)$ 为航天器到测站的距离,φ_0^{car} 为载波的初始相位。

DOR 音信号到达时刻的相位可以表示为

$$\varphi_{\mathrm{DOR}}(t) = \omega_{\mathrm{DOR}}t - \omega_{\mathrm{DOR}}\frac{\rho(t)}{c} + \varphi_0^{\mathrm{DOR}} \qquad (5\text{-}8)$$

其中，ω_{DOR} 为 DOR 音信号的发射角频率，$\rho(t)$ 为航天器到达同一测站的距离，φ_0^{DOR} 为载波初始相位。

可见两个信号分量的到达相位中都包括由航天器相对于测站的运动（对应于 $\rho(t)$ 的变化）引起的多普勒相位，且多普勒相位正比于航天器各信号分量的发射频率。因此，可由载波重建的多普勒相位对 DOR 音信号进行多普勒补偿，进而降低 DOR 音信号的跟踪带宽以提高对 DOR 音信号相位的估计精度。DOR 音信号的多普勒模型相位可由式（5-9）计算：

$$\varphi_{\mathrm{DOR}}^{\mathrm{Dop}}(t) = \frac{\omega_{\mathrm{DOR}}}{\omega_{\mathrm{c}}} \varphi_{\mathrm{car}}^{\mathrm{Dop}}(t) \tag{5-9}$$

对于航天器动力下降等高动态飞行段，很难采用航天器先验运动模型辅助信号跟踪，故考虑采用三阶锁相环跟踪航天器下行载波信号，进而对 DOR 音信号进行多普勒补偿以实现相位跟踪。因此提出高动态飞行段航天器 DOR 音信号的相关处理算法，如图 5.2 所示。

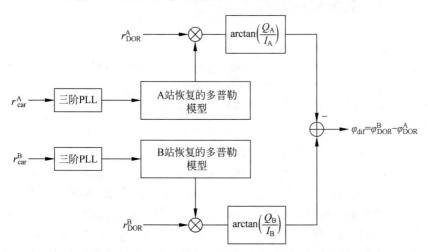

图 5.2 高动态飞行段航天器 DOR 音信号的相关处理算法

具体算法如下：

（1）由三阶锁相环路对载波信号的到达相位进行估计和重建，扣除载波信号发射频率对应的相位，计算得出载波信号上的多普勒相位；

（2）根据式（5-9），计算 DOR 音信号的多普勒模型相位；

（3）由多普勒模型相位产生 DOR 音信号的多普勒模型信号，与 DOR 音原始信号进行复混频，实现多普勒补偿；

（4）对多普勒补偿后的 DOR 音信号进行窄带跟踪，恢复多普勒补偿后的 DOR 音相位；

（5）将多普勒补偿后的 DOR 音相位与 DOR 音信号的多普勒模型相位相加，重建 DOR 音信号的到达相位。

对于每个测站的各个 DOR 音信号分量，分别按照上述步骤进行处理，则航天器 TDOA 观测量可按照式（5-10）计算：

$$
\begin{aligned}
\tau_g^{SC} &= \frac{(\varphi_{\omega_{DOR2}}^B - \varphi_{\omega_{DOR2}}^A) - (\varphi_{\omega_{DOR1}}^B - \varphi_{\omega_{DOR1}}^A)}{\omega_{DOR2} - \omega_{DOR1}} \\
&= \frac{(\varphi_{\omega_{DOR2}}^B - \varphi_{\omega_{DOR1}}^B) - (\varphi_{\omega_{DOR2}}^A - \varphi_{\omega_{DOR1}}^A)}{\omega_{DOR2} - \omega_{DOR1}}
\end{aligned} \tag{5-10}
$$

其中，ω_{DOR1} 和 ω_{DOR2} 分别为航天器最外侧 DOR 音信号的角频率，$\varphi_{\omega_{DOR2}}^B$ 和 $\varphi_{\omega_{DOR1}}^B$ 分别为最外侧 DOR 音信号到达 B 站的相位，$\varphi_{\omega_{DOR2}}^A$ 和 $\varphi_{\omega_{DOR1}}^A$ 分别为最外侧 DOR 音信号到达 A 站的相位。

5.2 异地接收载波辅助算法设计

根据 5.1 节给出的结果，航天器 TDOA 观测量由 DOR 音信号计算得出，因此 DOR 音信号相位的估计精度是决定航天器 TDOA 观测量精度的关键因素之一。而 DOR 音信号相位的精度又受到多普勒补偿的影响，因此各地面接收站的载波相位估计精度是影响航天器 TDOA 观测量精度的重要因素之一。另一方面，载波信号的跟踪门限决定了如图 5.2 所示的高动态飞行段航天器 DOR 音信号相关处理算法的处理门限。根据空间通信信号传输的雷达方程[2]，地面接收天线的品质因数（g/t 值）是决定信号接收信噪比的关键因素之一。小口径天线由于 g/t 值有限，载波相位估计精度较差，接收到的载波信号信噪谱密度比甚至低于高动态跟踪对应的跟踪门限。本节提出一种方法，基于大口径天线接收载波信号估计的多普勒信号对远距离异地小口径天线接收的载波原始信号进行多普勒补偿，降低原始信号中包含的多普勒动态，从而降低小口径天线接收信号的跟踪门限，并提高其载波相位估计精度。下面给出该方法的理论基础。

航天器载波信号到达测站 A 的原始信号 $s_A^{\omega_c}(t)$ 表示为

$$
s_A^{\omega_c}(t) = S_A^{\omega_c} \exp\left[j\left(\omega_c t - \frac{\omega_c}{c}\rho_A(t) + \varphi_A\right)\right] \tag{5-11}
$$

其中，$S_A^{\omega_c}$ 为测站 A 接收到的载波信号的电平，$\rho_A(t)$ 为航天器到测站 A 的几何距离，φ_A 为测站 A 接收到的载波信号的初始相位。

同理，航天器载波信号到达测站 B 的原始信号 $s_B^{\omega_c}(t)$ 为

$$s_{\text{B}}^{\omega_c}(t) = S_{\text{B}}^{\omega_c} \exp\left[\text{j}\left(\omega_c t - \frac{\omega_c}{c}\rho_{\text{B}}(t) + \varphi_{\text{B}}\right)\right] \tag{5-12}$$

其中，$S_{\text{B}}^{\omega_c}$ 为测站 B 接收到的载波信号的电平，$\rho_{\text{B}}(t)$ 为航天器到测站 B 的几何距离，φ_{B} 为测站 B 接收到的载波信号的初始相位。

深空航天器相对于测站站心的多普勒运动包括两部分：一部分是航天器相对于地心的径向运动，一部分是测站随地球自转及航天器相对地心旋转的角运动。由于月球和深空航天器距离地球十分遥远，在地心系下航天器空间角方位变化相比于环绕地球飞行的近地轨道器十分缓慢。而在航天器动力落月、火星大气飞行着陆等高动态飞行期间，航天器到地心的径向距离变化率在短时间内变化很大，因此在航天器高动态飞行期间参与航天器 TDOA 测量的两个地面测站接收到的航天器信号动态具有高度的相关性。由于两个测站的地理位置不同，两测站接收信号间的多普勒差异主要是由两测站在地心系下的柱坐标不同引起的。

为进一步说明上述分析的有效性，以我国"嫦娥三号"着陆器月面动力下降段的标称弹道为例，分析"嫦娥三号"着陆器与位于北半球的中国佳木斯 66m 口径深空站和位于南半球澳大利亚西部隶属于欧洲航天局的新诺舍 35m 口径深空站的站心径向距离变化率。两个深空站彼此相距约 8000km。

在月面动力下降期间，"嫦娥三号"着陆器与佳木斯站、新诺舍站的站心径向距离变化率如图 5.3 所示。由图可见，两条曲线的初值不同，但变化趋势非常相似。

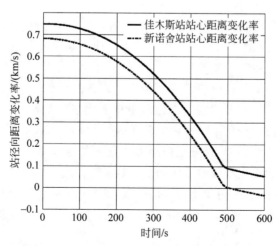

图 5.3 "嫦娥三号"理论落月弹道的站心径向距离变化率计算值对比

为进一步验证站心距离变化率近似计算模型的有效性,分别计算由佳木斯站站心距离变化率曲线、新诺舍站站心距离变化率曲线导出的"嫦娥三号"着陆器地心距离变化率曲线,结果如图 5.4 所示。计算方法为根据"嫦娥三号"着陆器月面动力下降段的标称弹道得出的地心系下着陆器赤经、赤纬及其一阶变化率,结合两个深空站在地心系下的柱坐标按照式(2-4)计算角运动对应的站心距离变化率动态,并将该计算值从总的站心距离变化率中扣除,根据式(2-4),剩余项即着陆器到达深空站地心距离变化率的计算值。

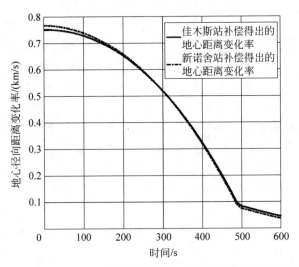

图 5.4 "嫦娥三号"理论落月弹道的地心径向距离变化率计算值对比

可见,按照上述计算方法得出的两条地心距离变化率曲线近似重合,该结果也直接验证了这一分析方法的有效性。曲线间的微小差异是由式(2-4)是站心距离变化率的近似模型引起的。

为评估站间多普勒补偿后残余多普勒动态的大小,图 5.5 给出了两个深空站与"嫦娥三号"着陆器站心径向距离变化率的差异。图中结果表明,差分后的站心距离变化率基本随时间线性变化,差分运算显著消除了航天器高阶动态带来的影响,差分径向距离变化率的变化范围相比于未差分径向距离变化率的变化范围缩小了约 2 个数量级。这一结论表明差分后信号残余动态显著降低,采用较小的环路带宽即可实现对多普勒补偿后载波信号的可靠跟踪,显著降低了信号跟踪门限,并有利于提高载波相位的估计精度。

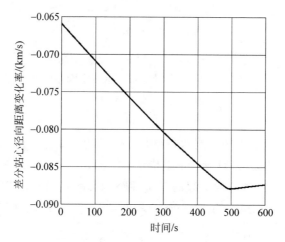

图 5.5 "嫦娥三号"理论落月弹道的差分站心径向距离变化率计算值

5.3 性能因素分析

在 5.1 节和 5.2 节提出的多正弦侧音信号相关处理算法和异地接收载波辅助算法中,对 DOR 音相位估计精度的影响因素主要是 DOR 音的信噪比及载波多普勒补偿的性能。而 Yuen 指出[3],当利用载波信号辅助解调时,载波相位估计的精度会影响多普勒补偿后待解调信号的信噪比,即解调损失,而载波相位估计的精度取决于载波跟踪的环路信噪比;另一方面载波多普勒跟踪的准确性也取决于载波环路的动态跟踪特性。根据 Kaplan 等人的分析[4],当给定载波信噪谱密度比时,载波环路噪声带宽同时决定了载波的动态跟踪特性和环路噪声性能。因此,本节首先考虑载波环路带宽的取值问题,然后讨论载波相位估计不准确带来的解调损失。

5.3.1 最优环路带宽

根据 5.1 节的算法设计,为适应探测器动力飞行段的高动态飞行特性,采用三阶锁相环跟踪载波信号。Kaplan 等人的著作中给出了锁相环的锁定门限经验值和三阶环路在信号加加速度应力下的相位跟踪系统误差[4],主要结论如下。

当载波上无数据调制时,锁相环的经验门限表示为

$$3\sigma_{\mathrm{PLL}} = 3\sigma_j + \theta_e \leqslant 90° \tag{5-13}$$

其中,σ_j 主要为由环路热噪声引起的随机相位抖动,其计算公式为

$$\sigma_j = \frac{360}{2\pi} \sqrt{\frac{B_n}{C/N_0}} \qquad (5-14)$$

其中,θ_e 为锁相环动态跟踪应力误差。当采用三阶环路时,根据 Kaplan 等人给出的一组特定环路滤波器系数的设计结果,环路跟踪的动态应力误差表示为

$$\theta_{e-3order} = 0.4828 \frac{d^3 R/dt^3}{B_n^3} \qquad (5-15)$$

其中,$d^3 R/dt^3$ 为航天器与测站间径向方向上的加加速度(m/s^3),B_n 为环路噪声带宽,0.4828 是对应于一组特定滤波器系数的折算结果。

关于航天器加加速度引起的三阶环路动态跟踪误差,JPL 给出了基于脉冲不变响应(impulse invariance transformation,IIT)设计数字环路滤波器的一般分析结果[5]:

$$\theta_e = 360 \times \frac{f_i}{c} \times \frac{J_0 T^3}{rk} \left[\frac{r(r-k+1)}{4 B_n T(r-k)} \right]^3 \qquad (5-16)$$

其中,f_i 为航天器载波信号的发射频率(Hz),J_0 为航天器相对于测站在径向上的加加速度(m/s^3),r 对应于环路跟踪的阻尼特性,k 对应于环路增益,T 为环路积分时间(一般情况下反比于环路更新率),c 为光速。

为验证式(5-16)的正确性,基于表 5.2 的仿真参数开展了三阶锁相环路在无热噪声影响时加加速度下的稳态跟踪误差。仿真结果如图 5.6 所示。在图 5.6 中,菱形为在不同加加速度对应的信号频率二阶变化率输入下,仿真计算得出的相位跟踪稳定误差统计值;实线为根据式(5-16)计算得出的相位跟踪稳定误差理论计算值,虚线为载波无数据调制时锁相环路跟踪门限对应的相位误差 $\pi/2$。可见,仿真统计值与理论值完全符合,证明式(5-16)是有效的。

表 5.2 时延率方差估计计算参数选取

参 数 项	参 数 值
原始信号复采样率/kHz	200
仿真时长/s	600
环路增益 k	0.25
环路阻尼项 r	2
环路噪声带宽 B_n/Hz	50
环路更新率(1/T)/Hz	500

因此,当载波信噪谱密度比、信号加加速度已经确定,并给定锁相环路的阻尼、增益和更新率等参数时,使跟踪载波的锁相环路输出相位方差最小

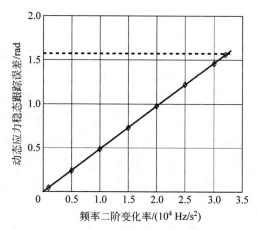

图 5.6　三阶环路动态应力稳态跟踪误差仿真统计值与理论计算曲线的对比

的最优噪声带宽可按照式(5-17)进行求取：

$$(B_n)_{opt} = \underset{B_n}{\arg\min}\left\{3 \times \frac{360}{2\pi}\sqrt{\frac{B_n}{C/N_0}} + 360 \times \frac{f_i}{c} \times \frac{J_0 T^3}{rk}\left[\frac{r(r-k+1)}{4B_n T(r-k)}\right]^3\right\}$$

$$(5-17)$$

　　以"嫦娥三号"动力落月段为例,载波二阶频率变化率的最大值不超过 $10\,\mathrm{Hz/s^2}$,图 5.7 为依据式(5-17)计算得出的不同环路噪声带宽下环路跟踪的相位误差。可见最优环路噪声带宽约为 $20\,\mathrm{Hz}$,相应的环路跟踪相位误差最小值约为 $2.87°$。

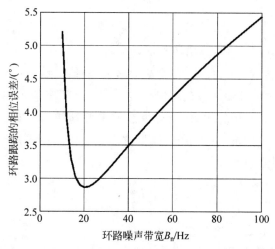

图 5.7　动态应力和热噪声影响下环路稳态跟踪的相位误差随环路噪声带宽的变化

5.3.2　载波辅助相干性损失

由于载波环路跟踪相位存在随机误差,因此利用重建的载波信号对 DOR 侧音信号进行多普勒补偿时,会将这一随机误差代入。产生这一误差的根本原因是接收机热噪声对载波相位估计的影响,因此利用包含噪声影响的重建载波信号对 DOR 侧音信号进行多普勒辅助时会导致性能恶化,其表现形式即多普勒辅助后 DOR 侧音信号的信噪比损失。文献[3]和文献[6]给出了这一物理过程的主要数学描述,这里只给出最主要的数学方程,用于量化分析解调损失的影响。

根据文献[3]的分析,载波相位跟踪误差 ϕ_c 是随机变量,它服从吉洪诺夫分布,其概率密度函数为

$$p(\phi_c) = \frac{e^{\rho_c \cos\phi_c}}{2\pi I_0(\rho_c)}, \quad |\phi_c| \leqslant \pi \tag{5-18}$$

其中,ρ_c 为环路信噪比,$I_0(\cdot)$ 为 0 阶修正的第一类贝塞尔函数。

根据多普勒辅助的计算过程,多普勒辅助后 DOR 侧音波形中将存在由载波相位跟踪误差 ϕ_c 产生的影响因子 C_c:

$$C_c = \cos\phi_c \tag{5-19}$$

由于载波相位跟踪误差 ϕ_c 是随机变量,由 ϕ_c 引起的 DOR 侧音信噪比损失也具有随机分布特性,可利用其期望值表征 ϕ_c 引起的平均信噪比损失。文献[6]给出的分析结果为

$$E[C_c^2] = \int_{-\pi}^{\pi} (\cos\phi_c)^2 \frac{e^{\rho_c \cos\phi_c}}{2\pi I_0 \rho_c} d\phi_c = \frac{1}{2}\left[1 + \frac{I_2(\rho_c)}{I_0(\rho_c)}\right] \tag{5-20}$$

其中,$I_2(\cdot)$ 为 0 阶修正的第一类贝塞尔函数。

为评估式(5-20)的有效性,对载波多普勒辅助这一计算过程进行数值仿真,评估在各种载波环路信噪比下载波相位跟踪误差 ϕ_c 引起的 DOR 侧音信噪比损失。在仿真中,需要计算载波多普勒辅助后对 DOR 侧音进行跟踪时环路锁定后的 DOR 音信噪谱密度比。仿真中采用文献[4]中给出的 C/N_0 估计器进行估计:

$$\frac{\hat{C}}{N_0} = 10 \times \lg\left(\frac{1}{T} \cdot \frac{\hat{\mu}_{NP} - 1}{M - \hat{\mu}_{NP}}\right) \tag{5-21}$$

仿真中采用的参数见表 5.3。

表 5.3 时延率方差估计计算参数选取

参 数 项	参 数 值
原始信号复采样率/kHz	200
仿真时长/s	60
载波(C/N_0)/dB-Hz	25～35
载波环路噪声带宽/Hz	10
载波环路更新率/Hz	100
DOR 侧音(C/N_0)/dB-Hz	25
DOR 侧音环路噪声带宽/Hz	5
DOR 侧音环路更新率/Hz	100
仿真迭代次数	20

  图 5.8 为不同载波环路信噪比下多普勒辅助信噪比损失理论值与仿真统计值(包括统计的误差棒)的对比。图 5.8 的结果表明,理论值曲线和仿真统计值曲线基本一致,因此可利用式(5-20)对载波多普勒辅助的相干性损失进行预测评估。

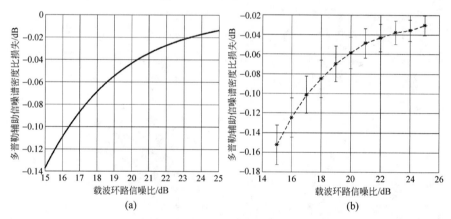

图 5.8 载波辅助相干性损失理论值与仿真统计值的对比
(a) 理论值;(b) 仿真统计值

  图 5.8 的结果同时也说明,当载波环路信噪比为中强水平时,多普勒辅助引起的信噪比损失通常较小。但是当多普勒辅助引起的信噪比损失随载波环路信噪比减小而继续恶化时,则需要考虑多普勒辅助方法中带宽和载波相位跟踪误差的综合影响。一方面在多普勒辅助后,降低了辅助后信号中的动态,采用较小的环路带宽即可实现稳定的相位跟踪并有助于提高环路信噪比,相当于带来了增益;另一方面,多普勒辅助引入了载波相位跟踪

误差,恶化了多普勒辅助后信号的信噪比,带来了损失。当增益大于损失时,适宜采用多普勒辅助方法。5.4 节试验数据验证部分表明,对于同一测站信号间的多普勒辅助,载波辅助后几乎完全消除了信号动态,环路噪声带宽可由 20Hz 降为 1Hz,因此在大部分载波环路信噪比范围内,同一测站内信号间的多普勒辅助方法是有效的。

5.4 "嫦娥三号"实测数据分析与验证

北京时间 2013 年 12 月 14 日 21:00 时许,我国"嫦娥三号"着陆器由 100 km×15 km 环月轨道实施月球软着陆,经过约 10min 的动力飞行,着陆器成功在月面虹湾地区着陆。在着陆器动力飞行期间,我国 VLBI 观测网组织了天马 65m、密云 50m、云南 40m 和乌鲁木齐 25m 共 4 个射电天文天线对着陆器开展观测。据文献报道[7],在"嫦娥三号"动力落月开始后的数分钟时段内,VLBI 观测网未能提供"嫦娥三号"的 TDOA 观测量。

同时,中国佳木斯 66m 深空站、喀什 35m 深空站和欧洲航天局 35m 深空站共同实施了对着陆器的 TDOA 观测试验,如图 5.9 所示。为验证 5.1 节提出的高动态飞行段多正弦侧音信号相关处理的模型与算法及 5.2 节提出的远距离异地载波辅助模型与算法的正确性和适用性,下面利用 3 个深空站天线接收的实测原始数据进行验证。

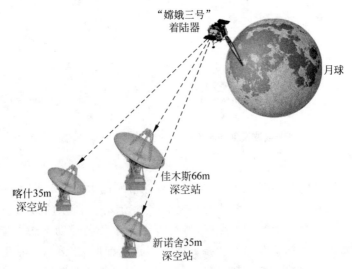

图 5.9 "嫦娥三号"动力落月地面跟踪测量示意图

　　为实施 TDOA 观测试验,"嫦娥三号"着陆器发射的下行信号包括载波及对载波调相的两个 DOR 侧音,信号频谱结构如图 5.10 所示。根据任务设计,每个侧音信号分配的功率相同,且均比载波功率低约 12dB。佳木斯深空站和喀什深空站共采用 5 个通道(第 1 通道对应 DOR 侧音 1,第 3 通道对应 DOR 侧音 2,第 6 通道对应载波,第 8 通道对应 DOR 侧音 3,第 15 通道对应 DOR 侧音 4)分别记录了包括载波在内的 5 个信号分量,新诺舍深空站采用 3 个通道(第 1 通道对应载波,编号第 2 通道对应 DOR 侧音 2,编号第 3 通道对应 DOR 侧音 3)记录了包括载波在内的 3 个信号分量。为适应着陆器动力落月飞行期间的大范围多普勒变化,佳木斯深空站和喀什深空站采用 500kHz 的复采样速率对每个通道的原始信号进行采样,故信号记录带宽为 500kHz。新诺舍深空站采用 200kHz 的复采样率对每个通道原始信号进行了采样,故信号记录带宽为 200kHz。

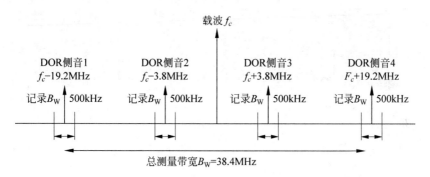

图 5.10 "嫦娥三号"动力落月飞行 TDOA 测量信号记录方案

　　下面首先对佳木斯深空站和喀什深空站的原始信号进行处理,以验证高动态飞行段多正弦侧音信号的相关处理算法。

5.4.1 佳木斯深空站相关处理结果

　　佳木斯站载波记录通道原始信号频谱如图 5.11 所示。

　　以第 1(−19.2MHz DOR 音)、第 8(+3.8MHz DOR 音)通道为例,佳木斯站接收记录的 DOR 音原始信号频谱如图 5.12 所示。

　　利用噪声带宽为 20Hz 的三阶锁相环路对佳木斯站载波通道原始数据进行相位跟踪和信号重建,图 5.13 为载波通道的估计结果。

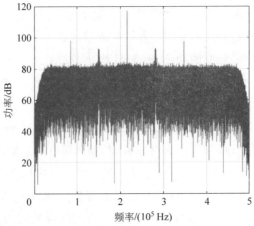

图 5.11 佳木斯深空站载波记录通道原始信号频谱

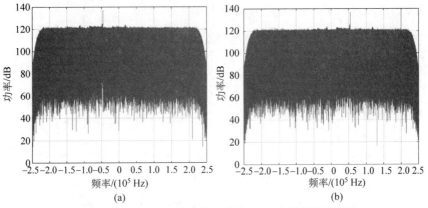

图 5.12 佳木斯深空站接收记录的 DOR 音原始信号频谱

（a）第 1 通道（−19.2MHz DOR 音）；（b）第 8 通道（+3.8MHz DOR 音）

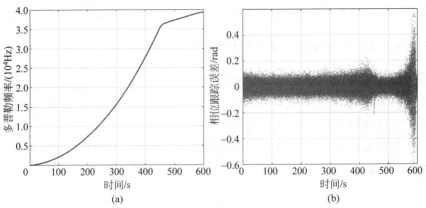

图 5.13 佳木斯深空站载波多普勒跟踪处理结果

（a）多普勒估计结果；（b）锁相跟踪误差

　　基于由佳木斯站载波相位估计结果获取的载波多普勒相位的估计值，对佳木斯站各 DOR 音通道记录的原始信号进行多普勒补偿。以第 1 通道（−19.2MHz DOR 音）、第 8 通道（＋3.8MHz DOR 音）为例，补偿后的信号频谱如图 5.14 所示。

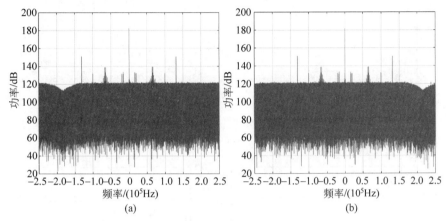

(a)　　　　　　　　　　(b)

图 5.14　佳木斯深空站 DOR 音多普勒补偿后的信号频谱

(a) 第 1 通道（−19.2MHz DOR 音）；(b) 第 8 通道（＋3.8MHz DOR 音）

　　在载波多普勒补偿后，即可利用窄带锁相环路对补偿后各个 DOR 音的原始数据进行相位跟踪与频率估计。图 5.15～图 5.18 为各个通道的处理结果。

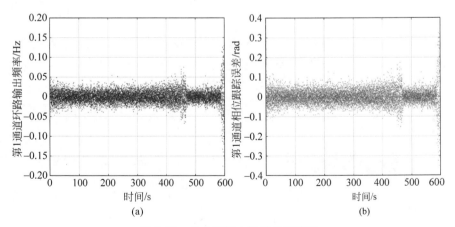

(a)　　　　　　　　　　(b)

图 5.15　佳木斯第 1 通道处理结果

(a) 环路输出频率；(b) 环路跟踪误差

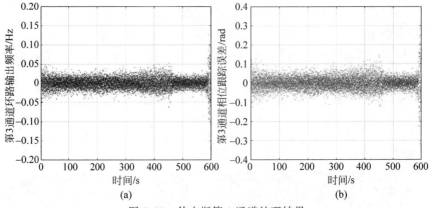

图 5.16 佳木斯第 3 通道处理结果

（a）环路输出频率；（b）环路跟踪误差

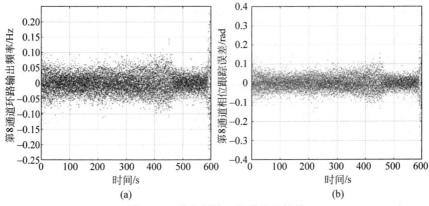

图 5.17 佳木斯第 8 通道处理结果

（a）环路输出频率；（b）环路跟踪误差

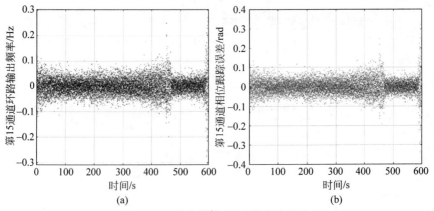

图 5.18 佳木斯第 15 通道估计结果

（a）环路输出频率；（b）环路跟踪误差

5.4.2 喀什深空站相关处理结果

喀什站载波记录通道原始信号频谱如图 5.19 所示。

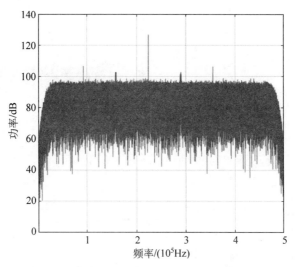

图 5.19 喀什深空站载波记录通道原始信号频谱

以第 3 通道(-3.8MHz DOR 音)、第 15 通道(+19.2MHz DOR 音)为例,喀什站接收记录的 DOR 原始信号频谱如图 5.20 所示。

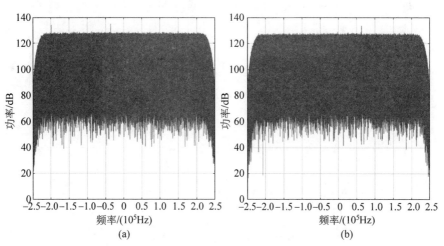

图 5.20 喀什深空站 DOR 音信号记录通道原始信号频谱

(a) 第 3 通道(-3.8MHz DOR 音);(b) 第 15 通道(+19.2MHz DOR 音)

利用噪声带宽为 20Hz 的三阶锁相环路对喀什站载波通道原始数据进行相位跟踪和信号重建,图 5.21 为载波通道的估计结果。

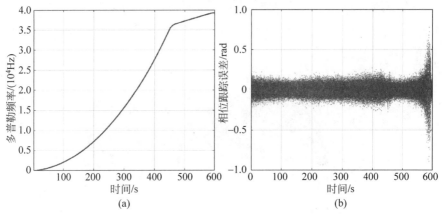

图 5.21 喀什深空站载波多普勒跟踪处理结果
(a) 多普勒估计结果;(b) 锁相跟踪误差

基于由喀什站载波相位估计结果获取的载波多普勒相位的估计值,对喀什站各 DOR 音通道记录的原始信号进行多普勒补偿。以第 3 通道(-3.8MHz DOR 音)、第 15 通道(+19.2MHz DOR 音)为例,补偿后的 DOR 音信号频谱如图 5.22 所示。

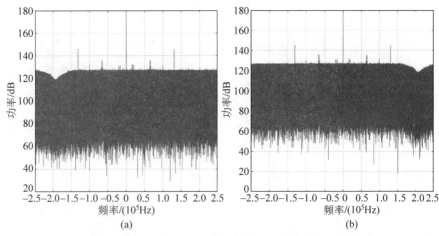

图 5.22 喀什深空站 DOR 音信号多普勒补偿后的信号频谱
(a) 第 3 通道(-3.8MHz DOR 音);(b) 第 15 通道(+19.2MHz DOR 音)

在载波多普勒补偿后,对补偿后各个 DOR 音的原始数据利用窄带锁相环路进行相位跟踪与频率估计。图 5.23~图 5.26 为各个通道的处理结果。

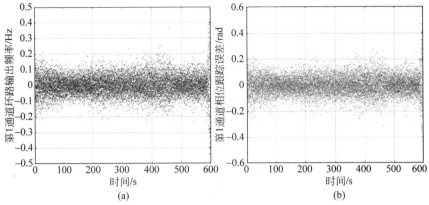

图 5.23 喀什站第 1 通道估计结果

(a) 环路输出频率;(b) 环路跟踪误差

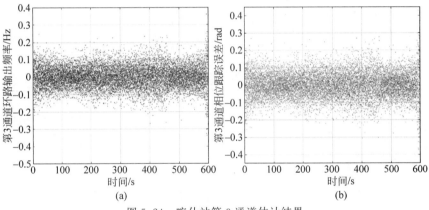

图 5.24 喀什站第 3 通道估计结果

(a) 环路输出频率;(b) 环路跟踪误差

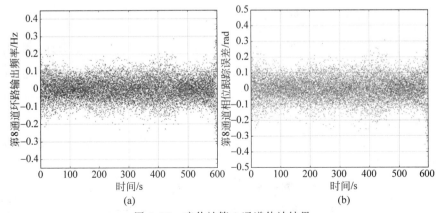

图 5.25 喀什站第 8 通道估计结果

(a) 环路输出频率;(b) 环路跟踪误差

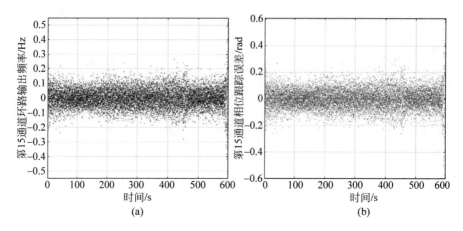

图 5.26 喀什站第 15 通道估计结果

(a) 环路输出频率；(b) 环路跟踪误差

佳木斯深空站、喀什深空站各个通道的相位跟踪误差见表 5.4。

表 5.4 多正弦侧音相关处理算法相位估计误差统计

信 号 分 量	佳木斯深空站	喀什深空站
载波	2.99°	4.89°
DOR 侧音一	2.39°	4.29°
DOR 侧音二	2.06°	4.18°
DOR 侧音三	2.12°	4.29°
DOR 侧音四	2.23°	4.62°

5.4.3　异地载波辅助处理结果

为验证异地载波多普勒辅助算法的有效性,基于佳木斯载波环路输出的载波相位计算得出佳木斯载波的多普勒相位,分别对新诺舍站记录的载波原始信号、DOR 侧音的原始信号进行多普勒补偿,并评估多普勒补偿前后的处理性能。下面为具体的处理结果。

新诺舍站载波通道和 DOR 音通道记录的原始信号频谱如图 5.27所示。

经过多普勒辅助后,新诺舍站载波通道的估计结果如图 5.28 所示。

为进一步验证大口径天线异地载波辅助小口径天线的有效性,对新诺舍站的 DOR 音信号进行处理。新诺舍站 DOR 音信号信噪谱密度比比新诺舍站载波信号低约 12dB,与佳木斯载波信号相比,则等效于 15m 口径天线接收的载波信号。经过多普勒辅助后,新诺舍站 DOR 侧音的多普勒曲线估计结果与图 5.28(b)相似,作为对比,图 5.29 给出了有无多普勒辅助时 DOR 侧音通道相位跟踪误差结果的对比。

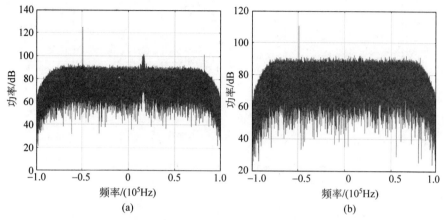

图 5.27 新诺舍深空站记录的原始信号频谱
(a) 载波记录通道;(b) DOR 音记录通道

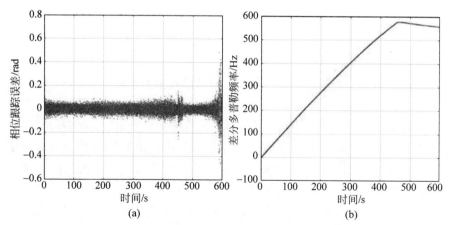

图 5.28 新诺舍深空站载波原始信号异地载波辅助后处理结果
(a) 载波记录通道;(b) DOR 音记录通道

新诺舍站载波和 DOR 侧音的相位跟踪误差统计结果见表 5.5。

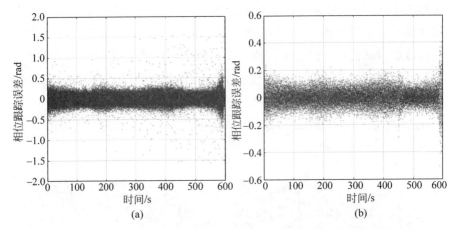

图 5.29 新诺舍深空站 DOR 音信号有无异地载波辅助时处理结果的对比

(a) 无多普勒辅助；(b) 有多普勒辅助

表 5.5 异地载波多普勒辅助相位误差统计

信 号 分 量	新诺舍深空站
载波(多普勒辅助)	3.39°
DOR(无多普勒辅助)	6.99°
DOR(多普勒辅助)	3.40°

5.5 小结

本章提出了高动态飞行段多正弦侧音信号相关处理算法和远距离异地载波辅助算法,并利用"嫦娥三号"动力落月段实测数据验证了算法的正确性和有效性。对互模糊函数相关处理算法性能的分析表明,平方损失、先验模型补偿的残余动态对该处理算法的性能具有显著影响,该算法也未考虑航天器 TDOA 信号频谱中载波功率最强的特性,这些因素是 VLBI 观测网未能提供"嫦娥三号"动力落月段初期 TDOA 观测量的潜在关键问题。而基于深空站接收实测数据的验证结果表明,提出的高动态飞行段多正弦侧音信号相关处理算法恢复和重建了航天器 TDOA 各信号分量的到达相位,实测性能与理论预测性能相符,提出的远距离异地载波辅助算法可有效解决小口径天线跟踪高动态信号的门限问题,估计性能得到了进一步优化。根据航天器 TDOA 信号频谱特性和提出算法的特性,在深空航天器的高动态飞行段,利用地面对航天器可见的最大口径天线接收载波信号并重建载波相位是航天器 TDOA 测量的关键,这进一步突出了深空载波信号估计和多普勒测量的重要性。

参考文献

[1] KAY S. Fundamentals of statistical signal processing: Estimation theory[M]. Upper Saddle: Prentice-Hall,1993.

[2] PROKIS J G. Digital communications [M]. 3rd ed. New York: McGraw-Hill,1995.

[3] YUEN J H. Deep space telecommunications systems engineering[R]. Pasadena: Jet Propulsion Laboratory,California Institute of Technology,1983.

[4] KAPLAN E D,HEGARTY C. Understanding GPS: Principles and applications [M]. Norwood: Artech House,2005.

[5] AGUIRRE S,HURD W J. Design and performance of sampled data loops for subcarrier and carrier tracking [J]. Telecommunications and Data Acquisition Progress Report,1984,79: 81-95.

[6] ROGSTAD D H,MILEANT A,PHAM T T. Antenna arraying techniques in the deep space network: deep space communications and navigation series [M]. Hoboken: John Wiley & Sons,2003.

[7] HUANG Y,CHANG S Q,LI P J, et al. Orbit determination of Chang'E-3 and positioning of the lander and the rover[J]. Chinese Science Bulletin,2014,59: 3858-3867.

第6章

火星EDL段高动态载波跟踪

本章以实现火星着陆器 EDL 段高动态飞行期间载波多普勒频率的高精度估计为着眼点,在第 4 章深入分析序贯 CPF 估计器特性的基础上,提出了序贯 CPF 信号跟踪环路,并给出了算法流程和环路参数设计方法。以美国"好奇号"火星着陆器 EDL 段飞行弹道为基准,对序贯 CPF 信号跟踪环路估计火星 EDL 段着陆器载波多普勒的跟踪门限与估计精度进行了较为全面的仿真和深入的分析评估,并将估计特性与信号功率极值二维搜索算法进行了比较,证明该算法可通过直接估计频率一阶变化率有效提高相干积分时间,实现多普勒高精度估计。最后利用实测的"嫦娥三号"动力落月段载波和 DOR 音信号进一步验证了序贯 CPF 跟踪环路算法的有效性和跟踪性能。6.1 节以"好奇号"EDL 段弹道为例分析了火星 EDL 段信号的典型动态特征;6.2 节在深入研究信号功率极值二维搜索算法特性及其载波捕获模型的基础上,分析提出了改进其估计性能的思路;6.3 节给出了序贯 CPF 信号跟踪环路的具体算法和参数设计方法;6.4 节对序贯 CPF 跟踪环路估计高速气动减速段和降落伞展开段的载波参数进行了较为全面的仿真分析;6.5 节利用序贯 CPF 跟踪环路处理分析了佳木斯深空站、喀什深空站实测的"嫦娥三号"动力落月段载波和 DOR 音信号,进一步验证了序贯 CPF 跟踪环路在估计高动态低信噪比条件下载波参数的性能。

6.1　火星 EDL 段飞行过程与任务概貌

EDL 段是指探测器从太空以轨道环绕速度(或更高的速度)经过一系列复杂的飞行机动到达有大气层的行星(天体)表面的飞行过程。以美国火星科学实验室(又名"好奇号"火星车)为例,EDL 段指火星车由火星接近段直接飞行进入火星大气,历经高速气动减速、降落伞展开等一系列机动动作,最后抵达火星表面[1]的阶段。其中,进入段是指探测器由进入火星大气开始,直至降落伞展开为止的飞行阶段;下降是指降落伞展开以后的飞行阶段,通常利用反推火箭实施减速完成动力下降;着陆是指探测器最后抵达火星表面的机动动作,通常使用多项技术手段综合完成,这些手段包括反推火箭、安全气囊或空中起重机。图 6.1 是 2012 年美国"好奇号"火星车 EDL 段飞行全过程的主要事件流程[1]。

在火星探测器 EDL 段的飞行期间,虽然由于地球与火星间遥远距离引起的传输时延无法对探测器动力飞行进行干预和控制,但地面仅通过接收和检测下行载波信号动态即可判断探测器的飞行动态、监视减速降落伞是否展开等关键机动动作及着陆后的生存状态,进一步的到达时延测量则有助于确定 EDL 段飞行弹道和火星着陆点的位置。

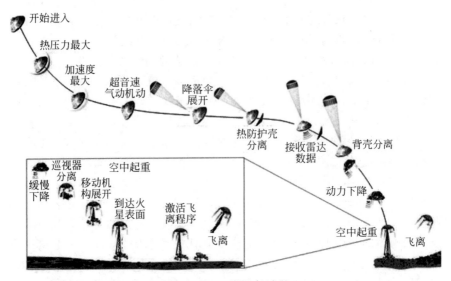

图 6.1 EDL 段飞行过程

目前世界上共有 8 颗无人探测器成功在火星表面软着陆,其中 1 颗属于苏联("火星 3 号")[2],而其余 7 颗均属于美国,分别是"海盗 1 号""海盗 2 号""旅居者号""机遇号""勇气号""凤凰号""好奇号"[3]。在早期火星探测中的"海盗 1 号"和"海盗 2 号"任务中,由于缺乏对火星的了解,着陆方案为着陆器与轨道器组合体首先实现捕获并环绕火星飞行,待初步选定着陆点后再从火星环绕轨道上释放着陆器并软着陆至火星表面[4]。为了节省捕获火星所需的燃料消耗,美国从"旅居者号"任务开始启用了着陆器与轨道器在接近火星前分离,着陆器以超音速弹道飞行接近火星并利用火星大气进行减速,最终在火星表面软着陆[5]的方案,这一方案一直沿用至今。由于火星大气密度仅为地球大气密度的 1/100,着陆器火星大气着陆与地球大气再入着陆的显著差别是在火星着陆期间,只有当着陆器的高度显著降低后速度才会明显下降,若弹道系数过大,则可能出现无法有效减速的情况[6]。因此,着陆器在火星大气的 EDL 段是火星探测任务中难度最大、风险最高的飞行阶段。由于火星距离地球十分遥远,信号传播时延长达 20min,而典型的火星着陆器 EDL 段飞行时间仅持续 5~8min,但检测和估计下行载波动态可完成对着陆器的状态监视,并且为后续的任务设计和飞行验证提供宝贵的实测数据,否则即使任务失败也不能判断事故原因并提出改进措施。例如,美国火星极地着陆器进入火星大气后失去了与地面的联系,由于 EDL 段没有通信链路,NASA 无法查明事故真相[7]。欧洲目前仍未成功实现探测器的火星软着陆,随欧洲航天局"火星快车号"共同发射的英国"猎犬 2 号"探测器在火星 EDL 段也不具备与地面通信的能力,探测器进入火星大气后未能向地面传送数据。虽然欧洲航天局试图查明原因,但由于缺乏数据而迟迟不能定论。直至任务失败 10 年之后,美国发射的"火星勘察者"轨道器利用高清成像设备拍到了"猎犬 2 号"探测器及其降落伞在火星表面的图像,才确认"猎犬 2 号"实施了软着陆,并显示着陆后未能与地面联系的原因是受火星地形影响,太阳帆板展开不足导致无法有效供电以建立星地链路[8]。2016 年欧洲航天局实施的"Schiaparelli"无人探测器最终坠毁于火星表面,基于载波接收信号和回传遥测数据开展的事后分析证明探测器已成功打开降落伞,但由于制导算法内部错误导致反推发动机工作异常而减速不足,该评估结果将为改进后续任务提供主要依据[9]。

6.2 火星 EDL 段载波动态特性分析

为了开展本章的研究工作,以 JPL 公布的"好奇号"探测器 EDL 段事后重建弹道作为基准弹道[10],开展 EDL 段载波参数估计性能的仿真评估。根据对"好奇号"探测器 EDL 段事后重建弹道的分析,从进入火星大气至平稳抵达火星表面全程仅持续约 5min,其典型特征包括高速气动减速和降落伞展开。图 6.2 为探测器的飞行弹道特性和 X 频段载波信号动态分析,可见,短时间内 X 频段载波多普勒变化高达约 160kHz,多普勒一阶导数峰值可达约 3.5kHz/s,多普勒二阶导数峰值出现在降落伞展开时刻,高达约 440Hz/s^2。可见,火星着陆器 EDL 飞行段下行信号具有典型的高动态飞行特征。

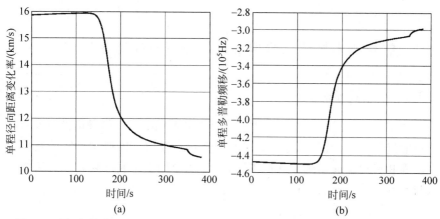

图 6.2 "好奇号"探测器火星 EDL 段飞行弹道与 X 频段载波信号多普勒特性分析
(a) 单程径向距离变化率;(b) 载波单程多普勒;(c) 径向距离变化率一阶导数;
(d) 多普勒一阶导数;(e) 径向距离变化率二阶导数;(f) 多普勒二阶导数

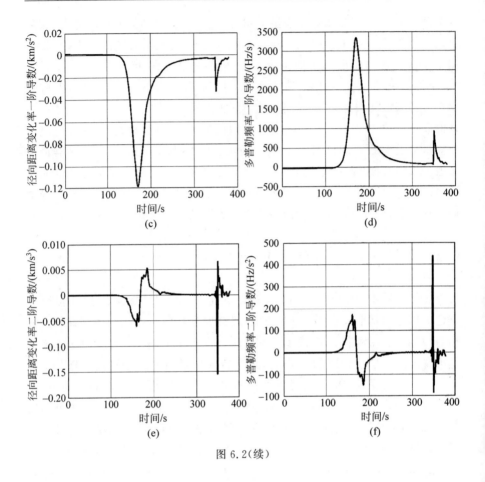

图 6.2(续)

6.3　信号功率极值二维搜索算法模型与性能分析

6.3.1　算法计算模型

为了评估信号功率极值二维搜索算法载波检测概率的理论模型并对算法性能进行仿真验证,首先简要回顾信号功率极值二维搜索算法的具体计算步骤和流程。JPL 在火星着陆器 EDL 段对着陆器下行载波进行频率捕获与参数估计的算法流程可简化为图 6.3[11]。

具体计算步骤如下[11]:

(1) 从接收原始数据中顺序选取第 l 个 T 秒时长的原始数据 $x_l(t)$;

(2) 将第 n_r 个假设的频率变化率产生的模型信号[1]与 $x_l(t)$ 复混

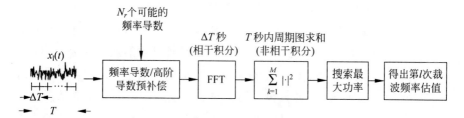

图 6.3 JPL 载波检测估计算法框图

频,即

$$r_{n_r}(t) = x_l(t) \times \exp\left(-2\pi j \hat{f}_{n_r} \cdot \frac{t^2}{2}\right), \quad 0 \leqslant t \leqslant T, \quad 1 \leqslant n_r \leqslant N_r$$

$$(6-1)$$

其中,$\hat{f}_{n_r}$ 为第 n_r 个假设的载波频率变化率(共有 N_r 个假设的载波频率变化率);

（3）将 T 秒时长的 $r_{n_r}(t)$ 数据进一步等分为 M 个子段,每个子段数据的时长为 ΔT 秒,即

$$\Delta T = \frac{T}{M} \tag{6-2}$$

（4）对每个子段数据分别进行 N_{FFT}（$N_{FFT} = F_s \times \Delta T$,$F_s$ 为复采样频率）点的 FFT 变换,频率分辨率为

$$\Delta f = \frac{F_s}{N_{FFT}} \tag{6-3}$$

（5）将每个子段的 FFT 数据做幅值平方后对应求和,得出非相干积分下的周期图:

$$P_{n_r}(f_k), 1 \leqslant n_r \leqslant N_r, \quad f_k \equiv (k/\Delta T)(-N_{FFT}/2 + 1 \leqslant k \leqslant N_{FFT}/2)$$

$$(6-4)$$

（6）可以得出对接收信号载波频率、频率变化率的估计值为

$$\begin{cases} \hat{f}_k \\ \hat{f}_{n_r} \end{cases} = \underset{n_r, k}{\arg\max} \{P_{n_r}(f_k)\} \tag{6-5}$$

6.3.2 检测概率模型

在分析检测概率前,需明确以下假设:

（1）在积分区间 T 内,接收载波的频率随时间线性变化,即忽略频率

高阶变化,频率一阶变化率在 T 内为常数;

(2) 在搜索空间 $N_f = N_{\mathrm{FFT}} \times N_r$ 内,载波信号只存在于一个网格内;

(3) 周期图数据 $P_{n_r}(f_k)$ 可看作 N_f 个统计独立的随机变量。

根据检测理论,进行 FFT 后仅包含噪声的频率窗格内复噪声服从二维中心对称的高斯分布,因此只包含噪声的 $P_{n_r}(f_k)$ 的概率分布服从两自由度的中心卡方分布,包含信号的 $P_{n_r}(f_k)$ 的概率分布服从两自由度的非中心卡方分布。

当所检测的网格中包含信号(即满足 H_1 假设)时有

$$\sum_{n=0}^{N-1} r_{n_r}(n)\exp(-\mathrm{j}2\pi fn) = I + \mathrm{j} \times Q \tag{6-6}$$

其中,$r_{n_r}(n)$ 包含幅度为 A 的复正弦信号及高斯白噪声,因此满足:

$$I = A\cos(\theta) + n_I \sim N(A\cos(\theta), \sigma^2) \tag{6-7}$$

$$Q = A\sin(\theta) + n_Q \sim N(A\sin(\theta), \sigma^2) \tag{6-8}$$

根据统计理论[12]:当假设检验为真时,M 次非相干累加后的功率服从自由度为 $2M$ 的非中心卡方分布,其概率密度函数和概率分布函数分别为

$$f(x \mid H_1) = \frac{1}{2\sigma_{H_1}^2}\left(\frac{x}{s^2}\right)^{(M-1)/2} \exp\left[-\frac{(s^2+x)}{2\sigma_{H_1}^2}\right] \times \mathrm{I}_{M-1}\left(\sqrt{x}\,\frac{s}{\sigma_{H_1}^2}\right), \quad x \geqslant 0 \tag{6-9}$$

$$F(x \mid H_1) = 1 - Q_M\left(\frac{s}{\sigma_{H_1}}, \frac{\sqrt{x}}{\sigma_{H_1}}\right) \tag{6-10}$$

其中,$\mathrm{I}_{M-1}(\cdot)$ 为 $M-1$ 阶修正的第一类贝塞尔函数,Q_M 为广义马库姆 Q 函数。

对于上述正弦信号的 FFT 模型,有

$$\sigma_{H_1}^2 = \sigma^2, \quad s^2 = M(A^2\cos^2\theta + A^2\sin^2\theta) = MA^2 \tag{6-11}$$

其中,M 为做周期图平均的图谱的个数,即周期图非相干累加的次数。因此,当仅包含噪声时,FFT 再平方并经 M 次求和做功率平均(非相干积分)后的功率服从自由度为 $2M$ 的中心卡方分布;当包含信号时,FFT 再平方并经 M 次求和做功率平均(非相干积分)后的功率服从自由度为 $2M$ 的非中心卡方分布。

根据标准非中心卡方分布的定义[13],标准非中心卡方分布是 $2M$ 个均值为 μ_i、方差为 1 的高斯随机变量的和。标准的非中心卡方分布有两个参数非中心参数 λ 和自由度 $2M$,其概率密度函数表示如下:

$$f_x = \frac{1}{2}\exp\left[-\frac{1}{2}(x+\lambda)\right]\left(\frac{x}{\lambda}\right)^{\frac{M-1}{2}} I_{M-1}(\sqrt{\lambda x}) \tag{6-12}$$

对比标准非中心卡方分布和一般非中心卡方分布的概率密度函数,有

$$\lambda = \frac{s^2}{\sigma_{H_1}^2} = \frac{MA^2}{\sigma^2} \tag{6-13}$$

注意到,对于上述正弦信号模型,有

$$\mathrm{CNR} = \frac{A^2}{2\sigma^2 \Delta T} \Rightarrow \frac{A^2}{\sigma^2} = 2\Delta T \times \mathrm{CNR} \tag{6-14}$$

其中,CNR 为载噪谱密度比,ΔT 为 FFT 的相干积分时间。将式(6-14)代入式(6-13)可得:

$$\lambda = \frac{s^2}{\sigma_{H_1}^2} = \frac{MA^2}{\sigma^2} = M \times 2\Delta T \times \mathrm{CNR} = 2T \times \mathrm{CNR} \tag{6-15}$$

式(6-15)利用了 $M \times \Delta T = T$,即总积分时间=非相干积分次数×相干积分时间。

当所检测的频率窗格中只包含高斯噪声时(即 H_0 假设),有

$$\sum_{n=0}^{N-1} r_{n_r}(n)\exp(-\mathrm{j}2\pi fn) = I + \mathrm{j} \times Q \tag{6-16}$$

其中,$r_{n_r}(n)$ 仅包含高斯白噪声,因此满足:

$$I = n_I \sim N(0,\sigma^2) \tag{6-17}$$

$$Q = n_Q \sim N(0,\sigma^2) \tag{6-18}$$

当假设检验为假时,M 次非相干累加后的功率服从自由度为 $2M$ 的中心卡方分布,其概率密度函数和概率分布函数分别为

$$f(x \mid H_0) = \frac{1}{(2\sigma^2)^M \Gamma(M)} x^{M-1} \times \exp\left(-\frac{x}{2\sigma^2}\right), \quad x \geqslant 0 \tag{6-19}$$

$$F(x \mid H_0) = 1 - \exp\left(-\frac{x}{6\sigma^2}\right) \times \sum_{m=0}^{M-1} \frac{1}{m!}\left(\frac{x}{6\sigma^2}\right), \quad x \geqslant 0 \tag{6-20}$$

因此,载波信号可被正确检测的概率为

$$P_{\mathrm{acq}} = \int_{V_T}^{\infty} f(x \mid H_1) \times \left[F(x \mid H_0)\right]^{N_f-1} \mathrm{d}x \tag{6-21}$$

即所有只包含噪声的周期图窗格内的功率均小于唯一包含信号的周期图窗格内的功率,而载波被错误检测的概率为

$$P_{\mathrm{err}} = 1 - P_{\mathrm{acq}} \tag{6-22}$$

JPL 的文献中给出了 JPL 对火星 EDL 段载波捕获的计算公式,但给出

的结果并不一致[11,14]。根据上述对 JPL 捕获算法的梳理,以及结合卡方分布的有关概率模型进行重新分析后,得出的载波捕获概率模型与文献[11]是一致的。

6.3.3 性能与算法处理参数

根据 6.1.2 节对载波捕获概率模型的分析,决定检测概率的主要参数为载噪谱密度比 CNR、相干积分时间 ΔT、总积分时间 T(非相干求和次数 M)和总的搜索网格数 N_f。CNR 由航天器和地面射频链路参数决定,N_f取决于待估参数搜索的状态空间和搜索步长。对捕获概率影响最为显著的参数为相干积分时间 ΔT 和总积分时间 T,这也是信号功率极值二维搜索算法的主要处理参数。

根据 JPL 文献的建议[14],对于相干积分时间 ΔT 和总积分时间 T,通常采用如下参数选取原则和方法。

(1) 对于相干积分时间 ΔT,通常考虑频率一阶变化率在相干积分区间内引起的频率变化量小于 FFT 频率分辨率的 1/4,即 $\dot{f}_{\max} \times \Delta T < \dfrac{\Delta f}{4}$,代入 $\Delta T = \dfrac{1}{\Delta f}$ 可得:

$$\Delta f > \sqrt{4\dot{f}_{\max}} \tag{6-23}$$

(2) 对于非相干积分时间,需要满足在进行非相干累加时,频率二阶变化率带来的频率变化量不超过 FFT 的频率分辨率(否则在进行非相干累加时,信号将分布在两个或以上的频率窗格内),即有 $\dfrac{1}{2}\ddot{f}_{\max} \times T^2 < \Delta f$,变化可得:

$$T < \sqrt{\dfrac{2\Delta f}{\ddot{f}_{\max}}} \tag{6-24}$$

对于上述参数选取原则,原则(2)具有较为直观的物理意义,原则(1)的结论并不直观。由于 JPL 的算法是基于最大功率检测的方法,下面考虑载波信号频率一阶变化率的最大值 $\dot{f}_{\max}$ 和 FFT 步长 Δf 对载波功率检测的影响。在 JPL 处理算法中,对频率一阶变化率采取在搜索空间内遍历搜索的方式进行处理,在每一次对载波信号进行频率一阶变化率的补偿运算后,由于用于补偿的频率一阶变化率数值与载波信号的频率一阶变化率真值总是存在偏差,这一频率变化率偏差将会对信号参数的估计产生影响。

再次利用文献[15]给出的相干性损失函数式(3-8)对$\dot{f}_{\max}$，Δf进行量化计算：

$$G(\Delta \dot{f}) = 20 \times \lg \left\{ \frac{1}{N_{\text{FFT}}} \sum_{i=-\frac{N_{\text{FFT}}}{2}}^{\frac{N_{\text{FFT}}}{2}-1} \exp \left[-2\pi \text{j} \left(\frac{1}{2} \Delta \dot{f} t_i^2 \right) \right] \right\} \quad (6\text{-}25)$$

以 EDL 段的典型参数为例，FFT 的典型分辨率为 $\Delta f = 100\text{Hz}$，因此有

$$N_{\text{FFT}} = \frac{F_s}{\Delta f} = \frac{200\text{kHz}}{100\text{Hz}} = 2000 \quad (6\text{-}26)$$

此时频率一阶变化率补偿后残余误差对信号功率的影响如图 6.4(a)所示，补偿误差对信号功率的衰减影响很小。若 FFT 对应的相干积分时间较长，如从 0.01s 延长到 0.1s，此时 $N_{\text{FFT}} = 20000$，频率一阶变化率的补偿误差对信号功率的影响如图 6.4(b)所示，此时 500Hz/s 的补偿误差带来的功率损失约为 6dB。因此，对于频率一阶变化率数值较大的信号，相干积分时间不宜过长。

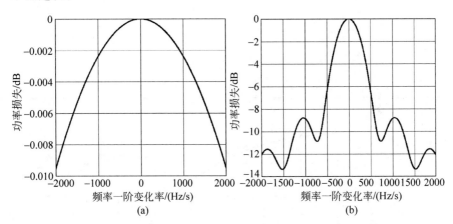

图 6.4　不同 FFT 频率分辨率条件下频率一阶变化率引起的信号功率损失

(a) $\Delta f = 100\text{Hz}$；(b) $\Delta f = 10\text{Hz}$

6.3.4　性能仿真评估

下面评估 JPL 采用的信号功率极值二维搜索算法对 EDL 段载波捕获的性能，并考察不同处理参数对捕获性能的影响，同时与理论计算的捕获概率进行比较。载波捕获仿真计算中采用了三种不同的处理参数，频率搜索范围均为[−100kHz，100kHz]，频率一阶导数搜索范围均为[0，4000Hz/s]，其他捕获处理参数具体数值见表 6.1。

表 6.1   信号功率极值二维搜索算法的仿真参数设置

捕获处理参数	FFT 分辨率 $\Delta f/\mathrm{Hz}$	非相干积分时间 T/s	搜索窗格数 N_f
第一组参数	100	0.5	80000
第二组参数	100	0.25	80000
第三组参数	200	0.5	40000

第一组处理参数下载波捕获仿真计算统计所得的不同信噪谱密度比条件下载波错误捕获概率见表 6.2,捕获概率统计值与捕获概率理论计算值的对比如图 6.5 所示。

表 6.2   第一组处理参数错误捕获概率统计

载波信噪谱密度比(P_c/N_0)/dB-Hz	载波错误捕获概率 P_{err}
18.0	0.756
18.5	0.605
19.0	0.483
19.5	0.348
20.0	0.235
20.5	0.110
21.0	0.044
21.5	0.009
22.0	0.004

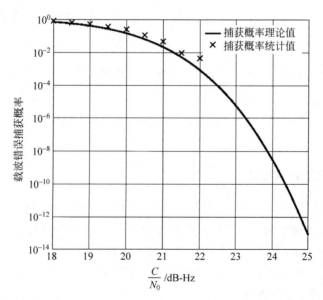

图 6.5   第一组处理参数错误捕获概率统计值与理论值的对比

第二组处理参数下载波捕获仿真计算统计所得的不同信噪谱密度比条件下载波错误捕获概率见表 6.3,捕获概率统计值与捕获概率理论计算值的对比如图 6.6 所示。

表 6.3　第二组处理参数错误捕获概率统计

载波信噪谱密度比(P_c/N_0)/dB-Hz	载波错误捕获概率 P_{err}
20.5	0.513
21.0	0.464
21.5	0.339
22.0	0.219
22.5	0.111
23.0	0.030
23.5	0.009
24.0	0.004
24.5	0.001

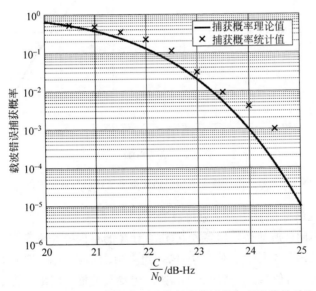

图 6.6　第二组处理参数错误捕获概率统计值与理论值的对比

第三组处理参数下载波捕获仿真计算统计所得的不同信噪谱密度比条件下载波错误捕获概率见表 6.4,捕获概率统计值与捕获概率理论计算值的对比如图 6.7 所示。

表 6.4   第三组处理参数错误捕获概率统计

载波信噪谱密度比(P_c/N_0)/dB-Hz	载波错误捕获概率 P_{err}
20.5	0.469
21.0	0.331
21.5	0.110
22.0	0.038
22.5	0.013
23.0	0.006

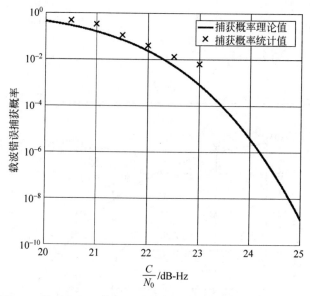

图 6.7   第三组处理参数错误捕获概率统计值与理论值的对比

从上述载波捕获仿真结果可以看出：

（1）不同载波捕获处理参数下,仿真计算的错误捕获概率统计值整体上与理论计算值基本符合。仿真中,第一组参数的捕获门限(即所有仿真样本中均未出现异常值)约为 22.5dB-Hz,第二组参数的捕获门限约为 24.5dB-Hz,第三组参数的捕获门限约为 23.5dB-Hz。

（2）在不同载波捕获处理参数下,仿真计算的错误捕获概率统计值均大于同等载波信噪比条件下的理论计算值。

（3）当载波信噪谱密度比增大到捕获门限附近时,捕获概率统计值偏离理论计算值的幅度较大,即存在"翘尾"现象。

进一步的分析表明：第一组处理参数具有最长的相干积分时间和总积

分时间,因此其对应的捕获门限最低。通过进一步仿真载波在无动态时的错误捕获概率并与理论值进行比较,间接证明载波频率的高动态变化特性为载波捕获带来了等效信噪比损失,这个损失在 0.5～1dB,JPL 在其技术分析报告中也指出了类似的现象[11];临近捕获门限处的"翘尾"现象主要是由仿真样本的数量在高信噪谱密度比条件下不够多引起的。

6.3.5　改善途径分析

在信号检测和参数估计处理过程中,通常希望尽可能地延长积分时间以提高检测和估计性能。而在参数积分过程中,又有相干积分和非相干积分的差别。以错误捕获概率为例,图 6.8 比较了在信噪谱密度比相同时不同积分条件下基于周期图的载波检测性能差异。图 6.8 的实线代表相干积分时间为 0.25s 且不进行非相干积分(即总积分时间＝相干积分时间＝0.25s)时的检测概率曲线,虚线曲线代表相干积分时间为 0.01s 且将 50 个相干积分结果做非相干累加(即总积分时间＝非相干积分时间＝0.5s,相干积分时间 0.01s)时的检测概率曲线。图 6.8 表明,在同等信噪谱密度比条件下,实线对应的检测性能均优于虚线对应的检测性能。因此,尽可能地延长相干积分时间对于提高载波的检测和参数估计性能至关重要。

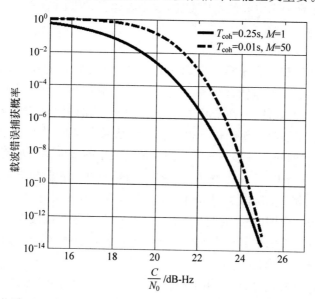

图 6.8　不同积分策略下载波错误捕获概率理论值的对比

延长积分时间的一个重要限制是信号残余动态的影响,将文献[15]给出的相干性损失函数式重写如下:

$$G(\Delta f) = \frac{1}{N} \sum_{i=-N/2}^{N/2} \exp\left[-\mathrm{j} \times 2\pi\left(\Delta f \times t_i + \frac{1}{2} \times \Delta\dot{f} \times t_i^2 + \cdots\right)\right]$$

$$(6\text{-}27)$$

其中,N 为相干积分的信号采样点个数,$t_i = i \times T_s$ 为信号采样时刻,T_s 为采样时间间隔,Δf 为残余频率,$\Delta\dot{f}$ 为残余频率的一阶变化率,$\cdots$代表残余频率的高阶变化率误差对应的相位。式(6-27)说明,包括残余频率、残余频率一阶变化率及高阶变化率在内的信号残余动态引起的相位变化是带来相干积分增益损失最本质的原因。因此,由残余动态在相干积分过程中引起的相位变化带来的相干积分功率损失可以定义为

$$\text{Coherence Loss} = 10 \times \lg[\,|\,G(-\mathrm{j} \times 2\pi \times \Delta\phi_i)\,|^2\,] \quad (6\text{-}28)$$

其中,

$$\Delta\phi_i = 2\pi\left(\Delta f \times t_i + \frac{1}{2} \times \Delta\dot{f} \times t_i^2 + \cdots\right) \quad (6\text{-}29)$$

进一步分析式(6-29)可知,当数值相同时,残余频率一阶变化率引起的相位变化小于残余频率引起的相位变化,这是因为当 $t_i \ll 1$ 时,有

$$\frac{1}{2}t_i^2 \ll t_i \quad (6\text{-}30)$$

图 6.9 比较了当采样率为 200kHz、相干积分时间为 0.25s 时,相同数值条件下残余频率和残余频率一阶变化率对应的相干积分损失。由图可见,在同等数值条件下,残余频率一阶变化率引起的相干积分增益损失远远小于残余频率引起的相干积分损失。这一结果也表明,在同等相干积分损失下,可容忍的残余频率一阶变化率数值远大于残余频率的数值。

图 6.10 评估了采样率为 200kHz 的条件下,相干积分时间分别为 0.25s,0.1s 和 0.05s 时不同数值残余频率及其一阶变化率所引起的相干积分增益损失。由图 6.10 可见,对于同样的相干积分增益损失,仅包含残余频率一阶变化率的信号样本比仅包含同等数值残余频率的信号样本可采用的相干积分时间更长。

由上述分析可见,信号相干积分对频率一阶变化率误差的容忍度相较频率误差更高,因此在频率变化率域上寻找信号功率极值具有潜在的优势。文献[15]给出的对于高动态载波信号的检测和极大似然估计统计量(忽略频率二阶变化率及高阶项)为

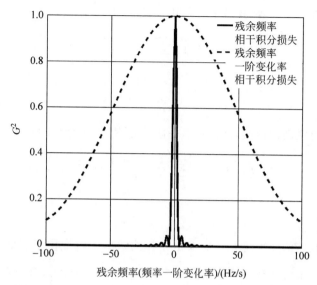

图 6.9 同等相干积分时间下残余频率及其一阶变化率引起的相干损失的对比

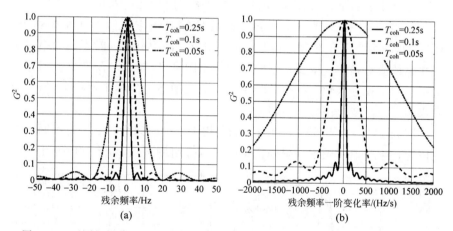

(a)　　　　　　　　　　　(b)

图 6.10 不同相干积分时间下残余频率及其一阶变化率引起的相干性损失的对比
(a) 残余频率；(b) 残余频率一阶变化率

$$L(f,\dot{f}) = \left| \sum_{i=-N/2}^{N/2-1} \tilde{r}_i \, \mathrm{e}^{-2\mathrm{j}\pi \times \frac{1}{2}\dot{f} \times (iT_s)^2} \, \mathrm{e}^{-2\mathrm{j}\pi f \times iT_s} \right| \qquad (6\text{-}31)$$

其中，$\tilde{r}_i$ 为原始信号复采样样本，f 为频率，$\dot{f}$ 为频率一阶变化率，T_s 为采样时间间隔。使式(6-31)最大化的 $f,\dot{f}$ 即为频率及其一阶变化率的极大似然估计。式(6-31)对应的捕获策略是先补偿频率一阶变化率，然后转

化为周期图估计,再在频域上寻找功率极值,即

$$L(f,\dot{f}) = \left| \sum_{i=-N/2}^{N/2-1} \tilde{z}_i \mathrm{e}^{-2\mathrm{j}\pi f \times iT_s} \right| \tag{6-32}$$

其中,

$$\tilde{z}_i = \tilde{r}_i \times \mathrm{e}^{-2\mathrm{j}\pi \times \frac{1}{2}\dot{f} \times (iT_s)^2} \tag{6-33}$$

若对频率进行补偿,估计频率一阶变化率,则统计量的形式可表达为

$$L(f,\dot{f}) = \left| \sum_{i=-N/2}^{N/2-1} \tilde{y}_i \mathrm{e}^{-2\mathrm{j}\pi \times \frac{1}{2}\dot{f} \times (iT_s)^2} \right| \tag{6-34}$$

其中,

$$\tilde{y}_i = \tilde{r}_i \times \mathrm{e}^{-2\mathrm{j}\pi f \times iT_s} \tag{6-35}$$

由于极大似然估计本身并未要求是先补偿频率一阶变化率再估计频率,还是先补偿频率再估计频率一阶变化率,故上述策略并不改变 $L(f,\dot{f})$ 估计的渐进性能。

需要注意的是,上述模型中忽略了频率二阶变化率及更高阶的频率导数,因此需要评估忽略频率变化率高阶导数对频率一阶变化率的影响。图 6.11(a) 为当采样率为 200kHz、相干积分时间为 0.25s 时不同频率二阶变化率数值对频率一阶变化率的影响。由图可见,频率二阶变化率的存在会引起相干积分函数在频率一阶变化率最大增益上的相干性损失,但不会带来频率一阶变化率峰值的偏移。

图 6.11(b) 为当采样率为 200kHz、相干积分时间为 0.25s 时不同频率三阶变化率数值对频率一阶变化率的影响。由图可见,频率三阶变化率的

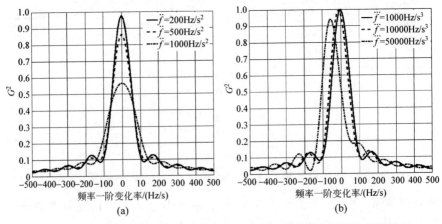

图 6.11 频率高阶导数在频率一阶变化率域上对信号相干积分的影响

(a) 频率二阶变化率;(b) 频率三阶变化率

存在会引起相干积分函数在频率一阶变化率最大增益上的相干性损失,同时会导致频率一阶变化率峰值的偏移。但在相同数值下,频率三阶变化率引起的最大增益上的相干性损失远小于频率二阶变化率引起的最大增益上的相干性损失,因此频率三阶变化率通常可以忽略。图中结果说明,当频率二阶变化率数值较大时,相干性损失才会变得比较显著。在具体信号检测和参数估计问题中,可以评估是否需要进行频率二阶变化率的补偿。

由上述分析可见,若对频率进行补偿、对频率一阶变化率进行搜索或做最大功率搜索,则可以采用更长的相干积分时间以提高对信号的检测概率。需要强调的是,残余频率的存在会显著地影响相干积分函数在频率一阶变化率最大增益上的相干性损失。图 6.12 所示为当相干积分时间为 0.25s 时,残余频率对这一影响的数值计算结果。

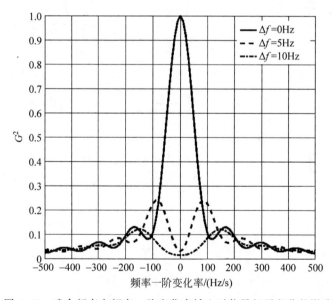

图 6.12　残余频率在频率一阶变化率域上对信号相干积分的影响

6.4　序贯 CPF 信号跟踪环路设计

由 6.3 节的分析可知,在频率一阶变化率域上搜索信号功率极值具有对信号高阶动态容忍性好的优势,第 4 章给出了可在低信噪比条件下连续估计信号频率一阶变化率的序贯 CPF 算法。本节以跟踪火星 EDL 段高动态载波信号为目标,提出可处理高采样率、高动态载波信号的序贯 CPF 跟踪环路。

6.4.1 环路跟踪算法设计

序贯 CPF 算法具有两个特点：一是基于 CPF 估计器，通过将包含信号的原始数据段由中点对分并对折相乘，消除信号频率的影响，直接估计信号的瞬时频率变化率；二是基于序贯处理，利用上一次估计中得到的对信号瞬时频率变化率、频率和相位等的估计值，产生对信号的波形估计，作为本地信号模型，与新的原始采样数据共同构成用于估计瞬时频率变化率的数据段，进而消除由数据样本点对点相乘带来的平方损失。为处理具有高动态特性载波的高采样率原始信号，在第 4 章序贯 CPF 算法中加入了积分降采样环节，图 6.13 为序贯 CPF 信号跟踪环路算法处理流程图。

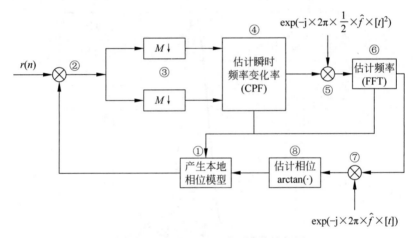

图 6.13　序贯 CPF 跟踪环路算法框图

下面结合图中标号对处理算法进行详细描述：

（1）构建本地模型

在标号①处，由上一次估计得到的瞬时频率变化率、频率和相位构建本地相位模型，即按照式（6-36）进行计算。

$$\hat{\phi}_{\text{local}} = 2\pi \times (\hat{\phi}_0 + \hat{f} \times [t] + \frac{1}{2} \times \hat{\hat{f}} \times [t]^2) \qquad (6-36)$$

其中，$\hat{\phi}_0$ 为上一次估计得到的初始相位（单位：周），$\hat{f}$ 为上一次估计得到的信号频率（单位：Hz），$\hat{\hat{f}}$ 为上一次估计得到的信号频率变化率（单位：Hz/s），$[t]$ 为对应信号采样率的时间序列，有

$$[t] = \left[0, \frac{1}{F_s}, \frac{2}{F_s}, \cdots, \frac{K}{F_s} \right] \tag{6-37}$$

其中,F_s 为原始信号的复采样频率,K 为样本数目。

由本地相位 $\hat{\phi}_{\text{local}}$ 构建对信号波形的估计序列(共 $(K+1)$ 个元素),即

$$\hat{s}_{\text{local}} = \exp(\mathrm{j} \times \hat{\phi}_{\text{local}}) \tag{6-38}$$

(2)数据段对折相乘

接收 K 个新的原始信号样本 $r[n]$,与 $(K+1)$ 个本地波形估计样本按照图 4.7 所示方式排列,共同构成用于估计瞬时频率变化率的数据序列。

对上述序列由中点对分,得到两个长度均为 $(K+1)$ 的样本数据序列。构建复正向序列为

$$\text{spos}[n]: \{\hat{s}[n], r[1], r[2], \cdots, r[K]\} \tag{6-39}$$

构建复反向序列为

$$\text{sneg}[n]: \{\hat{s}[n], \hat{s}[n-1], \hat{s}[n-2], \cdots, \hat{s}[n-K]\} \tag{6-40}$$

将正向序列和反向序列做点对点相乘操作,得到复相关序列为

$$\text{scor}[n] = \text{spos}[n] \times \text{sneg}[n] \tag{6-41}$$

这样即完成了 CPF 估计器对数据段由中点对分、对折相乘的运算。需注意此时相关序列的采样率与原始数据采样率相同,均为 F_s。若在该采样率上直接估计瞬时频率变化率,则瞬时频率变化率的搜索范围为 $[-F_s, F_s]$,通常对于高动态信号的捕获跟踪,原始信号的复采样率在十万赫兹以上。而 EDL 段瞬时频率变化率最大值仅为 3.5kHz,因此搜索范围可进一步降低。

(3)相干积分降采样

相干积分降采样主要有三个作用,一是通过相干累加运算提高数据样本点的信噪比;二是降低对瞬时频率变化率的搜索范围;三是降低数据处理速率。相干积分降采样运算如下:

$$\mathrm{Re}\{\text{scor}[n]\} \overset{M\downarrow}{\Rightarrow} \mathrm{Re}\{\text{sds}[m]\} \tag{6-42}$$

$$\mathrm{Im}\{\text{scor}[n]\} \overset{M\downarrow}{\Rightarrow} \mathrm{Im}\{\text{sds}[m]\} \tag{6-43}$$

其中,$\mathrm{Re}\{\cdot\}$ 表示复数取实部,$\mathrm{Im}\{\cdot\}$ 表示复数取虚部,$\text{sds}[m]$ 为降采样后的数据序列,M 为降采样的倍数,且有

$$M = \frac{F_s}{f_s} \tag{6-44}$$

其中,f_s 为降采样后序列的采样率。

(4) 估计瞬时频率变化率

得到降采样序列 sds[m]后,按照式(6-45)估计瞬时频率变化率,得到瞬时频率变化率的极大似然估计值 $\hat{f}$。

$$\hat{f}_{ML} = \underset{\Omega}{\arg\max} \left\{ \sum_m [sds[m] \times \exp(-2\pi j \times \Omega \times m^2)] \right\} \quad (6\text{-}45)$$

(5) 解调瞬时频率变化率

得出瞬时频率变化率估计值后,按照式(6-46)产生解调瞬时频率变化率的相位序列,即

$$\phi_{fdot} = 2\pi \times \frac{1}{2} \times \hat{f} \times [t']^2 \quad (6\text{-}46)$$

其中,$[t'] = \left(\frac{1}{F_s}, \frac{2}{F_s}, \cdots, \frac{K}{F_s} \right)$。对原始信号样本 $r[n]$解调瞬时频率变化率,即按照式(6-47)运算,得到:

$$r_{dr}[n] = r[n] \times \exp(-j \times \phi_{fdot}) \quad (6\text{-}47)$$

(6) 估计频率

在解调载波频率一阶变化率之后,即可对载波频率进行估计。载波频率的极大似然估计值 $\hat{f}_{ML}$ 为

$$\hat{f}_{ML} = \underset{f}{\arg\max} \left\{ \sum_n [r_{dr}[n] \times \exp(-2\pi j \times f \times t'[n])] \right\} \quad (6\text{-}48)$$

在具体计算中可利用快速傅里叶变换实现。

(7) 解调频率

得出频率的极大似然估计值后,按照式(6-49)产生解调频率的相位序列,即

$$\phi_f = 2\pi \times \hat{f} \times [t'] \quad (6\text{-}49)$$

其中,$[t'] = \left(\frac{1}{F_s}, \frac{2}{F_s}, \cdots, \frac{K}{F_s} \right)$。对原始信号样本 $r[n]$解调频率,即按照式(6-50)运算,得到:

$$r_{df}[n] = r_{dr}[n] \times \exp(-j \times \phi_{fdot}) \quad (6\text{-}50)$$

(8) 估计初始相位

对原始信号样本 $r[n]$解调频率一阶变化率和频率后,在忽略频率高阶变化影响的前提下,此时序列 $r_{df}[n]$在零频附近,由式(6-51)获得对初始相位的极大似然估计。

$$\hat{\phi}_{ML} = \arctan \frac{Im(r_{df}[n])}{Re(r_{df}[n])} \quad (6\text{-}51)$$

6.4.2　环路参数选取

为利用序贯 CPF 信号跟踪算法,在每个环路计算周期内需要读取新的原始数据作为输入,与上一次恢复的信号波形序列共同估计当前周期内的信号瞬时频率变化率,从而恢复新输入原始信号对应的波形。环路计算中有两个非常重要的参数,一是降采样后的数据采样率,二是总的环路积分时间。

降采样后的数据采样率有两方面作用:一是决定了频率变化率的搜索范围;二是决定了降采样后的信号单点信噪比。假设降采样后的数据采样率为 f_s,则对信号瞬时频率变化率的搜索范围为

$$-f_s \leqslant \dot{f} \leqslant f_s \tag{6-52}$$

降采样后信号的单点信噪比 SNR 为

$$\text{SNR} = C/N_0 - 10 \times \lg f_s \tag{6-53}$$

其中,C/N_0 为信号的载噪谱密度比。选取 f_s 的原则如下:

$$\underset{f_s}{\arg\min} \{ f_s \geqslant |\dot{f}_{\max}| \} \tag{6-54}$$

即在满足 f_s 可覆盖信号瞬时频率变化率最大值的前提下,尽可能地降低 f_s,以便尽量提高降采样后的单点信噪比。

在序贯 CPF 信号跟踪算法中,估计信号瞬时频率变化率时,积分累加运算出现在两个位置。一是在图 6.13 的位置③进行累加降采样处理时采用了积分运算,即式(6-42)和式(6-43);二是在图 6.13 的位置④进行瞬时频率变化率估计时采用了积分运算,即式(6-45)。积分时间选取的原则是在保证跟踪信号动态的前提下,尽可能地延长积分时间,以提高对弱信号的处理能力。

在积分过程中,需要考虑频率二阶变化率带来的相干积分增益损失。由于原始数据采样率为 F_s,降采样后的采样率为 $f_s (M = F_s/f_s)$,环路总的积分时间为 T,则每次环路更新计算中输入至环路的原始信号样本点数目为

$$K = F_s \times T \tag{6-55}$$

降采样后样本点数目为

$$N = \frac{K}{M} \tag{6-56}$$

因此,频率二阶变化率带来的相干积分功率损失可近似按照式(6-57)计算。

$$\text{Coherence Loss} = 10 \times \lg[|G|^2] \tag{6-57}$$

其中,

$$G = \frac{1}{M} \sum_{i=-\frac{M}{2}}^{\frac{M}{2}-1} \exp\left\{-2\pi j \times \left[\frac{1}{6}\ddot{f} \times (i \times T_s)^3\right]\right\} \times$$

$$\frac{1}{N} \sum_{i=-\frac{N}{2}}^{\frac{N}{2}-1} \exp\left\{-2\pi j \times \left[\frac{1}{6}\ddot{f} \times (i \times t_s)^3\right]\right\} \quad (6\text{-}58)$$

$$T_s = \frac{1}{F_s}, \quad t_s = \frac{1}{f_s} \quad (6\text{-}59)$$

图 6.14 为当 $F_s = 200\text{kHz}$,$f_s = 4\text{kHz}$ 时,不同数值频率二阶变化率带来的相干积分增益损失随积分时间 T 的变化。可见,随着频率二阶变化率数值的增大,相干积分增益损失随积分时间 T 的延长变得更为严重。

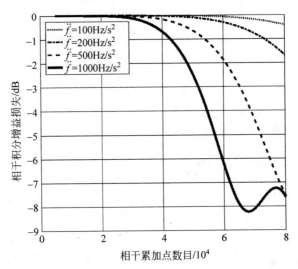

图 6.14 相干积分增益损失随积分点数目的变化

综合考虑相干积分增益随样本点数目增加而增加,以及相干积分增益损失随频率二阶变化率数值增大而恶化这两方面因素的共同影响,在保证瞬时频率变化率搜索范围为 $-F_s \leqslant \dot{f} \leqslant F_s$ 时,总的相干积分增益为

$$\text{Coherent Gain} = 10 \times \lg N + 10 \times \lg[|G|^2] \quad (6\text{-}60)$$

6.4.3 跟踪门限分析

根据序贯 CPF 信号跟踪算法原理,环路工作有两个核心环节:

（1）在图 6.13 中位置②，是上一次环路估计恢复的波形与当前环路新输入原始信号数据的复混频，通过复混频处理，消除了新输入原始信号中频率项对应的相位变化，仅剩余频率一阶变化率及频率高阶项对应的信号相位变化。若上一次环路估计恢复信号的频率与新输入原始信号的频率存在很大偏差，则不能够消除新输入原始信号数据中频率项对应的相位变化，残余频率的影响会导致瞬时频率变化率估计性能的恶化；

（2）在图 6.13 中位置⑤和⑥，解调瞬时频率变化率然后估计频率。若瞬时频率变化率估计不准确，会带来频率估计性能的恶化。

上述两方面因素共同决定了序贯 CPF 信号跟踪算法的跟踪门限。下面进行具体数值分析。对于残余频率的影响，Δf 大小的残余频率带来的相干积分功率损失为

$$\text{Coherence Loss} = 10 \times \lg \mid G\left[2\pi(\Delta f \times t_i)\right] \mid^2 \qquad (6\text{-}61)$$

取 $F_s = 200\text{kHz}$，$T = 0.25\text{s}$，则不同残余频率数值对 CPF 谱的影响如图 6.15 所示。由图可见，当频率偏差为 1Hz 时，相干积分增益损失约为 1dB；当频率偏差为 2Hz 时，相干积分增益损失可达 4dB。因此，为了维持有效的相干积分增益，频率偏差不宜过大。

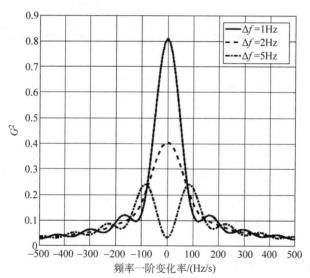

图 6.15 残余频率对 CPF 谱影响的特性

将估计得出的瞬时频率变化率解调后，残余 $\Delta \dot{f}$ 带来的相干积分功率损失如式（6-62）所示。

$$\text{Coherence Loss} = 10 \times \lg \left| G\left[2\pi \left(\frac{1}{2} \times \Delta \dot{f} \times t_i^2 \right) \right] \right|^2 \qquad (6\text{-}62)$$

仍取 $F_s = 200\text{kHz}$，$T = 0.25\text{s}$，则不同残余频率一阶变化率数值对周期图谱的影响如图 6.16 所示。可见，周期图谱对残余频率一阶变化率具有较强的容忍性，当 $\Delta \dot{f} = 50\text{Hz/s}$ 时，相干积分增益损失约为 2.4dB。

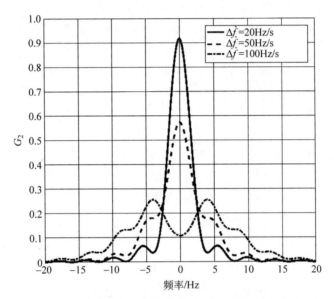

图 6.16　残余频率一阶变化率对周期图谱影响的特性

根据上述分析，环路跟踪门限的经验条件可以近似取为

$$\sqrt{\text{Var}(\hat{f})} \leqslant 2 \qquad (6\text{-}63)$$

$$\sqrt{\text{Var}(\hat{\dot{f}})} \leqslant 50 \qquad (6\text{-}64)$$

为进一步研究环路跟踪门限，需分析在环路工作的积分时间下频率和频率一阶变化率估计的均方误差特性。

对于频率估计的均方误差特性，采用文献[15]给出的方法。下面将该方法用本书的符号给出。当复采样频率为 F_s 时，对频率估计的范围为 $[-F_s/2, F_s/2]$。因此，当信噪比低于估计门限出现估计野值时，频率估计野值的方差为

$$\text{Var}(\hat{f} \mid \text{outlier}) = \frac{1}{F_s} \int_{-F_s/2}^{F_s/2} x^2 \, \mathrm{d}x = \frac{2}{F_s} \times \frac{1}{3} x^3 \Big|_0^{F_s/2} = \frac{F_s^2}{12} \qquad (6\text{-}65)$$

而当信噪比高于估计门限时，频率的极大似然估计方差渐进满足克拉美罗

界[16],即有

$$\mathrm{Var}(\hat{f} \mid \mathrm{no\ outlier}) \geqslant \frac{1.5}{\pi^2} \times \frac{1}{\mathrm{SNR} \times T_\mathrm{s}^2 N^3} \qquad (6\text{-}66)$$

其中,$\mathrm{SNR} = A^2/2\sigma^2$ 为环路中降采样后复信号样本的单点信噪比,T_s 为原始信号的采样周期,N 为用于估计的样本点数目。

根据全概率计算公式,在各个信噪比条件下频率估计的方差这一事件可分为两种情况,一种是频率估计错误(即频率估计出现野值)时的估计方差,一种是频率估计正确时的估计方差,因此有

$$\mathrm{Var}(\hat{f}) = (1 - P_{\mathrm{acq1}}) \times \mathrm{Var}(\hat{f} \mid \mathrm{outlier}) + P_{\mathrm{acq1}} \times \mathrm{Var}(\hat{f} \mid \mathrm{no\ outlier})$$

$$\geqslant (1 - P_{\mathrm{acq1}}) \times \frac{F_\mathrm{s}^2}{12} + P_{\mathrm{acq1}} \times \frac{1.5}{\pi^2} \times \frac{1}{\mathrm{SNR} \times T_\mathrm{s}^2 N^3}$$

$$(6\text{-}67)$$

其中,P_{acq1} 为正确估计频率的概率。

对于频率一阶变化率估计方差的分析,4.3.2 节采用类似分析方法给出了估计方差的离散形式,下面给出连续形式,当降采样后的复采样频率记为 f_s 时,对频率估计的范围为 $[-f_\mathrm{s}, f_\mathrm{s}]$。因此,当信噪比低于估计门限出现估计野值时,频率一阶变化率估计野值的方差为

$$\mathrm{Var}(\hat{\dot{f}} \mid \mathrm{outlier}) = \frac{1}{2f_\mathrm{s}} \int_{-f_\mathrm{s}}^{f_\mathrm{s}} x^2 \mathrm{d}x = \frac{1}{f_\mathrm{s}} \times \frac{1}{3} x^3 \Big|_0^{f_\mathrm{s}} = \frac{f_\mathrm{s}^2}{3} \qquad (6\text{-}68)$$

而当信噪比高于估计门限时,频率一阶变化率的极大似然估计方差渐进满足克拉美罗界[15],即有

$$\mathrm{Var}(\hat{\dot{f}} \mid \mathrm{no\ outlier}) \geqslant \frac{90}{\pi^2 \times \mathrm{SNR} \times T_\mathrm{s}^4 N^5} \qquad (6\text{-}69)$$

其中,$\mathrm{SNR} = A^2/2\sigma^2$ 为环路中降采样后复信号样本的单点信噪比,t_s 为降采样后的采样周期,N 为用于估计的样本点数目。

因此,频率一阶变化率估计均方误差为

$$\mathrm{Var}(\hat{\dot{f}}) \geqslant (1 - P_{\mathrm{acq2}}) \times \mathrm{Var}(\hat{\dot{f}} \mid \mathrm{outlier}) + P_{\mathrm{acq2}} \times \mathrm{Var}(\hat{\dot{f}} \mid \mathrm{no\ outlier})$$

$$= (1 - P_{\mathrm{acq2}}) \times \frac{F_\mathrm{s}^2}{3} + P_{\mathrm{acq2}} \times \frac{90}{\pi^2 \times \mathrm{SNR} \times T_\mathrm{s}^4 N^5}$$

$$(6\text{-}70)$$

其中,P_{acq2} 为正确估计瞬时频率变化率的概率。4.3.2 节给出了 P_{acq2} 的离散形式,下面给出连续形式:

$$P_{\mathrm{acq2}} = \int_0^\infty f(x \mid H_1) \times \left[F(x \mid H_0) \right]^{N_f - 1} \mathrm{d}x \tag{6-71}$$

其中,

$$f(x \mid H_1) = \frac{1}{2} \exp\left[-\frac{1}{2}(x + \lambda) \right] \mathrm{I}_0(\sqrt{\lambda x}), \quad x > 0 \tag{6-72}$$

$$\lambda = 2T \times (C/N_0) \tag{6-73}$$

$$f(u \mid H_0) = \frac{1}{2} \mathrm{e}^{-\frac{u}{2}}, \quad u > 0 \tag{6-74}$$

$$F(x \mid H_0) = \int_0^x f(u \mid H_0) \mathrm{d}u \tag{6-75}$$

其中,T 为相干积分时间,C/N_0 为载噪谱密度比。

6.5 EDL 段 CPF 跟踪环路估计性能仿真

下面基于"好奇号"火星 EDL 段弹道,对序贯 CPF 信号跟踪环路处理高动态载波的估计性能进行仿真与分析,并与信号功率极值二维搜索算法的估计性能进行对比。由图 6.2 可见,着陆器 EDL 段飞行期间的高速气动减速段和降落伞展开段的动态特性具有显著差异,因此对这两个飞行段分别开展仿真性能分析和评估。

6.5.1 气动减速段跟踪性能

EDL 段弹道动态较大,引起的多普勒频率二阶变化率数值较大,因此,需要评估可采用的最长环路积分时间(对应于跟踪门限)。根据图 6.2 所示的 EDL 段多普勒二阶变化率,EDL 段可分为两个阶段:一是高速气动减速段,此阶段对应图 6.1 所示的 0~300s,期间多普勒频率一阶变化率连续光滑变化,多普勒频率二阶变化率绝对值的最大值约为 $180\mathrm{Hz/s^2}$;第二阶段是降落伞展开阶段,此阶段对应图 6.2 所示的 300~380s,期间多普勒二阶变化率初始期间维持在 0,在约 350s 处突然跳变至 $440\mathrm{Hz/s^2}$,然后快速衰减至 0。因此,基于序贯 CPF 信号跟踪算法对 EDL 段的信号跟踪也可拆分为两个阶段,即高速气动减速段的跟踪和降落伞展开阶段的跟踪。

对于高速气动减速段,取多普勒频率二阶变化率绝对值为 $200\mathrm{Hz/s^2}$;对于降落伞展开阶段,取多普勒频率二阶变化率绝对值为 $500\mathrm{Hz/s^2}$,则不同环路积分时间数值下相干积分增益曲线如图 6.17 所示。由图可见,对于高速气动减速段,可取的最长积分时间约为 0.35s;而对于降落伞展开段,可取的最长积分时间约为 0.25s。

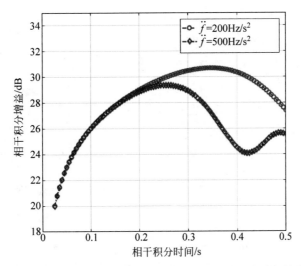

图 6.17　不同频率二阶变化率下相干积分增益随积分时间的变化

需要注意的是,这是理论分析给出的关于积分时间最大值的建议值,若超过这一数值,不但不能获得最大的相干积分增益,还会使环路由于积分时间过长导致动态响应能力恶化。此外,相干积分时间对跟踪环路适应信号动态的能力具有显著影响,在实际环路处理中需要对积分时间的选择做进一步的验证分析。

下面对跟踪门限进行蒙特卡罗仿真分析验证,仿真参数见表 6.5。

表 6.5　气动减速段序贯 CPF 跟踪环路门限仿真参数设置

仿真参数设置	参 数 取 值
降采样后采样率/kHz	4
积分时间/s	0.15,0.2,0.25
仿真打靶次数	100

在给出各组仿真参数下 CPF 跟踪环路门限仿真统计结果以前,首先根据式(6-67)和式(6-71)给出的频率、频率一阶变化率 MSE 的理论计算公式计算仿真参数下均方根误差(root of mean squared error,RMSE)的理论性能,并与克拉美罗界方差平方根(root of Cramer-Rao lower bound,RCRLB)进行比较,结果如图 6.18 所示。

按照表 6.5 给出的仿真参数,在各个积分时间下,仿真计算中不同载波信噪谱密度比对应的序贯 CPF 跟踪环路失锁概率统计结果如图 6.19 所示。0.25s 积分时间对应的跟踪门限约为 22.6dB-Hz,0.2s 积分时间对应

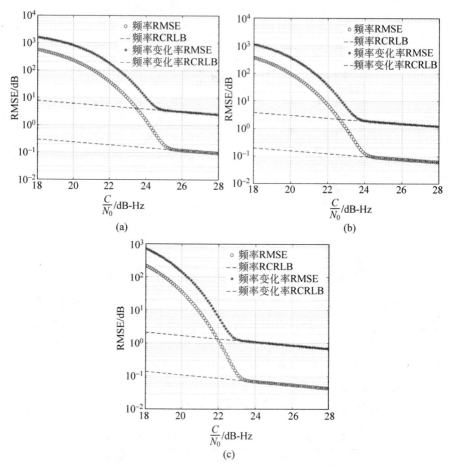

图 6.18　不同积分时间下序贯 CPF 跟踪环路频率、频率一阶变化率 MSE 的理论性能
(a) 0.15s；(b) 0.20s；(c) 0.25s

的跟踪门限约为 23.6dB-Hz，0.15s 积分时间对应的跟踪门限约为 25.2dB-Hz。对比图 6.18 和图 6.19 可知，仿真计算的统计结果与理论 RMSE 的跟踪门限性能基本吻合。

序贯 CPF 跟踪环路在载波跟踪门限时的跟踪误差性能在 6.4.3 节给出。

当 C/N_0 分别为 22.6dB-Hz 和 21.8dB-Hz 时，100 次蒙特卡罗仿真给出的瞬时频率变化率估计结果如图 6.20 所示，瞬时频率估计结果如图 6.21 所示。可见当序贯 CPF 跟踪环路失去对信号的锁定后，仍有重新捕获和跟踪信号的可能，但由于信噪谱密度比低于跟踪门限，不能连续稳定地跟踪信号,这是序贯 CPF 跟踪环路的特性之一。

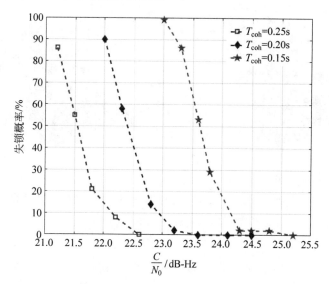

图 6.19 不同积分时间下序贯 CPF 跟踪环路的失锁概率统计

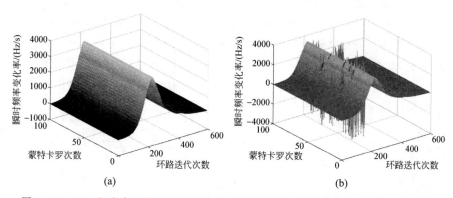

图 6.20 EDL 段中高速气动减速段频率一阶变化率估计的蒙特卡罗仿真结果对比

(a) $\frac{C}{N_0}$＝22.6dB-Hz;(b) $\frac{C}{N_0}$＝21.8dB-Hz

6.5.2 降落伞展开段跟踪性能

对于降落伞展开段,如图 6.2 所示,开伞前,多普勒一阶导数在经历高速气动减速飞行的大幅连续变化后已逐渐趋于平稳,多普勒二阶导数也接近 0。当降落伞展开时,多普勒一阶导数和二阶导数均瞬间急剧增大,多普勒一阶导数由 100Hz/s 瞬间增大至约 950Hz/s,多普勒二阶导数由 0 瞬间

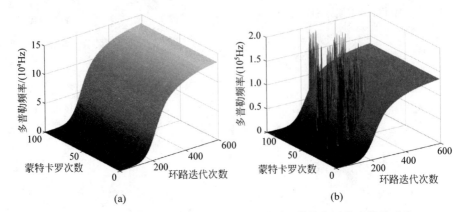

图 6.21　EDL 段中高速气动减速段频率估计的蒙特卡罗仿真结果对比

(a) $\dfrac{C}{N_0}=22.6\text{dB-Hz}$；(b) $\dfrac{C}{N_0}=21.8\text{dB-Hz}$

增大至约 440Hz/s^2。随后多普勒一阶导数、二阶导数快速衰减至 0 附近，呈明显的单脉冲响应。这一飞行动态特征要求跟踪算法具有良好的动态响应特性。根据图 6.17 的分析，当多普勒二阶导数为 500Hz/s^2 时，最大的相干积分增益可在 0.25s 积分时取得，但长时间的相干积分会显著降低算法的动态响应特性。进一步的仿真分析表明，当积分时间为 0.1s，信噪谱密度比为 29dB-Hz 时，可连续稳定地跟踪信号，估计频率和频率变化率。图 6.22 给出了信噪谱密度比为 29dB-Hz 时一次蒙特卡罗仿真中多普勒频率估计的结果。

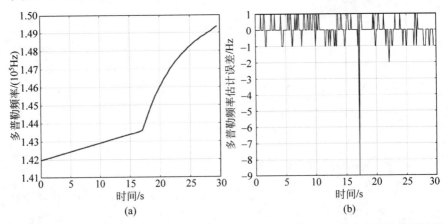

图 6.22　信噪谱密度比为 29dB-Hz 时降落伞展开段一次蒙特卡罗仿真中载波估计结果

(a) 多普勒估计结果；(b) 多普勒估计误差

当 C/N_0 分别为 29.0dB-Hz 和 26.0dB-Hz 时,100 次蒙特卡罗仿真给出的瞬时频率变化率估计结果如图 6.23 所示,瞬时频率估计结果如图 6.24 所示。

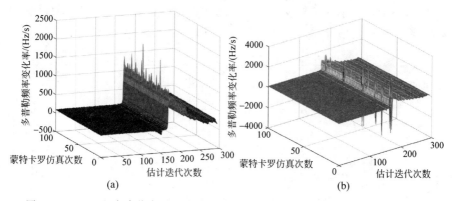

图 6.23　EDL 段中降落伞展开段频率一阶变化率估计的蒙特卡罗仿真结果对比

(a) $\dfrac{C}{N_0} = 29\text{dB-Hz}$;(b) $\dfrac{C}{N_0} = 26\text{dB-Hz}$

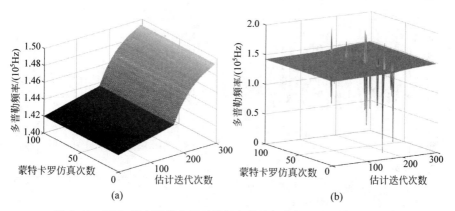

图 6.24　EDL 段中降落伞展开段频率估计的蒙特卡罗仿真结果对比

(a) $\dfrac{C}{N_0} = 29\text{dB-Hz}$;(b) $\dfrac{C}{N_0} = 26\text{dB-Hz}$

6.5.3　跟踪性能对比

下面对比和分析序贯 CPF 跟踪环路算法与信号功率极值二维搜索算法对 EDL 段载波跟踪和估计的门限条件下的跟踪性能。

序贯 CPF 跟踪环路算法在 C/N_0 为 22.6dB-Hz 时对载波的估计结果如图 6.25 所示。信号功率极值二维搜索算法在 C/N_0 为 22.5dB-Hz 时对载波的估计结果如图 6.26 所示。由两图结果对比可见,基于直接估计多普勒频率一阶变化率并延长相干积分时间的方式有效提高了对多普勒频率及其一阶变化率的估计精度。两种算法的估计误差统计见表 6.6。

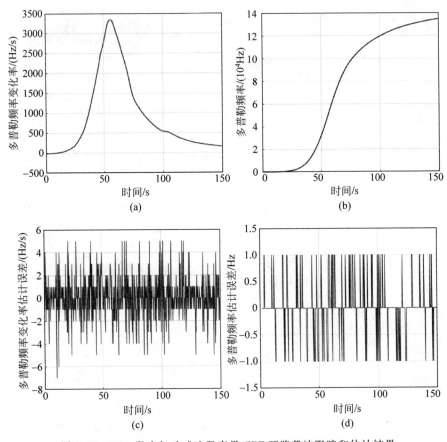

图 6.25　EDL 段中气动减速段序贯 CPF 环路载波跟踪和估计结果

(a) 多普勒频率变化率;(b) 多普勒频率;(c) 多普勒频率变化率估计误差;(d) 多普勒频率估计误差

表 6.6　气动减速段序贯 CPF 跟踪环路门限仿真参数设置

估 计 算 法	序贯 CPF 跟踪算法	信号功率极值二维搜索算法
多普勒一阶变化率/(Hz/s)	1.99	82.7
多普勒频率/Hz	0.45	26.6

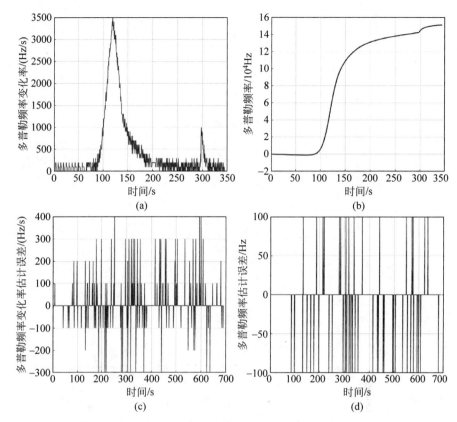

图 6.26　EDL 段中气动减速段信号功率极值二维搜索算法载波跟踪和估计结果

（a）多普勒频率变化率；（b）多普勒频率；（c）多普勒频率变化率估计误差；（d）多普勒频率估计误差

6.6　CPF 跟踪环路实测数据分析与验证

　　为了对序贯 CPF 跟踪环路的性能做进一步验证，下面以"嫦娥三号"动力落月段佳木斯深空站、喀什深空站实际接收的原始信号为例，进行实测数据的分析和验证。

　　为确定环路参数，首先对"嫦娥三号"落月飞行期间的多普勒频率一阶导数和二阶导数进行分析。以"嫦娥三号"落月段设计弹道（即飞行弹道的理论模型）为依据，佳木斯深空站、喀什深空站接收的"嫦娥三号"载波信号多普勒频率的预测值如图 6.27 所示。

　　由图 6.27 可见，佳木斯站和喀什站多普勒频率曲线的变化趋势基本一致，这一点也在图 6.28(a) 中得到了印证，两站多普勒频率曲线的初值不同

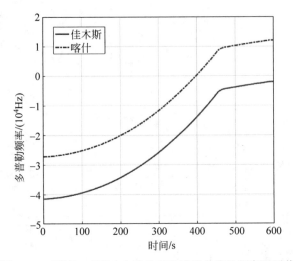

图 6.27 "嫦娥三号"动力落月理论弹道多普勒频率预测值

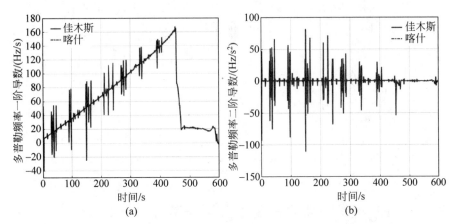

(a)　　　　　　　　　　　　(b)

图 6.28 "嫦娥三号"动力落月理论弹道多普勒频率导数预测值

(a) 多普勒频率一阶导数；(b) 多普勒频率二阶导数

是由两测站的空间地理位置不同引起的。图 6.28(a)显示"嫦娥三号"飞行器开始动力飞行后，多普勒频率一阶导数呈线性变化，表明飞行器的加速度是在推力发动机工作期间线性变化，在+460s 前后发动机推力的阶跃式降低导致多普勒频率一阶导数在短时间内锐减。图 6.28(b)也显示在+460s 前后，多普勒频率二阶导数数值增大，证明多普勒频率一阶导数数值较大。图 6.28 中多普勒频率一阶导数曲线、多普勒频率二阶导数曲线的毛刺主要是由理论弹道的插值引起的。图中预测结果分析表明，动力落月期间，多普勒频率一阶导数的最大值约为 $165\mathrm{Hz/s}$,多普勒频率二阶导数在 $0\sim$ $+460\mathrm{s}$ 期间约为 $+0.36\mathrm{Hz/s^2}$,在 $+460\mathrm{s}$ 前后发动机推力阶跃式变化期间多普勒频率二阶导数约为 $7\mathrm{Hz/s^2}$。

根据式(6-54),环路内降采样后的复数据速率 f_s 需要大于等于多普勒频率一阶导数最大值。由于佳木斯站、喀什站信号的复采样速率 F_s 为 $500\mathrm{kHz}$,考虑 F_s 可被 f_s 整除,且对多普勒频率一阶导数最大值留有一定余量,因此选取 f_s 为 $400\mathrm{Hz}$。

对于环路相干积分时间,需要考虑多普勒频率二阶导数引起的相干积分增益损失的影响。图 6.29 是根据式(6-60)计算得出的多普勒频率二阶导数分别为 $+0.4\mathrm{Hz/s^2}$ 和 $+7\mathrm{Hz/s^2}$ 时不同相干积分时间对应的积分增益。

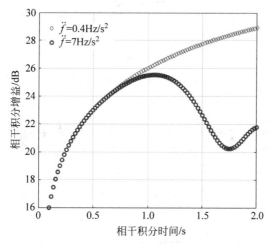

图 6.29 "嫦娥三号"落月段不同频率二阶变化率下
相干积分增益随积分时间的变化

由图 6.29 可以看出,当多普勒频率二阶导数为 $+0.4\mathrm{Hz/s^2}$ 时,为获取较高的相干积分增益,相干积分时间可尽量延长,但是当多普勒频率二阶导数为 $+7\mathrm{Hz/s^2}$ 时,相干积分增益在相干积分时间为 $1.06\mathrm{s}$ 时达到最大。考虑对整个落月段原始数据采用同一环路参数进行连续处理,环路积分时间取为 $1\mathrm{s}$。

为了验证序贯 CPF 跟踪算法的有效性,分别对信噪谱密度比较强的佳木斯站接收的载波信号和较弱的喀什站接收的 DOR 音信号进行处理。在"嫦娥三号"动力落月期间这两个信号的信噪谱密度比的估计结果如图 6.30 所示。图中菱形为佳木斯站接收的载波信号的信噪谱密度比估计结果,圆形为喀什站接收的 DOR 音信号的信噪谱密度比估计结果,方形为两个信号信噪谱密度比之差。

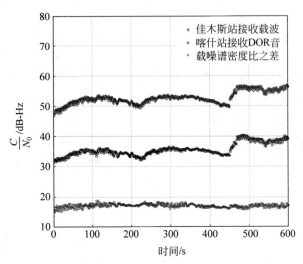

图 6.30 "嫦娥三号"动力落月段载波信号和 DOR 音
信号载噪谱密度比之差

由于佳木斯站接收的载波信号信噪谱密度比更强,首先对佳木斯站载波信号进行处理,将序贯 CPF 跟踪环路估计的多普勒瞬时频率变化率和多普勒频率估计结果与三阶锁相环路估计的多普勒频率及导出的多普勒频率变化率结果进行对比。图 6.31 和图 6.32 给出了对齐时标后两种估计算法结果的对比。

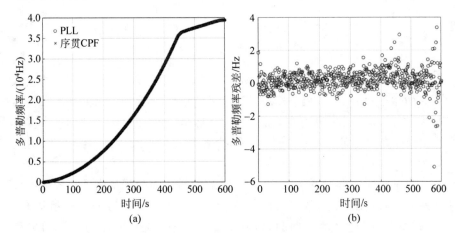

图 6.31 佳木斯深空站载波信号多普勒频率估计结果的对比

(a) 多普勒频率;(b) 二者估计结果之差

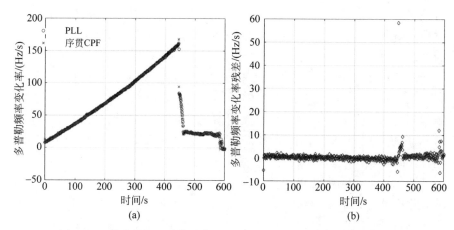

图 6.32　佳木斯深空站载波信号多普勒频率变化率估计结果的对比

(a) 多普勒频率变化率；(b) 二者估计结果之差

由图 6.31 可见，多普勒频率在约＋450s 处发生转折，前＋400s 数据中锁相环给出的多普勒频率估计结果与序贯 CPF 给出的多普勒频率估计结果一致性较好。在约＋450s 处估计结果存在偏差，在＋550～＋600s 区间内，估计结果的方差变大。

为进一步说明三阶锁相环和 CPF 环估计结果的一致性和差异性，下面分别对前 400s 和全部 600s 多普勒频率、多普勒频率变化率的均值和均方误差进行统计，结果见表 6.7。

表 6.7　佳木斯深空站锁相环与序贯 CPF 环跟踪结果残差统计

参　　数	前 400s 数据		全部 600s 数据	
	均值	均方误差	均值	均方误差
多普勒频率/Hz	0.15	0.46	0.19	0.64
多普勒频率变化率/(Hz/s)	0.16	0.68	0.47	2.70

由表 6.7 中统计结果可见，在前 400s 中，序贯 CPF 给出的结果与三阶锁相环给出的结果一致性较好，说明序贯 CPF 跟踪环路较准确地给出了多普勒频率及其变化率的估计结果。从＋450s 以后，两种算法给出的多普勒频率变化率估计结果的一致性不及前 400s。图 6.32(b) 为锁相环导出的多普勒频率变化率估计结果减去序贯 CPF 给出的多普勒频率变化率估计结果得出的残差。在＋450～＋465s 区间内，残差大于 0 表明 CPF 给出的多普勒频率变化率估计结果比锁相环路给出的结果小。这可以理解为在相干积分时间为 1s 时，序贯 CPF 算法对信号动态的响应特性比三阶锁相环路

弱,说明具有短相干积分时间的锁相环路对信号动态应力更为敏感,因此能更为精确地恢复信号动态。图 6.31(b)表明此区间内序贯 CPF 算法给出的多普勒频率估计结果与锁相环给出的多普勒频率估计结果的一致性仍然较好,这是由于频率估计对频率变化率的误差具有一定的容忍性。图 6.32(b)中+447s 处数值为 $58\mathrm{Hz/s^2}$ 的残差是由信号动态较大引起的,锁相环给出的多普勒频率变化率是对多普勒频率估计值差分计算后得出的,而序贯 CPF 算法给出的是多普勒频率变化率的瞬时值,在信号动态变化较大时,差分计算是一种近似计算。

图 6.31(b)和图 6.32(b)表明在+550~+600s 区间内,多普勒频率及其变化率估计结果的方差均变大。为进一步分析原因,考察锁相环路的鉴相误差,如图 6.33 所示。在+550~+600s 区间内环路鉴相误差增大,根据图 6.28(a)给出的结果,在+585s 前后,多普勒频率变化率在短时间内由 $20\mathrm{Hz/s^2}$ 降至约 0,信号动态给环路跟踪造成了一定的动态应力,带来了较大的鉴相误差。因此在+550~+600s 区间内,锁相环给出的多普勒频率结果方差增大,由多普勒频率导出的频率变化率估计结果方差相应增大。该结果表明,在信号信噪谱密度比较强时,序贯 CPF 算法基本达到了与锁相环类似的跟踪性能。

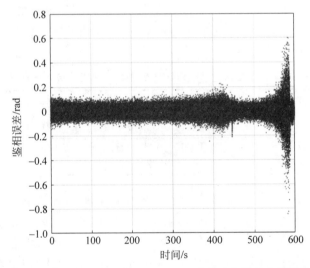

图 6.33　佳木斯深空站载波锁相环跟踪载波信号的鉴相误差

为进一步验证序贯 CPF 算法跟踪弱信号的能力,利用序贯 CPF 算法对喀什站接收的 DOR 音信号进行处理,并与利用三阶锁相环估计的结果进行对比分析。DOR 音信号与载波信号的频率相差约 19.2MHz,多普勒频率及其导数与载波信号多普勒频率及其导数有微小差异,总体趋势相同。图 6.34 和图 6.35 给出了对齐时标后两种估计算法结果的对比。

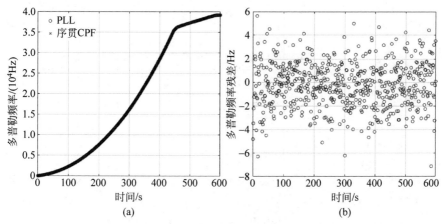

图 6.34 喀什深空站 DOR 音多普勒频率估计结果的对比
（a）多普勒频率；（b）二者估计结果之差

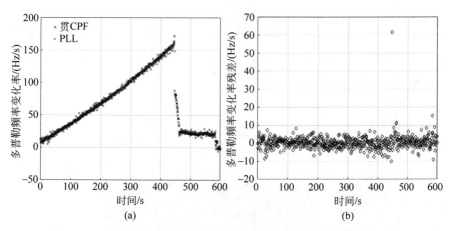

图 6.35 喀什深空站 DOR 音信号多普勒频率变化率估计结果的对比
（a）多普勒频率变化率；（b）二者估计结果之差

由图 6.34(a)可见,序贯 CPF 算法与锁相环给出的多普勒频率估计结果基本一致,图 6.34(b)显示二者之间的残差基本呈噪声分布特性。相比于图 6.31(b),图 6.34(b)的频率方差变大。图 6.35(a)表明序贯 CPF 算法与锁相环给出的多普勒频率变化率估计结果基本一致,且由锁相环估计的多普勒频率结果导出的频率变化率估计值相比于序贯 CPF 算法直接估计的结果具有更大的随机误差,图 6.35(b)也显示多普勒频率变化率的残差更大。

为进一步比较与处理佳木斯深空站载波的结果,按照同样的统计方式对喀什深空站 DOR 音信号的多普勒频率、多普勒频率变化率的均值和均方误差进行统计,结果见表 6.8。

表 6.8 喀什深空站 DOR 音锁相环与序贯 CPF 环跟踪结果残差统计

参　　　数	前 400s 数据		全部 600s 数据	
	均值	均方误差	均值	均方误差
多普勒频率/Hz	0.25	1.88	0.22	1.90
多普勒频率变化率/(Hz/s)	0.17	2.59	0.39	3.83

由表 6.8 可见,多普勒频率的均值、均方误差前后基本一致。多普勒频率变化率的均值变化较为明显,说明在后 200s 数据中序贯 CPF 算法给出的结果与锁相环给出的结果仍存在差异。考虑到锁相环对信号动态的响应更为灵敏,这一差异的产生应是由于 1s 积分时间下序贯 CPF 算法给出的估计值有一定滞后。但由于频率估计对频率变化率的误差具有一定的容忍性,这一滞后特性并未显著影响频率的估计结果。

与图 6.31(b)和图 6.32(b)相比,图 6.34(b)和图 6.35(b)给出的多普勒频率、频率变化率残差较大的原因主要是喀什深空站接收的 DOR 音信号的 C/N_0 较弱,导致锁相环跟踪 DOR 音信号的鉴相误差较大,如图 6.36 所示。

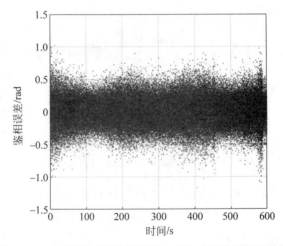

图 6.36 喀什深空站锁相环跟踪 DOR 音信号的鉴相误差

事实上,长达 1s 的相干积分可以解决信噪谱密度比更低时的频率变化率估计问题。仍以 DOR 音信号为例,起始时刻的 C/N_0 约为 31dB-Hz,下面评估在原始信号中加入仿真白噪声使得 C/N_0 低至约 20dB-Hz 时,序贯 CPF 算法的估计性能。首先对信号功率和噪声功率进行分析,当 C/N_0 为 31dB-Hz,$F_s = 500$kHz 时有

$$\text{SNR} = \frac{C/N_0}{F_s} = \frac{10^{\wedge}(31/10)}{500e^3} \approx 0.0025 \qquad (6\text{-}76)$$

因此,以 500kHz 复采样的单点样本中信号功率相比噪声功率可以忽略,可直接对原始复采样数据进行统计以计算复噪声方差。

记原始信号的信噪谱密度比为 C/N_{01},在原始数据中加入仿真白噪声之后的信噪谱密度比为 C/N_{02},因此有

$$\frac{C}{N_{01}} = \frac{A^2}{2\sigma_1^2 \times F_s} \qquad (6\text{-}77)$$

$$\frac{C}{N_{02}} = \frac{A^2}{2(\sigma_1^2 + \sigma_2^2) \times F_s} \qquad (6\text{-}78)$$

其中,σ_1^2 为原始信号中复噪声 n_{raw} 的噪声实部和虚部的方差,σ_2^2 为仿真复白噪声 n_{add} 中噪声实部和虚部的方差,即有

$$\text{Var}(n_{\text{raw}}) = 2\sigma_1^2 \qquad (6\text{-}79)$$

$$\text{Var}(n_{\text{add}}) = 2\sigma_2^2 \qquad (6\text{-}80)$$

将式(6-77)和式(6-78)相除,可得:

$$\frac{C/N_{01}}{C/N_{02}} = \frac{\sigma_1^2 + \sigma_2^2}{\sigma_1^2} \Rightarrow \sigma_2^2 = \left(\frac{C/N_{01}}{C/N_{02}} - 1\right) \times \sigma_1^2 \qquad (6\text{-}81)$$

通过式(6-81)可以得出,为使起始时刻的 C/N_0 由 31dB-Hz 降至 20dB-Hz,需加入功率为原始复噪声功率 11.6 倍的仿真白噪声,加入仿真白噪声前后记录的 DOR 音的原始数据频谱如图 6.37 所示。

图 6.38 和图 6.39 分别为加入仿真白噪声前后,序贯 CPF 算法对喀什站 DOR 音信号多普勒频率、频率变化率的估计结果对比。由结果对比可见,加入噪声前后,多普勒频率、频率变化率的估计结果一致性较好,多普勒频率残差、频率变化率残差呈随机的噪声分布。

通过上述利用实测"嫦娥三号"动力落月段原始数据对序贯 CPF 算法的分析验证,以及与三阶锁相环路估计性能的对比,可以得出以下结论:

(1) 序贯 CPF 算法可以采用较长的相干积分时间获得对信号瞬时频率、频率变化率比较好的估计性能(均值、均方误差);

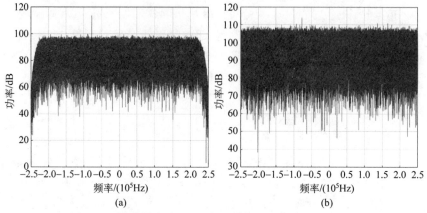

图 6.37　喀什深空站 DOR 音通道加入噪声前后频谱对比

（a）原始数据频谱；（b）加入噪声后频谱

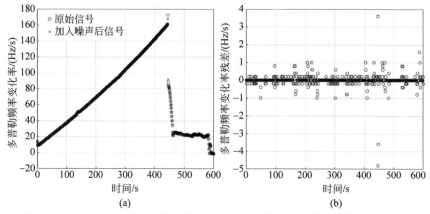

图 6.38　加入噪声前后喀什深空站 DOR 音多普勒频率变化率估计结果的对比

（a）多普勒频率变化率；（b）二者估计结果之差

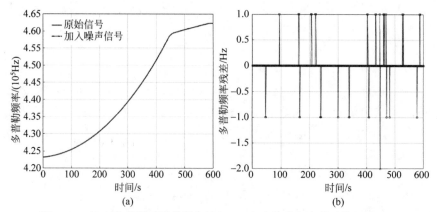

图 6.39　加入噪声前后喀什深空站 DOR 音多普勒频率估计结果的对比

（a）多普勒频率；（b）二者估计结果之差

（2）在较长的积分时间下,序贯 CPF 算法对信号动态的响应有一定滞后,但不会显著降低对频率的估计性能。

6.7 小结

本章在第 4 章的研究基础上,提出了序贯 CPF 跟踪环路,基于"好奇号"EDL 段弹道的载波多普勒估计仿真和"嫦娥三号"动力落月段的实测数据处理,证明了该算法在处理高动态、低信噪比条件下载波参数精确估计问题时的有效性。基于对现有信号功率极值二维搜索算法的重新梳理和捕获模型分析,从高动态载波信号参数极大似然估计的基本模型出发,指出了信号功率极值二维搜索算法采用的遍历频率域、估计频率的频率域-频域功率极值二维搜索策略是制约相干积分的延长、限制其性能的内在原因。基于第 4 章提出的序贯 CPF 估计器模型,本章提出了直接估计载波频率变化率再估计频率的信号参数估计策略,并给出了序贯 CPF 跟踪环路的具体算法流程及环路参数设计的详细方法,并对环路跟踪门限性能进行了理论分析,基于"好奇号"EDL 段弹道的载波估计仿真分析评估了序贯 CPF 跟踪环路的门限性能,仿真的门限统计结果与理论分析结果基本一致。进一步的仿真评估表明序贯 CPF 跟踪环路能够实现着陆器在火星大气高速气动减速阶段的多普勒估计,其跟踪门限与信号功率极值二维搜索算法基本一致,且该算法将载波多普勒频率、频率变化率的估计精度显著提升。由于着陆器在降落伞展开期间的多普勒频率一阶变化率表现出脉冲特性,序贯 CPF 跟踪环路需采用较短的积分时间以增强动态适应能力,其跟踪门限要高于基于批处理估计的信号功率极值二维搜索算法。对于"嫦娥三号"动力落月段佳木斯深空站接收的载波信号和喀什深空站接收的 DOR 音信号,序贯 CPF 跟踪环路的多普勒估计结果与锁相环的估计结果具有较好的一致性,证明了该算法的正确性;通过进一步降低信号的信噪谱密度比(加入仿真噪声),验证了该算法在处理高动态、低信噪比载波参数估计时的有效性。

参考文献

[1] Space. The Mars Rovers[Z/OL]. [2018-10-28]. https://pics-about-space. com/mars-rover-timeline? p＝1.

[2] CLERY D. Europe attempts Mars landing[EB/OL]. (2016-10-18)[2018-10-28]. www. sciencemag. org/news/2016/10/europe-attempts-mars-landing.

[3] WAY D W. Preliminary assessment of the Mars Science Laboratory entry,

descent, and landing simulation [C]//Proceedings of Aerospace Conference. Piscataway: IEEE Press,2013: 1-16.

[4] NASA. Viking/Spacecraft[Z/OL](2017-08-07)[2018-10-28]. https://www. nasa. gov/50th/favpic/viking1. html.

[5] WOOD G E,AAMAR S W,REBOLD T A,et al. Mars pathfinder entry descent, and landing communications [J]. Telecommunications and Data Acquisition Progress Report,1997,131.

[6] BRAUN R D, MANNING R M. Mars exploration entry, descent and landing challenges[C]//Proceedings of 2006 IEEE Aerospace Conference. Piscataway: IEEE Press,2006.

[7] ALBEE A,BATTEL S,BRACE R, et al. Report on the loss of the Mars polar lander and deep space 2 Missions[J]. NASA Sti/Recon Technical Report N,2000: 61967.

[8] DAVIS N. Beagle 2: Most detailed images yet of last Mars lander revealed [N/OL]. [2018-10-28]. https://www. theguardian. com/science/2016/apr/26/bbeagl-2-most-detailed-images-yet-of-lost-mars-lander-revealed.

[9] FERRI F,AHONDAN A,COLOMBATTI G,et al. Atmospheric mars entry and landing investigations &. analysis(AMELIA) by ExoMars 2016 schiaparelli entry descent module: The ExoMars entry,descent and landing science[C]//Proceedings of IEEE International Workshop on Metrology for Aerospace. Piscataway: IEEE Press,2017: 262-265.

[10] NASA. PDS Spice Archives[EB/OL]. [2018-10-28]. https://naif. jpl. nasa. gov/naif/data_archived. html.

[11] SATORIUS E,ESTABROOK P,WILSON J,et al. Direct-to-Earth Communications and Signal Processing for Mars Exploration Rover Entry,Descent,and Landing[J]. IPN PR,2003,42-153: 1-35.

[12] PROKIS J G. Digital communications [M]. 3rd ed. New York: McGraw-Hill,1995.

[13] DAN S. Optimal state estimation: Kalman, H∞, and nonlinear approaches[M]. Hoboken: John Wiley &. Sons,2006.

[14] SORIANO M,FINLEY S,FORT D,et al. Direct-to-Earth communications with Mars science laboratory during entry, descent, and landing[C]//Proceedings of 2013 IEEE Aerospace Conference. Piscataway: IEEE Press,2013: 1-14.

[15] VILNROTTER V A,HINEDI S, KUMAR R. Frequency estimation techniques for high dynamic trajectories[J]. IEEE Transactions on Aerospace and Electronic Systems,2002,25(4): 559-577.

[16] LI D,ZHAN M,SU J,et al. Performances analysis of coherently integrated CPF for LFM signal under low SNR and its application to ground moving target imaging[J]. IEEE Transactions on Geoscience &. Remote Sensing,2017,PP(99): 1-18.

第7章

基于码分多址的深空同波束
干涉测量体制设计

本章重点介绍基于码分多址的深空同波束干涉测量体制研究的最新进展,内容主要基于作者在罗马大学无线电科学与导航实验室的相关工作,Luciano Iess 教授团队侧重于对同波束干涉测量的载波信号差分算法进行理论分析研究,而本章重点对基于码分多址的同波束干涉测量体制进行了可行性分析和体制设计。7.1 节介绍了深空任务与科学探测总体需求分析、体制选择与比较,初步分析比较了扩频模式和混合模式的特点,并对混合测量体制的测量实现方法进行了初步研究;7.2 节对混合测量体制的多目标联合载波频率捕获策略进行了初步研究;7.3 节仿真分析了信道相频特性对扩频载波信号相位的影响;7.4 节针对混合测量体制和扩频测量体制对载波相位差分测量的影响进行了理论分析,并采用典型的信道相频特性曲线对两种体制的差分测量性能进行了比较。

7.1 总体体制设计

深空任务中,由于探测器距离地球非常遥远,因此围绕同一星体探测的多个探测器通常会同时落入同一地面天线的主波束之内。基于码分多址的同波束干涉测量是利用地面单个测站天线对两个或多个探测器同时进行相干的信号跟踪与测量,将每个探测器下行的相干信号进行融合处理以得到不同目标下行载波信号的差分相位,进一步求得不同目标间的距离,如图 7.1 所示。

例如,以着陆在火星的多个表面着陆器(或巡视器)组成的表面探测器网络为例,同波束干涉测量由于可以实现不同探测器下行载波信号的高精度差分相位测量,能够精确确定各个探测器目标相对位置的变化量。从科学探测的角度讲,这一

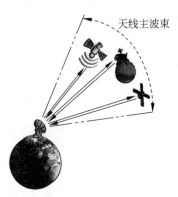

图 7.1 单地面天线同波束干涉测量示意图

测量方式能够精确测定火星表面的固体潮等自然现象及其参数,并反演火星内部的构造及运动变化规律。根据初步的误差预算结果,这一测量方式对目标间相对距离的变化量的测量精度约为毫米量级(对应信号时延精度在皮秒量级)。

罗马大学无线电科学与导航实验室的 Luciano Iess 教授团队受欧洲航天局委托,开展了基于码分多址的深空同波束干涉测量技术的相关研究。

在信号设计层面,Iess 教授提出利用扩频伪码体制实现对两个或多个探测器目标的同时跟踪与测量。其基本原理框图如图 7.2 所示。信号的跟踪过程包括扩频信号的捕获、伪码信号的相位跟踪与解扩、载波信号的相位跟踪,以及最终的载波信号相位差分。

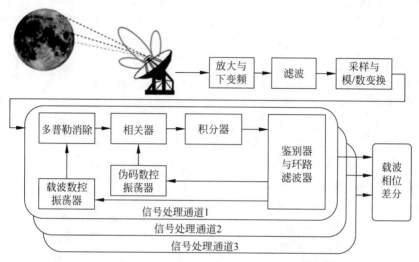

图 7.2 扩频伪码体制单天线同波束干涉测量信号处理示意图

从系统层面上,对基于码分多址的单天线多目标同波束干涉测量体制进行了初步总体设计,包括任务场景和需求分析、总体方案设计和参数初步设计等方面的工作,在信号调制方式、测距伪码选择及该体制在地面站和星上的实现等技术环节进行了研究和探讨,并进行了初步设计论证。一方面,针对上行多路扩频信号的非恒包络问题,提出了上行采用再生伪码的残余载波调制体制、下行采用码分多址扩频体制的混合测量模式(hybrid mode,简称“混合体制”),并对该体制的星地测量实现方法进行了初步研究,对该混合模式的相干转发测距机制进行了设计分析。另一方面,提出上行采用多目标共用同一扩频伪码、下行采用码分多址扩频体制的模式(简称“扩频体制”),解决了上行信号非恒包络的问题,同时从同波束多目标间载波相位差分测量性能出发,利用仿真计算和理论分析,对混合体制与上、下行都采用扩频调制的扩频体制进行了比较,印证了扩频体制的载波相位差分测量性能更优。

基于码分多址(code division multiple access,CDMA)的单天线同波束多目标双向干涉测量体制设计主要进行了任务场景及需求分析、总体方案设计及参数初步设计等方面的工作,并与罗马大学 Luciano Iess 教授和欧洲航天局的 Boscagli 博士就体制设计进行了多次讨论,在信号调制方式、测距伪码选择及该体制在地面站和星上的实现等关键技术环节进行了研究和探讨,并进行了初步设计论证。

7.1.1 同波束多目标干涉测量体制简介

该体制主要面向单天线同波束多目标模式的跟踪场景,针对 3 个及以上目标星体(火星/月球)的着陆器和轨道器,主要完成星体自转变化和潮汐测量、星历及重力场测量和大气层测量等科学探测目标。

图 7.3 是基于 CDMA 的单天线同波束多目标双向干涉测量体制的工作原理,其中上行是指同一地面站天线同时向同波束内多个目标飞行器发射载波相干的同频上行信号、各飞行器收到上行信号后,采用相同转发比进行相干转发,不同的飞行器在下行转发时调制不同的扩频伪随机码(pseudo-noise code,PN 码),通过 CDMA 实现对不同目标的区分;再由某一地面站(由于信号往返时间可能较长,与发送上行的可能不是同一个地面站)天线同时接收多个目标飞行器的下行信号,这些下行信号来自同一信号源,是相干的。

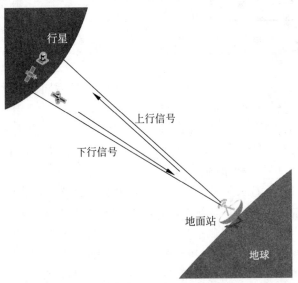

图 7.3 基于 CDMA 的单天线同波束多目标双向干涉测量体制原理示意图

对不同飞行器的信号进行差分处理,并进行连续测量,可得到不同飞行器之间差分相位的变化曲线,这是该体制需获取的主要观测量。另外,如果能够实现载波解模糊,则可以实现差分相位绝对值的测量。

该体制的主要优势如下:

(1)减少地球电离层及对流层对差分相位测量的影响。由于同波束内不同目标与地面站连线间的夹角很小,信号经过电离层及对流层的路径相近,而且不同目标的上行或下行信号名义上是同频,大部分路径影响会在差分计算中被抵消。

(2) 使用扩频信号可以减少非线性信道(应答机)中频率偏移对差分相位测量的影响。

(3) 该体制可以使科学探测活动与常规测控业务同时进行,互不影响和干扰。

7.1.2 工作场景与体制需求

通过对深空探测任务进行梳理,根据深空科学探测目标设计的工作场景主要有以下几种:

(1) 3个或3个以上的星体表面着陆器,它们相距几千千米,通过单天线同波束双向干涉测量实现对星体自转变化规律和潮汐的高精度测量。

(2) 1个着陆器或者位置精度较高的飞行器和1个位置精度较差的飞行器,用于差分相位测量,利用位置精度高的飞行器来提高较差的飞行器的位置精度。

(3) 1个着陆器和1个轨道器,用于测量星体的重力场分布。

(4) 多个不同轨道高度的轨道器,用于测量不同高度大气层的影响,以建立大气动力学模型。

根据工作场景及科学探测目标,将体制需求总结示于表7.1。

表 7.1 体制主要需求描述表

项　　目	需 求 描 述
目标数量	3个及以上
跟踪模式	单天线同波束多目标
频率选择	X频段,Ka频段
作用距离	能够满足火星任务,最大距离约4亿km
目标间距离	考虑35m天线, Ka频段(3dB): 26 277～135 087 km(火星) 　　　　　　124～141 km(月球) X频段(3dB): 91 972～472 805 km(火星) 　　　　　　436～496 km(月球)
目标速度	不超过35 km/s
目标加速度	不超过10m/s^2
测控业务需求	上行:遥控+测量 下行:遥测+测量
科学探测需求	地面站相同的上行载波频率,各目标有相同的转发比

7.1.3　上、下行信号体制选择

上文简单介绍了混合测量体制和扩频测量体制,本节将对此做进一步的介绍。

1. 混合模式

混合模式的上行采用再生伪码测距的相位调制(PM),下行采用CDMA。上行只发送一路信号,遥控数据帧中通过不同航天器标识符飞行器识别码(SCID)区分目标,各目标收到信号后进行相干转发,调制各自的PN码下发到地面。该信号体制的上行与现在BepiColombo等飞行器上采用的再生伪码测量体制的上行是相同的,可以沿用现有地面设备,对于星上接收也不需要改变,只需要对星上相干转发环节进行改造,就可以兼容这种混合模式。该信号体制的制约有两个方面:一是上行多路复用一个数据帧,导致上行的数据速率受到一定影响,不过该体制的定位侧重于科学探测,与原再生伪码测量体制(标准模式)可以切换使用,混合模式不是数据上传的主通道;二是上行信号不是扩频调制信号,这对于差分测量的精度会有一定影响,因为前面提到使用扩频信号可以减少非线性信道(应答机)中频率偏移对差分相位测量的影响,而这个影响在7.4节中进行评估。

2. 扩频测量体制

该信号体制上、下行都通过不同的PN码区分目标,上行各信号载波相关,调制不同的PN码,每个目标拥有单独的上行信道,满足传统测控业务需求。对于科学探测的同波束多目标差分相位干涉测量,上、下行都是扩频信号,可以降低非线性时变信道对载波相位测量的影响,是差分干涉测量的理想体制,详细分析见7.4节。但是该调制方式有一个制约,地面站同时上行多路扩频信号时,它们的合成是非恒包络的,如图7.4所示,四路不同的恒包络的扩频信号合成后,信号变为非恒包络信号,这会影响线性高功率放大器的效率,尤其对于功率要求高的深空远距离传输影响很大。所以,进一步设计了一种优化的扩频模式,对上行信号进行优化设计,多个目标采用同一个扩频伪码,上行信号中调制的不同目标的信息通过数据层的SCID加以区分,这样就可以摆脱上行信号非恒包络的制约。

7.1.4　体制参数初步设计

对于混合模式,本节对关键参数进行了初步设计,见表7.2。

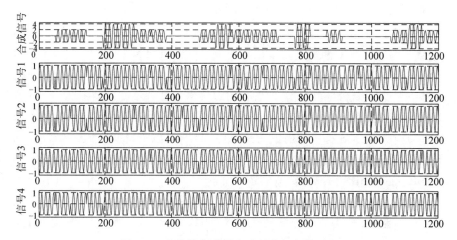

图 7.4　多路扩频信号合成的非恒包络现象

表 7.2　参数初步设计表

参数名称	混合测量体制	扩频体制
上行信号	标准 PM	扩频调制
上行测距伪码	托斯沃斯(Tausworthe)码	GOLD 码
遥控	采用航天器标识符区分	
上行频段	X 频段 X-band,X 频段多普勒相对 Ka 频段较小,利于上行捕获	
下行信号	直接序列扩频-码分多址,DSSS-CDMA-QPSK,不同航天器分配不同的 PN 码	
下行测距码	GOLD 码或 m 码	
下行频段	X 频段和 Ka 频段	
伪码速率	约 3Mchip/s,在 CCSDS 标准中再生伪码测距和近地 CDMA 测控模式的码速率标准不同,需进一步定义	
捕获操作方式	星上频率补偿及频率搜索。在单一目标情况下,常采用地面扫频辅助星上捕获,而在单天线多目标情况下,各目标的频偏不一致,需要各自在星上进行频率补偿和搜索	

7.1.5　测量实现方法研究

　　扩频测量模式的测量实现模式可以参考 CCSDS 近地轨道 CDMA 测控体制中的测量实现方法,伪码选取也可参考相应 CCSDS 标准,需要注意近地测量所用伪码的解模糊距离相对较小,需要其他测量手段辅助解模糊。

　　混合测量模式的上行采用了再生伪码测量的信号体制,下行采用近地 CDMA 测控体制。而在 CCSDS 标准中,这两种体制各自有不同的伪码相干测量标准,由于需要相干测量,每种体制的上、下行伪码长度是相同的或是有公因子的,再生伪码测量采用托斯沃斯码,周期为 1 009 470[1];近地 CDMA 测控体制的测量支路采用截短的 m 码,周期为 $2^{18} - 256 = 261\ 888$,另外在前向遥控支路采用 1023 短码,反向非相干(无测量)时采用 2047 短码[2]。从以上分析可以看出,两者采用的伪码长度各不相同,在现有 CCSDS 标准下无法找到一组合适的 PN 码,因此需要重新选取和定义,有两个选择,一是在 CCSDS 标准原有的 PN 码中选择有合适公因子的序列,二是为下行信号选择一个新的 PN 序列。

1. 在 CCSDS 标准的伪码中选择

该方案上行选用 CCSDS 标准中建议的周期为 1 009 470 的托斯沃斯码,下行选用标准中建议的下行周期为 2047 的 GOLD 码。选择这种方案基于以下几个原因:

(1) 托斯沃斯码的子序列周期分别为 2,7,11,15,19,23,而 GOLD 码的周期为 $23 \times 89 = 2047$,两组码有公因子 23,可以使下行 GOLD 码同步到托斯沃斯码长度为 23 的子序列上。

(2) 选用 CCSDS 标准中建议的上、下行伪码可以最大限度降低对地面站和星上应答机的改造需求。上行的托斯沃斯码已经作为测距伪码使用,地面站和星上都不需要进行更改,虽然下行的周期为 2047 的 GOLD 码之前没有用于测量,但是地面站都已有该伪码生成模块,改造比较简单。该方案的测量原理如图 7.5 所示。

星上在完成上行伪码捕获后,进行相干转发,由于上、下行伪码长度不同,转发方式与原来下行伪码和上行伪码完全同步时不同。对于这种情况,下行 GOLD 码需要与上行托斯沃斯码周期为 23 的 C_6 子序列同步,下行伪码周期为 $2047 = 23 \times 89$,将其分为 89 段,在相干转发时,上行伪码 C_6 序列的第 k 位 $(1 \leqslant k \leqslant 23)$ 对应下行序列的第 $(23m + k)$ 位 $(0 \leqslant m \leqslant 88)$,即图 7.5 中每个 GOLD 码分段的码片对应于 C_6 中与其颜色相同的码片,地面站收到下行伪码后与上行伪码进行比对,其星上伪码再生相干转发过程如图 7.6 所示。

这种上、下行伪码组合情况下的最大解模糊距离为 23 个码片所对应的距离,与伪码速率有关,以 3Mchip/s 的伪码速率为例,最大解模糊距离为 $23 \times 3 \times 10^8 \div (3 \times 10^6) \div 2 = 1150\text{m}$。因此,这种混合模式测量方法需要与标准模式再生伪码测量配合使用,在不进行多目标差分相位干涉测量时,各目标利用再生伪码测量(标准模式)获得优于 1m 的测量精度,切换到多目标差分相位干涉测量(混合模式)时,可以利用标准模式已经获得的测量信息,辅助混合模式完成解模糊。

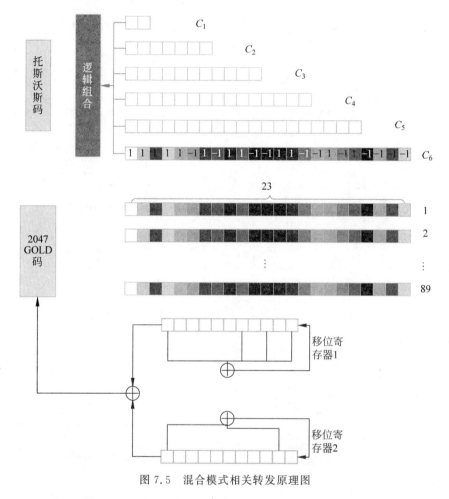

图 7.5 混合模式相关转发原理图

2. 设计新的下行伪码

该方案的本质就是选择与上行伪码长度相同的下行伪码,即伪码长度为 1 009 470。下行伪码可以选择截短的 m 码、混沌序列或其他方式生成的伪码。

以截短 m 码为例,$\log_2 1\,009\,470 = 19.95$,因此下行伪码可以考虑用 20 阶的截短 m 码。20 阶的 m 码长为 $2^{20} - 1 = 1\,048\,575$,将其截短为 1 009 470。在星上相干转发时,就可以根据上行伪码的 6 个子序列的跟踪状态确定下行伪码移位寄存器的状态,上、下行伪码能够一一对应,如图 7.7 所示。

此方案的优点在于混合模式与标准模式有相同的解模糊距离,不再需

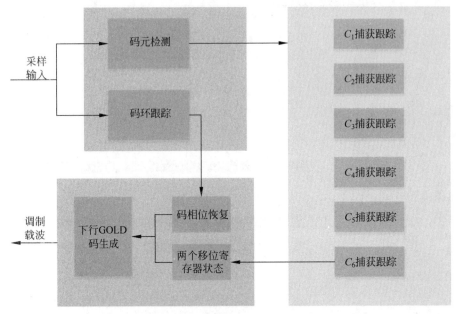

图 7.6 上、下行不等长伪码星上的码相关转发流程

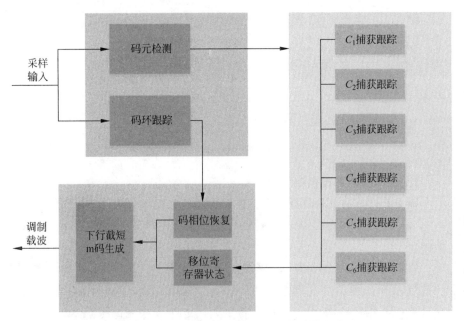

图 7.7 上、下行等长伪码星上的码相关转发流程

要标准模式进行辅助,使得该模式的测量独立性更强。不过由于 20 阶的 m 码在目前 CCSDS 标准中尚未有建议,可能需要重新进行定义,对于相应的地面站也需要进行改造。

7.2 混合体制多目标载波频率捕获策略初步分析

根据与 Boscagli 的讨论,对深空多目标的捕获可考虑以下策略:

(1) 地面主动上行扫频,多个目标依次被动随扫实现频率捕获;

(2) 地面发射固定频率的上行信号,多个目标自主进行频率扫描或频谱分析实现频率捕获。

下面对两种频率扫描捕获策略的基本实现方式及优缺点进行比较分析,见表 7.3。

表 7.3 扫描策略分析与优缺点比较

捕获策略	实现方式	优 点	缺 点
地面主动扫描	地面以一定的频率变化速率在一定的频率范围内主动扫频,频率扫描范围需同时覆盖多个目标基准频率的不确定性	星上无需任何操作,算法的实现简单	多个目标的不同动态特性对扫描速率提出了不同需求,如对于轨道器-着陆器联合测量,轨道器动态大、天线接收能力强、扫描速率大;着陆器动态小,受行星大气影响天线接收能力弱,扫描速率小
星上自主扫描捕获	地面发射频率固定的上行信号,各个目标通过主动的频率扫描或信号频谱分析实现频率捕获。地面的上行频率信号应位于各目标基准频率之间,以最小化多目标跟踪的系统捕获时间,提高捕获概率	地面发射频率固定,可通过多目标并行捕获的方式提高多目标的联合捕获时间	需要星上自主进行扫频或频谱分析,提高了星上应答机信号处理的复杂度

续表

捕获策略	实现方式	优 点	缺 点
共用措施	在两种捕获策略中,均可在多目标频率扫描捕获实施前通过建立单个目标的信道对星上基准频率进行频率预置,以尽可能减小星上基准频率与地面上行频率的差值		

通过两种方式的对比分析可以看出,基于多目标星上自主扫描的方式有利于提高多目标的联合捕获时间,提高任务操作的效率,同时基于软件无线电和认知无线电技术的星上自主操作与处理也是未来深空测控发展的方向。因此,Boscagli 建议按照基于多目标星上自主扫描的方式开展多目标捕获策略分析。星上自主捕获分析又可分为频谱分析(spectrum analysis)和频率扫描(frequency sweeping)两种方式。为此,首先开展了深空应答机内的信号频率变换流程,以及对基于傅里叶变换的频谱分析方法和基于锁相环的频率扫描方法的分析工作。

7.2.1 深空数字应答机内载波锁相跟踪与频率变换基本流程

以泰雷兹公司为欧洲航天局开发的深空应答机为例简要说明深空数字应答机内载波锁相跟踪与频率变换的基本流程。相比于泰雷兹开发的第一代 S/X 双频段深空应答机(用于 Rosetta,Mars Express 和 Venus Express 任务),为了更好地适应深空高精度跟踪测量、无线电科学方面的需求,泰雷兹为欧洲航天局未来的水星 Bepicolombo 任务开发了第二代 X/Ka 双频段深空数字应答机,其基本原理框图如图 7.8 所示。

该应答机内锁相环的基础频率 $32F_1$ 是由分数-N 锁相环产生的,对应图 7.9 中框图的分数-N 频率综合器(fractional-N synthesier),频率综合器的输入参考频率可选,这是相比于第一代应答机的改进。第一代应答机仅能以解调模块(receiver module)内部的温度补偿型晶振(oven controlled crystal oscillator,OCXO)为基准,而第二代应答机的输入参考频率可选,基础频率可选择 OCXO 作为输入,也可选择外部超稳定晶振(external OCXO)作为输入,两个频率参考的基准频率均为 F_1,分数-N 频率综合器的基本结构也是分数-N 锁相环,如图 7.9 所示。

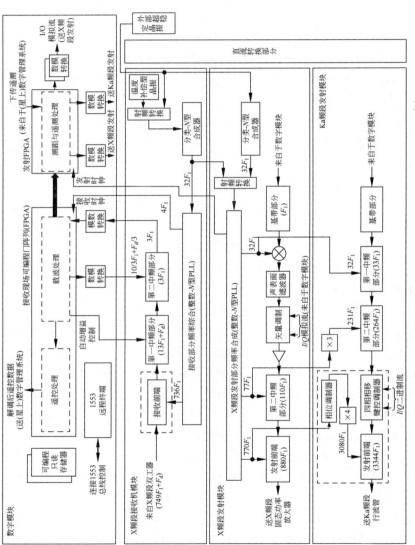

图 7.8 欧洲航天局第二代深空数字应答机频率变换及信号流程图[3]

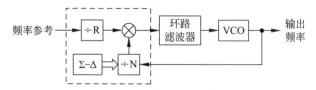

图 7.9 基于分数-N 锁相环的频率综合器[3]

X 频段上行载波在进入锁相跟踪环路前经历了以下两次变频:

(1) 由 X 频段(频率为 $749F_1+F_d$)下变频到一中频(频率为 $13F_1+F_d$);

(2) 由一中频(频率为 $13F_1+F_d$)相干下变频至二中频(频率为 $3F_1$)。

其中,一中频的本振频率 $736F_1$ 是由基础频率 $32F_1$ 经过本振频率综合器倍频 23 倍得出。F_d 是指航天器相对于地面运动引起的频率多普勒变换及航天器晶振不稳定(即基础频率 $32F_1$ 不稳定,这一部分是由航天器上的 OCXO 或超稳定晶振(ultra stable crystal oscillator,USO)引起的)两部分综合的结果。第二次变频的相干性是相对于第一次变频的相干性而言的,第一次下变频中外差式混频的两个输入信号中,上行信号的频率基准为地面氢钟,而航天器一本振 $736F_1$ 的基准频率为航天器上的 OCXO 或 USO,两路信号并不相干。而第二次混频中,本振频率是以锁相环的输出信号为基准频率,载波锁相环路框图如图 7.10 所示。

从图 7.10 可见,二本振的基准频率为锁相跟踪输出的信号(频率为 $(10F_1/3+F_d/3)$)经 3 倍频变换得出的频率($10F_1+F_d$)。第二次混频的相干性是指第一次混频后的输出信号($13F_1+F_d$)与二中频的本振信号($10F_1+F_d$)是相干的,两路信号中的不稳定性主要来自星上的本振。环路滤波对载波的 Q 路信号进行处理,估计出载波的多普勒动态 $-F_d/3$,并将此频率叠加在环路的基础频率 $4F_1+2/3F_1=10F_1/3$ 上,再经过图 7.10 中的带通滤波器处理即可得出二中频本振的基础频率。

考虑到星上频率捕获的目的是使经过星上多次下变频后的上行载波信号与锁相环的基础频率尽可能地靠近,以便进入环路的快捕带实现环路捕获与锁定。通过上述分析可见,调整星上本振频率有两个途径:第一个途径是调整第一次混频的一中频本振频率,这可以通过调节分数-N 频率综合器的频率控制字实现;第二个途径是通过调节载波环路内部 NCO 的频率控制字实现。两个途径可以结合进行,通过调整分数-N 频率综合器的频率控制字实现频率的粗调整,通过调节载波环路内部 NCO 的频率控制字实现频率的精细调整,进而在统计概率上缩小变频后的上行载波频率与 NCO 频率之差,降低星上频率扫描的范围,提高捕获概率,降低捕获时间。

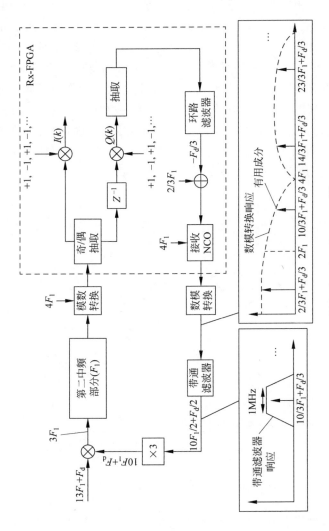

图 7.10 载波锁相环路框图[3]

7.2.2 基于傅里叶变换的频率搜索捕获方法

基于星上傅里叶变换的频率搜索捕获的基本原理如图7.11所示。上行信号首先与本地信号进行混频,本地信号的频率可根据先验信息设置为模型频率值;混频后变换至基带的信号进行时长为 T 秒的积分求和(相当于降采样,降采样后信号的采样率为 $1/T\,\mathrm{Hz}$),将 N 个间隔为 T 秒的降采样信号采样值进行傅里叶变换,变换后的频率子块(bin)带宽为 $1/(NT)\,\mathrm{Hz}$(注:降采样后的采样率为 $f_s = 1/T$,而傅里叶变换点数为 N,因此频率分辨率为 $\Delta f = f_s/N = 1/(NT)$;此时傅里叶变换的频率分析带宽为 $1/T\,\mathrm{Hz}$,且此时该频率分析窗口的中心频率为模型频率值,如图7.12所示)。一般而言,上行信号与本阵信号频率差值的不确定性 $\Delta \nu$ 会超出一次傅里叶变换的频率分析带宽 $1/T$,因此在信号被检测到以前会进行多次尝试,根据每次频率分析的结果修正本地的模型频率值。

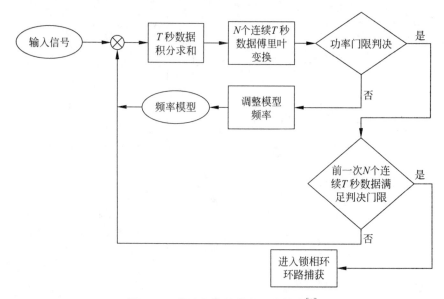

图7.11 载波频率捕获的基本策略[4]

为了判定傅里叶分析带宽内是否存在信号,通常会选定一个幅度门限值(或是功率门限值)。门限值选择的基本原则是门限应足够小,只要信号存在,其所在的频率子代幅度(或功率)就会超过门限值,这样可以提高检测概率;同时门限也应足够高,使没有信号的频率子代内噪声幅度(或功率)以尽可能低的概率超过门限值,这样可以尽可能降低检测的虚警概率。

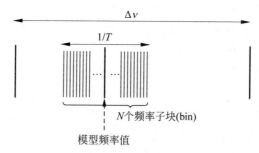

图 7.12 频率搜索范围 $\Delta\nu$ 和频率搜索窗口 $1/T$ 的关系示意图

如果某个傅里叶变换后的频率子带的幅度(或功率)超过了预设的门限,那么采用相同的模型频率值对下一段连续 N 个 T 秒积分的数据进行处理。若连续两个 N 段 T 秒积分的数据经傅里叶变换后在相同的频率子带内幅度(或功率)均超出了预设的门限,则判定频率捕获,并将该残余频率与模型频率值相加设定为锁相环 NCO 的频率。这就是傅里叶分析频率捕获的基本策略。

如果信号的真实频率等概率地出现在频率搜索范围 $\Delta\nu$ 内的任意位置,那么根据文献[5],实现频率捕获的平均时间如下:

$$\overline{T}_{\text{ACQ}} \approx \Delta\nu N T^2/2 \tag{7-1}$$

注:①平均捕获时间 $\overline{T}_{\text{ACQ}}$ 正比于 NT,因为 NT 是进行每次傅里叶变换所需要累积的信号的时间长度;②平均捕获时间 $\overline{T}_{\text{ACQ}}$ 正比于 $\Delta\nu T$,因为 $\Delta\nu T = \Delta\nu / \dfrac{1}{T}$ 代表了频率搜索范围 $\Delta\nu$ 内频率分析窗口 $1/T$ 的个数。

基于傅里叶变换的频率搜索捕获涉及的主要参数包括傅里叶变换点数 N、降采样后的频率 T(频率搜索窗口 $1/T$ Hz),二者的乘积即傅里叶分析时间区间 NT、频率搜索范围 $\Delta\nu$、载噪谱密度比 P_c/N_0。下面分析参数选择和参数间的关系。

1. 频率搜索范围 $\Delta\nu$

频率搜索范围 $\Delta\nu$ 是航天器相对地面径向速度不确定性的函数,同时 $\Delta\nu$ 还应包括未知的航天器星上晶振频率漂移的影响。若径向速度的不确定性是 $\delta\upsilon$,则这一部分对频率搜索范围的贡献是

$$\Delta\nu = f\,\frac{\delta\upsilon}{c} \tag{7-2}$$

其中,c 为光速。航天器星上晶振频率的漂移则依赖于晶振的稳定性,而稳定性受到晶振温度的显著影响。若不对晶振采取温控措施,S 频段载波每

天会发生数千赫兹的漂移。高稳晶振 S 频段每天的漂移可控制在 1Hz。

2. 傅里叶分析时间区间 NT

对时间区间的限制主要来自于未模型化的(未知的)航天器和地面间的径向加速度及晶振的漂移,这两个因素都会导致接收信号的频率随时间变化。如果在一次傅里叶变换对应的时间区间 NT 内,信号频率在多个傅里叶频率子带内变化,则会导致信号检测性能的恶化。通常的原则是未知的径向加速度 δa 在时间区间 NT 内导致的频率变化不超过半个傅里叶频率子带的带宽 $1/(2NT)$,即满足 $f\dfrac{\delta a}{c}NT \leqslant \dfrac{1}{2NT}$,推导可得:

$$NT \leqslant \sqrt{\frac{c}{2f\delta a}} \tag{7-3}$$

晶振不稳定性对频率变化的影响与未知径向加速度的影响机制类似。令星上晶振稳定性为 $\sigma_y(NT)$,则可得晶振稳定性对 NT 的约数为

$$NT < \frac{1}{2f\sigma_y(NT)} \tag{7-4}$$

3. 载噪谱密度比 P_c/N_0

载噪谱密度比 P_c/N_0 与检测概率、傅里叶变换点数 N 存在直接的联系。根据频率捕获策略,需要设置幅度检测门限,以最大化检测概率而最小化虚警概率。通常检测门限参数 ε 应使信号与噪声叠加的幅度超过 $\varepsilon \times$ 信号幅度期望值的概率为 0.995,因此信号存在时两次连续检出的概率 $P_{dect}=0.995^2 \approx 0.99$。

计算检测门限需要考虑由两个因素导致的信号幅度损失:①如果信号恰好落到宽度为 $1/T$ 的傅里叶变换频率子代内,则它与模型频率的最大偏差为 $1/T$Hz,因此由信号×模型相位对应的 T 秒积分平均运算会带来信号幅度损失,因为信号的多普勒频率并未被完全消除;②信号的频率在经历傅里叶变换后很可能落在各频率子带(bin)之间,因此需信号频率最近的未知傅里叶频率子带的幅度小于实际信号的幅度。对于①,可通过舍弃在 $1/T$ 频率搜索窗口边缘的频率子带(bin)进行改善,剩余的子代数目占一次傅里叶频率分析的总频率子带数目的比例记为 χ,这种方式意味着在同样的频率搜索范围 $\Delta\nu$ 内需要进行更多次的傅里叶变换。对于②,可通过"过采样"的方式加以解决,即在每一段 NT 的信号采样后面补充零(zero padding),以降低一次傅里叶变换时频率子带的大小,可定义过采样度 $\kappa = N/(N+$所补充 0 的数目$)$。注意,减小 κ 意味着在每次傅里叶变换前给每一段 NT 的信号采样补充更多的零,增加了傅里叶变换的计算量,但也增

加了频谱分析的分辨率(减小了 bin 的带宽)。

　　从最小化平均捕获时间的角度看,χ 和 κ 的合理取值分别是 $\chi=1,\kappa=\frac{1}{2}$。对于上述取值的 χ 和 κ,可以证明检测门限参数 ε 可通过式(7-5)确定:

$$0.995 = \int_{-\frac{1}{2}}^{\frac{1}{2}} \mathrm{d}u \int_{-\frac{1}{4}}^{\frac{1}{4}} (\mathrm{SNR}_\nu)^2 \, e^{-0.5(\alpha \mathrm{SNR}_\nu)^2} \, \mathrm{d}w \times$$

$$\int_{\varepsilon}^{\infty} r e^{-0.5 r^2 (\mathrm{SNR}_\nu)^2} I_0(\alpha r \mathrm{SNR}_\nu)^2 \, \mathrm{d}r \tag{7-5}$$

其中,$\alpha = \dfrac{\sin(\pi u)}{\pi u} \dfrac{\sin(\pi w)}{\pi w}$,$I_0$ 为修正的 0 阶贝塞尔函数,SNR_ν 为 NT 积分时间内的载波噪声电压信噪比,即 $\sqrt{2P_c / N_0 NT}$。

　　在一个给定的频率子带内噪声幅度超过门限电平 $\varepsilon \mathrm{SNR}_\nu$ 的概率为 $\exp[-0.5(\varepsilon \mathrm{SNR}_\nu)^2]$。因此虚警概率,即在一次 N 点的傅里叶变换频率分析中至少有一个频率子带内的噪声超过门限电平 $\varepsilon \mathrm{SNR}_\nu$ 的概率为

$$P_{\mathrm{false}} = 1 - \{1 - \exp[-0.5(\varepsilon \mathrm{SNR}_\nu)^2]\}^N \tag{7-6}$$

其中,$1 - \exp[-0.5(\varepsilon \mathrm{SNR}_\nu)^2]$ 为在给定的频率子带内噪声幅度不超过门限电平 $\varepsilon \mathrm{SNR}_\nu$ 的概率,$\{1 - \exp[-0.5(\varepsilon \mathrm{SNR}_\nu)^2]\}^N$ 为在一次傅里叶变换的 N 个频率子带内噪声幅度均不超过门限电平 $\varepsilon \mathrm{SNR}_\nu$ 的概率。ε 可通过上述积分方程确定。若虚警概率为 $P_{\mathrm{false}} = 0.01$,由于 $\mathrm{SNR}_\nu = \sqrt{2P_c / N_0 NT}$,傅里叶变换点数 N 可作为 $(P_c / N_0)T$ 的函数进行计算。在电压载噪比范围 $6 < \mathrm{SNR}_\nu < 12$(即功率载噪比 15.5dB $< \mathrm{SNR} <$ 21.5dB)内,有 $(P_c / N_0)T \approx 29 N^{-0.92}$。

　　综合考虑关系式 $(P_c / N_0)T \approx 29 N^{-0.92}$,$\bar{T}_{\mathrm{ACQ}} \approx \Delta\nu NT^2 / 2$ 可以看出,对于给定的 N, T 值,实现可靠的信号捕获时 $\bar{T}_{\mathrm{ACQ}} / \Delta\nu$ 与最低 P_c / N_0 存在着联系。例如,若 $T = 0.01$s,$N = 1000$,那么实现可靠信号捕获(99%的捕获概率,1%的虚警概率)所需的最低 $P_c / N_0 \geqslant$ 7dB-Hz。相应的 $\bar{T}_{\mathrm{ACQ}} / \Delta\nu = $ 0.05s/Hz,即搜索 1kHz 的频率范围所对应捕获时间的期望值为 50s。

7.2.3　基于 NCO 频率扫描的频率捕获方法

　　根据应答机锁相环路的框图,频率捕获的另一种实现方式是使 NCO 频率按照一定的频率变化速率变化。当上行信号频率与 NCO 频率足够近,即当 NCO 频率变化到使得上行信号频率落入锁相环的频率捕获范围时,即可实现环路锁定。锁相环的频率锁定范围(lock-in range)、频率拉入范围(pull-in range)和频率同步保持范围(hold-in range)如图 7.13 所示。

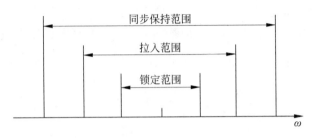

图 7.13 锁相环频率跟踪动态范围

在美国深空网的第五代地面接收机 Block V 中,早期的频率捕获也是依靠 NCO 频率扫描的方式实现的,但是随着傅里叶频率分析算法的成熟及星上硬件性能的提高、计算能力的增强,星上频率捕获已由 NCO 频率扫描逐渐过渡到傅里叶分析的频率搜索捕获。因此,这里仅对美国深空网 Block V 接收机中曾经采用的 NCO 频率扫描策略进行简要的总结。

NCO 频率扫描中涉及的主要参数包括锁相环的环路单边等效噪声带宽 B_L、环路信噪比 SNR、NCO 频率扫描速率 R、捕获概率及捕获时间。由于锁相环环路捕获是非线性问题,很难用解析分析的算法评估参数间的联系,包括环路信噪比的约束、扫描速率的选取,以及评估捕获概率和捕获时间。JPL 主要采用蒙特卡罗仿真的方式评估各输入参数的影响,建立 NCO 频率扫描速率与环路单边等效噪声带宽和环路信噪比的关系。

根据 JPL 的仿真分析,在 Block V 接收机中采用了以下的经验公式[6]:

(1) 二阶锁相环,当环路阻尼系数为 $r=2$(对应于 $\xi=0.707$)时,

$$R < 0.38 B_L^2 \left(1 - \frac{1}{\sqrt{\text{SNR}_L}}\right), \quad \text{SNR}_L > 7$$

(2) 二阶锁相环,当环路阻尼系数为 $r=4$(对应于 $\xi=1$)时,

$$R < 0.32 B_L^2 \left(1 - \frac{1}{\sqrt{\text{SNR}_L}}\right), \quad \text{SNR}_L > 7$$

(3) 三阶锁相环,当环路阻尼系数为 $r=4$(对应于 $\xi=1$),$k=0.25$ 时,

$$R < 0.27 B_L^2 \left(1 - \frac{1}{\sqrt{\text{SNR}_L}}\right), \quad \text{SNR}_L > 13$$

按照上述经验公式计算的扫描速率对应的频率捕获概率为 90%。从上述经验公式可以看出,二阶锁相环频率扫描捕获的环路信噪比门限低于三阶环路,同时相同环路信噪比条件下二阶环路能够比三阶环路适应更大的扫描速率,因此在环路捕获阶段通常采用二阶环路。

7.3 信道相频特性对扩频载波相位影响的初步分析

通过上文分析,应答机对载波相位的影响主要取决于应答机的相频响应,即在不同频率处应答机叠加在输入信号的附加相位的影响。为了初步评估 PN 码对载波扩频调制前后应答机相频响应的影响,可将应答机简化为一个滤波器,分别评估单载波和抑制载波通过滤波器前后的相位变化。根据冲击响应特性的不同,滤波器可分为有限脉冲响应(finite impulse response,FIR)和无限脉冲响应(infinite impulse reponse,IIR)两类滤波器[7],下面分别评估单个载波、抑制载波在不同条件下通过两类滤波器(不失一般性,仿真计算中采用低通滤波器)前后载波相位的变化,计算中选用粗捕获(CA)码作为 PN 码。仿真计算框图如图 7.14 所示。

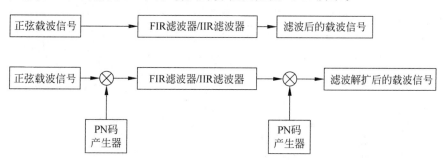

图 7.14 滤波器相频特性对载波/扩频载波信号影响的仿真框图

7.3.1 FIR 滤波器的特性影响分析

分别进行两组仿真,第一组仿真中载波频率处于滤波器的通带之内,第二组仿真中载波频率靠近滤波器的通带边缘。第一组仿真中的具体参数见表 7.4。

表 7.4 FIR 低通滤波的第一组仿真参数

参数名称	PN 码速率/(Mchip/s)	载波频率/MHz	采样率/MHz	滤波器类型
参数值	1.023	1.5	20	升余弦 FIR 滤波器

所选用滤波器的幅频响应特性与相频响应特性如图 7.15 所示。

单个载波(扩频前)的波形和频谱如图 7.16 所示。

扩频后抑制载波的波形与频谱如图 7.17 所示,经过 FIR 滤波器低通

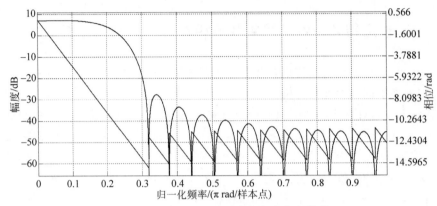

图 7.15　低通 FIR 滤波器幅频与相频特性

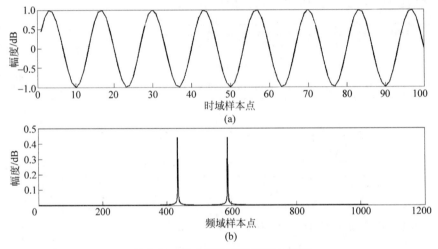

图 7.16　单个载波时域波形与频谱

(a) 单载波时域波形；(b) 单载波频谱

滤波后的抑制载波波形与频谱如图 7.18 所示。

从滤波后的时域波形可以明显看出扩频带来的幅度(相位)跳变得到了平滑。频谱也显示出，除了扩频调制的主瓣及处于零频附近的旁瓣被保留外，高频分量明显被抑制。

作为对比，图 7.19 给出了未经扩频的单个载波通过 FIR 低通滤波器后的波形与频谱。时域波形显示出信号被滞后(延迟)，且幅度有所放大，对比低通滤波器的幅频响应，在 1.5MHz 频率处，滤波器对信号具有幅度放大作用，频谱上也印证了这一点。

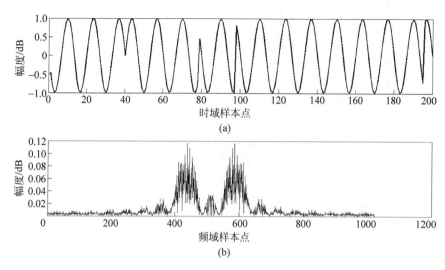

图 7.17 抑制载波(扩频后)的时域波形与频谱

(a)扩频载波时域波形;(b)扩频载波频谱

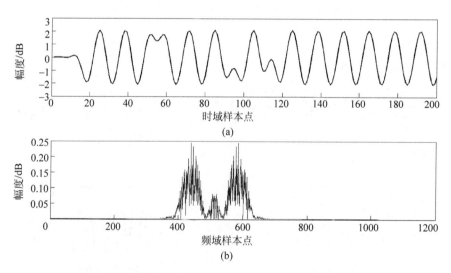

图 7.18 FIR 低通滤波后的抑制载波(扩频后)波形与频谱

(a)滤波后的扩频载波波形;(b)滤波后的扩频载波频谱

图 7.20 为未扩频载波、扩频载波经过滤波器后(再进行解扩)与原始载波信号的波形对比。可以看出,由于低通滤波器在 1.5MHz 幅频处的影响,经过滤波器的两路载波信号幅度均得到了放大,并且两路载波在时间上

均整体延迟(沿横轴向右平移),这与 FIR 的群延迟特性有关。FIR 滤波器的群延迟曲线如图 7.21 所示。

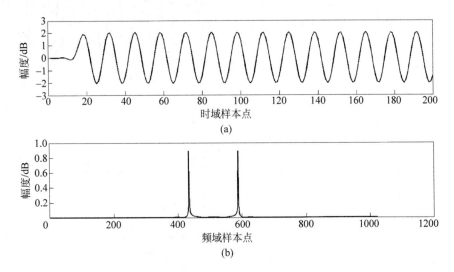

图 7.19 FIR 低通滤波后的单载波波形与频谱

(a) 滤波后的单载波时域波形;(b) 滤波后的单载波频谱

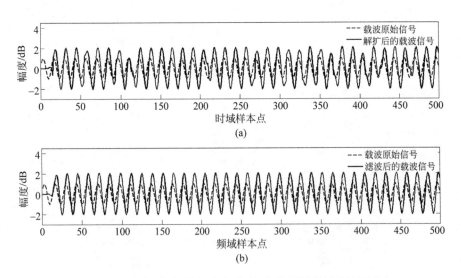

图 7.20 未扩频载波、扩频载波(解扩后)与原始载波的波形对比

(a) 载波原始信号与滤波后解扩的载波信号波形对比;

(b) 载波原始信号与滤波后载波信号的波形对比

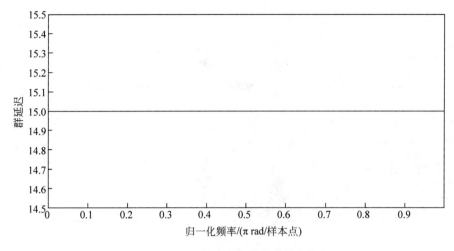

图 7.21　FIR 低通滤波器的群延迟曲线

　　群延迟曲线显示经过低通滤波器的信号均滞后 15 个采样点,这与图 7.20 显示的两路载波信号整体延迟一致。对比图 7.20 中经过滤波器的两路载波信号,经过扩频的载波信号相比于未经扩频的载波信号似乎表现出更多的信号失真,但两路载波信号是同步的。这是因为扩频载波经过低通滤波器后失去了 CA 码频谱的高频分量,在解扩时不能抵消这一部分的影响。

　　表 7.5 给出了第二组仿真参数。

表 7.5　FIR 低通滤波的第二组仿真参数

参数名称	PN 码速率/(Mchip/s)	载波频率/MHz	采样率/MHz	滤波器类型
参数值	1.023	2.4	20	升余弦 FIR 滤波器

　　作为对比,首先给出扩频载波原始信号与低通滤波后扩频载波信号的频谱对比,如图 7.22 所示。从两频谱的对比可以明显看出,低通滤波器的幅频特性使得扩频载波主瓣处于低频部分(± 1MHz,即图中 $400 \sim 600$ 之间的部分)的幅度得到了放大,而对主瓣中处于低通滤波器带外的高频部分进行了明显的抑制,即由于低通滤波器的影响损失了扩频信号主瓣的部分高频信息。

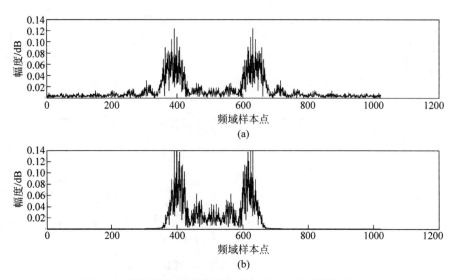

图 7.22 扩频载波原始信号频谱与低通滤波后的频谱对比

(a) 未经低通滤波的扩频载波频谱；(b) 经过低通滤波的扩频载波频谱

图 7.23 为未扩频载波、扩频载波经过滤波器后（再进行解扩）与原始载波信号的波形对比。时域波形显示解扩后的载波信号在部分位置出现了波形不连续（相位跳变），这是扩频载波主瓣部分高频分量被低通抑制的结果。

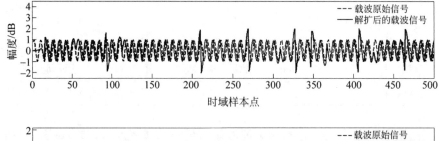

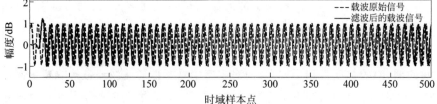

图 7.23 未扩频载波、扩频载波（解扩后）与原始载波的波形对比

7.3.2 IIR 滤波器的特性影响分析

同样分别进行两组仿真,第一组仿真中载波频率处于滤波器的通带之内,第二组仿真中载波频率靠近滤波器的通带边缘。第一组仿真中的具体参数见表 7.6。

表 7.6　IIR 低通滤波的第一组仿真参数

参数名称	PN 码速率/(Mchip/s)	载波频率/MHz	采样率/MHz	滤波器类型
参数值	1.023	1.5	20	升余弦 IIR 滤波器

所选用 IIR 低通滤波器的幅频响应特性与相频响应特性如图 7.24 所示。

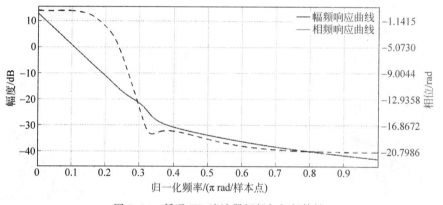

图 7.24　低通 IIR 滤波器幅频与相频特性

IIR 滤波器的相频响应不再是线性的,图中的相频曲线(phase response curve)也反映了这一点。经过 IIR 滤波器低通滤波后的抑制载波波形与频谱如图 7.25 所示。

从滤波后的时域波形可以明显看出扩频带来的幅度(相位)跳变得到了平滑。频谱也显示出,除了扩频调制的主瓣及处于零频附近的旁瓣被保留外,高频分量明显被抑制。

图 7.26 为未扩频载波、扩频载波(解扩后)与原始载波信号的波形对比。可以看出,由于低通滤波器在 1.5MHz 幅频处的影响,经过滤波器的两路载波信号幅度均得到了放大,并且两路载波在时间上均整体延迟(沿横轴向右平移),这与 IIR 的群延迟特性有关。IIR 滤波器的群延迟曲线如图 7.27 所示。

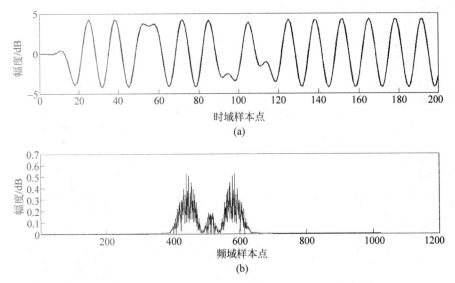

图 7.25 IIR 低通滤波后的抑制载波（扩频后）波形与频谱

（a）滤波后扩频载波波形；（b）滤波后扩频载波频谱

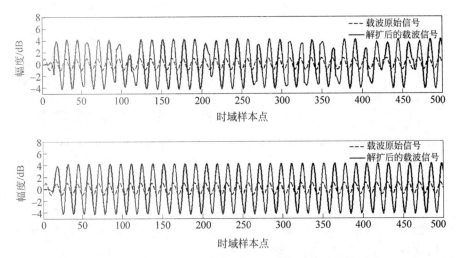

图 7.26 未扩频载波、扩频载波（解扩后）与原始载波的波形对比

从图 7.27 可以看出，IIR 滤波器的群延迟不再像 FIR 滤波器的群延迟一样是恒定的，而是随着频率变化的。但在 2MHz 以内的低频处，群延迟在 15 个采样点附近振荡。同时图 7.25 给出的滤波后扩频载波的频谱也显示频谱的高频分量被滤波器显著抑制，导致了图 7.26 中解扩后的载波存在

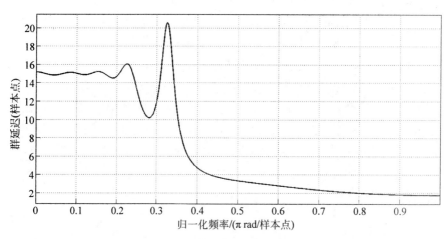

图 7.27 IIR 低通滤波器群延迟曲线

一定的波形失真,但解扩后的载波与载波原始信号是同步的。

表 7.7 为 IIR 低通滤波的第二组仿真参数。作为对比,低通滤波前后扩频载波的频谱如图 7.28 所示。

表 7.7 IIR 低通滤波的第二组仿真参数

参数名称	PN 码速率/(Mchip/s)	载波频率/MHz	采样率/MHz	滤波器类型
参数值	1.023	2.4	20	升余弦 IIR 滤波器

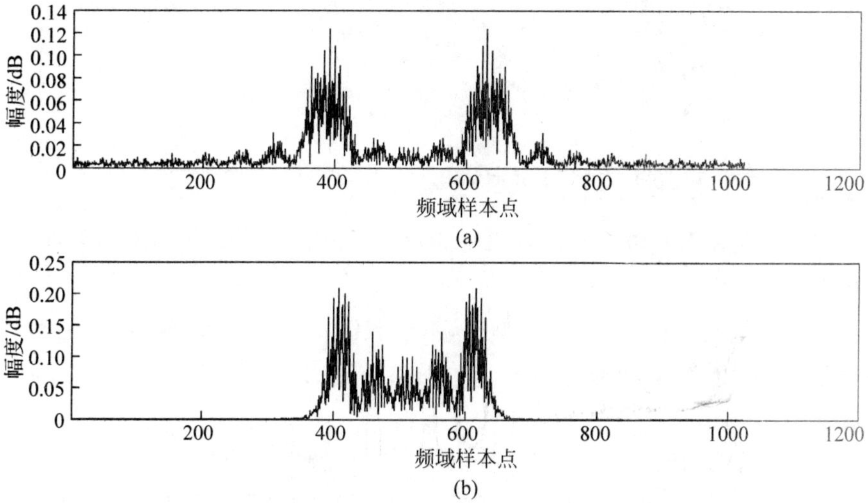

图 7.28 扩频载波原始信号频谱与低通滤波后频谱的对比

(a) 未经低通滤波的扩频载波频谱;(b) 经过低通滤波的扩频载波频谱

与 FIR 低通滤波的情形类似,由于 IIR 低通滤波器通带的影响,滤波后的扩频频谱也出现了主瓣部分高频分量被抑制的情况。

图 7.29 为未扩频载波、扩频载波经过滤波器后(再进行解扩)与原始载波信号的波形对比。对比图 7.26,图 7.29 显示解扩后的载波波形出现了更多的波形不连续(相位跳变),出现这一现象的主要原因是第二组仿真中的载波频率更靠近滤波器通带边缘,扩频后信号主瓣的高频分量受到了抑制,导致解扩后出现相位跳变。而对比 FIR 低通滤波后的图 7.23,图 7.29 的波形不连续更为明显,这是由 IIR 滤波器的群延迟随频率变化这一特性造成的。

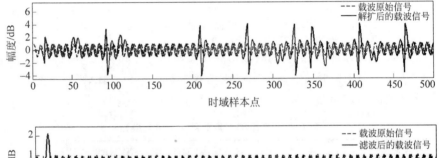

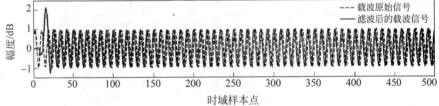

图 7.29　未扩频载波、扩频载波(解扩后)与原始载波的波形对比

7.3.3　关于滤波器影响的初步认识

通过上述在基带上评估的滤波器频率响应特性对信号相位的影响,可初步得到:

(1) 对于时不变的滤波器响应,单个载波扩频后的抑制载波信号解扩后存在波形不连续的现象,并且这一现象并不比单个载波直接通过滤波器后的波形好;

(2) 若滤波器(可扩展到应答机、信道)的频率响应特性使扩频信号的主瓣受到抑制(或部分抑制),则解扩后的载波信号波形存在明显的波形失真(相位不连续);

（3）滤波器（可扩展到应答机、信道）的群延迟响应会影响滤波后的信号相位。

初步结论：评估信道频响特性对单载波、扩频的抑制载波信号波形的影响是一个较为复杂的问题。上述的仿真分析仅仅初步评估了时不变滤波器（包括线性相位响应特性（FIR）和非线性相位响应特性（IIR）滤波器）对单个信号（载波或抑制载波）相位的影响。实际数据处理中的问题是两个目标信号（载波或抑制载波）在经历时变信道（频率响应随时间变化）之后差分相位的影响。

Iess 教授和 Boscagli 博士也认为信道中时不变的响应特性并不是影响相位变化的主要问题，因为在相位差分中这种信道的同等影响能够相互抵消。差分中不能抵消的部分是两个目标信号经历的不同多普勒过程及不同时变信道频响过程带来的相位变化。因此下一步的仿真分析需要首先建立时变的信道模型，在此基础上评估不同多普勒频率条件下扩频体制带来的好处及相位变化的容忍度。

7.4　两种模式对载波相位测量的影响分析

本节分析是为了比较混合测量体制和扩频测量体制在相频特性时变的信道中的载波相位测量性能，从而为同波束多目标干涉测量体制的选择提供参考，两种模式的比较见表 7.8。

表 7.8　两种模式比较

	混 合 模 式	扩 频 模 式
相同点	下行采用码分多址模式； 均在上、下行信号中采用名义相同的载波频率	
优点	相同的路径误差被消除	
不同点	上行信号是再生伪码测量的残余载波信号，载波是单频信号	上行信号是码分扩频信号（CDM）
优点	上行采用再生伪码测量，星上改动较小	相比于单频信号，载波相位差分测量性能更优（下文中证明）

从表 7.8 可以看出，从任务实现来说，混合模式更优，但从载波相位测量的科学应用来说，扩频模式更优。下文将分析扩频信号和单频信号在相同信道内的特性，并对其差分测量性能进行理论计算和数据仿真，比较两种

模式在载波相位差分测量性能上的优劣。

7.4.1　扩频信号的傅里叶级数展开和频域分析

设一个伪码序列 $c(\pm1)$，序列周期长度为 $N = 2^{10} - 1 = 1023$，设扩频基带信号为

$$c(t) = \sum_{k=0}^{N-1} c_k p[t \bmod(NT_c) - kT_c] \tag{7-7}$$

其中，$c(t)$ 是周期为 NT_c 的周期信号，T_c 为一个 chip 的周期，c_k 为第 k 个码片的值。将 $c(t)$ 进行傅里叶级数展开：

$$c(t) = a_0 + \sum_{n=1}^{+\infty} \left(a_n \sin\frac{2\pi n}{NT_c}t + b_n \cos\frac{2\pi n}{NT_c}t \right) \tag{7-8}$$

其中，

$$
\begin{aligned}
a_0 &= \frac{1}{NT_c}\int_0^{NT_c} c(t)\,\mathrm{d}t = \frac{1}{NT_c}\sum_{k=0}^{N-1}\int_{kT_c}^{(k+1)T_c} c(t)\,\mathrm{d}t \\
&= \frac{1}{NT_c}\sum_{k=0}^{N-1} T_c c_k = \frac{\mathrm{Num}(+1) - \mathrm{Num}(-1)}{N} \\
&= \frac{1}{N}
\end{aligned} \tag{7-9}
$$

$$
\begin{aligned}
a_n &= \frac{2}{NT_c}\int_0^{NT_c} c(t)\sin\left(\frac{2\pi n}{NT_c}t\right)\mathrm{d}t = \frac{2}{NT_c}\sum_{k=0}^{N-1}\int_{kT_c}^{(k+1)T_c} c(t)\sin\left(\frac{2\pi n}{NT_c}t\right)\mathrm{d}t \\
&= \frac{2}{NT_c}\sum_{k=0}^{N-1} c_k \int_{kT_c}^{(k+1)T_c}\sin\left(\frac{2\pi n}{NT_c}t\right)\mathrm{d}t \\
&= \frac{2}{N}\left(\frac{\sin\dfrac{\pi n}{N}}{\dfrac{\pi n}{N}}\right)\sum_{k=0}^{N-1} c_k \sin\frac{(2k+1)n\pi}{N} \\
&= \frac{2}{N}\mathrm{sinc}\frac{\pi n}{N}\sum_{k=0}^{N-1} c_k \sin\frac{(2k+1)n\pi}{N}
\end{aligned} \tag{7-10}
$$

$$
\begin{aligned}
b_n &= \frac{2}{NT_c}\int_0^{NT_c} c(t)\cos\left(\frac{2\pi n}{NT_c}t\right)\mathrm{d}t = \frac{2}{NT_c}\sum_{k=0}^{N-1}\int_{kT_c}^{(k+1)T_c} c(t)\cos\left(\frac{2\pi n}{NT_c}t\right)\mathrm{d}t \\
&= \frac{2}{NT_c}\sum_{k=0}^{N-1} c_k \int_{kT_c}^{(k+1)T_c}\cos\left(\frac{2\pi n}{NT_c}t\right)\mathrm{d}t
\end{aligned}
$$

$$= \frac{2}{N} \left(\frac{\sin \dfrac{\pi n}{N}}{\dfrac{\pi n}{N}} \right) \sum_{k=0}^{N-1} c_k \cos \frac{(2k+1)n\pi}{N}$$

$$= \frac{2}{N} \operatorname{sinc} \frac{\pi n}{N} \sum_{k=0}^{N-1} c_k \cos \frac{(2k+1)n\pi}{N} \tag{7-11}$$

可求得功率谱密度如下：

$$P(n) = \frac{1}{2}(a_n^2 + b_n^2)$$

$$= \frac{1}{2} \left[\frac{2}{N} \left(\frac{\sin \dfrac{\pi n}{N}}{\dfrac{\pi n}{N}} \right) \sum_{k=0}^{N-1} c_k \sin \frac{(2k+1)n\pi}{N} \right]^2 +$$

$$\left[\frac{2}{N} \left(\frac{\sin \dfrac{\pi n}{N}}{\dfrac{\pi n}{N}} \right) \sum_{k=0}^{N-1} c_k \cos \frac{(2k+1)n\pi}{N} \right]^2$$

$$= \frac{2}{N^2} \left(\frac{\sin \dfrac{\pi n}{N}}{\dfrac{\pi n}{N}} \right)^2 \left[\sum_{k=0}^{N-1} c_k \sin \frac{(2k+1)n\pi}{N} \right]^2 + \left[\sum_{k=0}^{N-1} c_k \cos \frac{(2k+1)n\pi}{N} \right]^2$$

$$= \frac{2}{N^2} \left(\frac{\sin \dfrac{\pi n}{N}}{\dfrac{\pi n}{N}} \right)^2 \left[\sum_{l=0}^{N-1} \sum_{k=0}^{N-1} c_l c_k \sin \frac{(2l+1)n\pi}{N} \sin \frac{(2k+1)n\pi}{N} + \right.$$

$$\left. \sum_{l=0}^{N-1} \sum_{k=0}^{N-1} c_l c_k \cos \frac{(2l+1)n\pi}{N} \cos \frac{(2k+1)n\pi}{N} \right]$$

$$= \frac{2}{N^2} \left(\frac{\sin \dfrac{\pi n}{N}}{\dfrac{\pi n}{N}} \right)^2 \sum_{l=0}^{N-1} \sum_{k=0}^{N-1} c_l c_k \left[\cos \frac{(2l+1)n\pi}{N} \cos \frac{(2k+1)n\pi}{N} + \right.$$

$$\left. \sin \frac{(2l+1)n\pi}{N} \sin \frac{(2k+1)n\pi}{N} \right]$$

$$= \frac{2}{N^2} \left(\frac{\sin \dfrac{\pi n}{N}}{\dfrac{\pi n}{N}} \right)^2 \sum_{l=0}^{N-1} \sum_{k=0}^{N-1} c_l c_k \cos \frac{2(l-k)n\pi}{N}$$

$$= \frac{2}{N^2} \left(\frac{\sin \dfrac{\pi n}{N}}{\dfrac{\pi n}{N}} \right)^2 \left[\sum_{k=l}^{N-1} c_1 c_k + \sum_{l=0}^{N-1} \sum_{k=0, l \neq k}^{N-1} c_l c_k \cos \frac{2(l-k)n\pi}{N} \right]$$

$$= \frac{2(N+1)}{N^2} \left(\frac{\sin \dfrac{\pi n}{N}}{\dfrac{\pi n}{N}} \right)^2 \tag{7-12}$$

直流分量为 $p(0) = \dfrac{1}{N^2}$。

周期函数在频域上是分立的谱线,由于 $\omega = \dfrac{2n\pi}{NT_c}$,式(7-12)还可写为

$$P(\omega) = \frac{1}{N^2} \delta(\omega) + \frac{2(N+1)}{N^2} \left(\frac{\sin \dfrac{\omega T_c}{2}}{\dfrac{\omega T_c}{2}} \right)^2 \delta\left(\omega - \frac{2n\pi}{NT_c} \right) \tag{7-13}$$

设射频的中心频率为 ω_0,扩频信号经过射频调制后为 $s(t) = c(t)\cos(\omega_0 t)$ $= \sum\limits_{k=0}^{N-1} c_k p[t \bmod (NT_c) - kT_c] \cos(\omega_0 t)$,设 $\omega_N = \dfrac{2\pi}{NT_c}$,载波频率一般远大于 ω_N,因此有 $\omega_0 = h\omega_N$ 且 $\omega_0 \gg 2\pi f_c = N\omega_N$,$h$ 为正整数。因此该信号周期依然为 NT_c,对其进行傅里叶级数展开:

$$s(t) = A_0 + \sum_{l=1}^{+\infty} \left[A_l \sin(l\omega_N t) + B_l \cos(l\omega_N t) \right] \tag{7-14}$$

其中,

$$a'_l = \frac{2}{NT_c} \int_0^{NT_c} c(t) \cos(\omega_0 t) \sin(l\omega_N t) \mathrm{d}t$$

$$= \frac{2}{NT_c} \sum_{k=0}^{N-1} c_k \int_{kT_c}^{(k+1)T_c} \{ \sin[(\omega_0 + l\omega_N)t] - \sin[(\omega_0 - l\omega_N)t] \} \mathrm{d}t$$

$$= \frac{1}{N} \sum_{k=0}^{N-1} c_k \left\{ \frac{\sin \dfrac{\omega_0 + l\omega_N}{N\omega_N}\pi}{\dfrac{\omega_0 + l\omega_N}{N\omega_N}\pi} \sin\left[\frac{\omega_0 + l\omega_N}{N\omega_N}(2k+1)\pi \right] - \right.$$

$$\left. \frac{\sin \dfrac{\omega_0 - l\omega_N}{N\omega_N}\pi}{\dfrac{\omega_0 - l\omega_N}{N\omega_N}\pi} \sin\left[\frac{\omega_0 - l\omega_N}{N\omega_N}(2k+1)\pi \right] \right\}$$

$$= \frac{1}{N} \sum_{k=0}^{N-1} c_k \left\{ \operatorname{sinc}\left(\frac{\omega_0 + l\omega_N}{N\omega_N}\pi\right) \cdot \sin\left[\frac{\omega_0 + l\omega_N}{N\omega_N}(2k+1)\pi\right] - \right.$$

$$\left. \operatorname{sinc}\left(\frac{\omega_0 - l\omega_N}{N\omega_N}\pi\right) \cdot \sin\left[\frac{\omega_0 - l\omega_N}{N\omega_N}(2k+1)\pi\right] \right\} \qquad (7\text{-}15)$$

$$b_l' = \frac{2}{NT_c} \int_0^{NT_c} c(t)\cos(\omega_0 t)\cos(l\omega_N t)\,\mathrm{d}t$$

$$= \frac{2}{NT_c} \sum_{k=0}^{N-1} c_k \int_{kT_c}^{(k+1)T_c} \left[\cos(\omega_0 + l\omega_N)t + \cos(\omega_0 - l\omega_N)t\right]\mathrm{d}t$$

$$= \frac{1}{N} \sum_{k=0}^{N-1} c_k \left\{ \frac{\sin\dfrac{\omega_0 + l\omega_N}{N\omega_N}\pi}{\dfrac{\omega_0 + l\omega_N}{N\omega_N}\pi} \cos\left[\frac{\omega_0 + l\omega_N}{N\omega_N}(2k+1)\pi\right] + \right.$$

$$\left. \frac{\sin\dfrac{\omega_0 - l\omega_N}{N\omega_N}\pi}{\dfrac{\omega_0 - l\omega_N}{N\omega_N}\pi} \cos\left[\frac{\omega_0 - l\omega_N}{N\omega_N}(2k+1)\pi\right] \right\}$$

$$= \frac{1}{N} \sum_{k=0}^{N-1} c_k \left\{ \operatorname{sinc}\left(\frac{\omega_0 + l\omega_N}{N\omega_N}\pi\right) \cdot \cos\left[\frac{\omega_0 + l\omega_N}{N\omega_N}(2k+1)\pi\right] + \right.$$

$$\left. \operatorname{sinc}\left(\frac{\omega_0 - l\omega_N}{N\omega_N}\pi\right) \cdot \cos\left[\frac{\omega_0 - l\omega_N}{N\omega_N}(2k+1)\pi\right] \right\} \qquad (7\text{-}16)$$

$$a_0' = \frac{1}{NT_c} \int_0^{NT_c} c(t)\cos(\omega_0 t)\,\mathrm{d}t$$

$$= \frac{1}{NT_c} \sum_{k=0}^{N-1} c_k \int_{kT_c}^{(k+1)T_c} \cos(\omega_0 t)\,\mathrm{d}t$$

$$= \frac{1}{N} \sum_{k=0}^{N-1} c_k \frac{\sin\dfrac{\omega_0\pi}{N\omega_N}}{\dfrac{\omega_0\pi}{N\omega_N}} \cos\left[\frac{\omega_0}{N\omega_N}(2k+1)\pi\right]$$

$$= \frac{1}{N} \sum_{k=0}^{N-1} c_k \operatorname{sinc}\frac{\omega_0\pi}{N\omega_N} \cos\left[\frac{\omega_0}{N\omega_N}(2k+1)\pi\right] \qquad (7\text{-}17)$$

由于 $\omega_0 \gg N\omega_N$，则 $\operatorname{sinc}\dfrac{\omega_0\pi}{N\omega_N} \to 0$。设 $l\omega_N - \omega_0 = m\omega_N$，因此可得：

$$A_m \approx \frac{1}{N} \sum_{k=0}^{N-1} c_k \operatorname{sinc}\left(\frac{l\omega_N - \omega_0}{N\omega_N}\pi\right) \cdot \sin\left[\frac{l\omega_N - \omega_0}{N\omega_N}(2k+1)\pi\right]$$

$$= \frac{1}{N} \operatorname{sinc} \frac{m\pi}{N} \sum_{k=0}^{N-1} c_k \cdot \sin\left[\frac{m}{N}(2k+1)\pi\right] = \frac{1}{2} a_m \qquad (7\text{-}18)$$

$$B_m \approx \frac{1}{N} \sum_{k=0}^{N-1} c_k \operatorname{sinc}\left(\frac{l\omega_N - \omega_0}{N\omega_N}\pi\right) \cdot \cos\left[\frac{l\omega_N - \omega_0}{N\omega_N}(2k+1)\pi\right]$$

$$= \frac{1}{N} \operatorname{sinc} \frac{m\pi}{N} \sum_{k=0}^{N-1} c_k \cdot \cos\left[\frac{m}{N}(2k+1)\pi\right] = \frac{1}{2} b_m \qquad (7\text{-}19)$$

设 $\dfrac{1}{N}\operatorname{sinc}\left(\dfrac{m\omega_N}{N\omega_N}\pi\right) = u_m$，则：

$$s(t) = a'_0 + \sum_{l=1}^{+\infty} (a'_l \sin l\omega_N t + b'_l \cos l\omega_N t)$$

$$\approx \sum_{m=-h}^{+\infty} \left[A_m \sin(m\omega_N + \omega_0)t + B_m \cos(m\omega_N + \omega_0)t \right] \qquad (7\text{-}20)$$

可见 s 为以 ω_0 为中心频点且间隔为 ω_N 的信号,同样基带扩频信号可以写为

$$c(t) = a_0 + \sum_{n=1}^{+\infty} \left[a_n \sin(n\omega_N t) + b_n \cos(n\omega_N t) \right]$$

$$= a_0 + \sum_{n=1}^{+\infty} \left[2A_n \sin(n\omega_N t) + 2B_n \cos(n\omega_N t) \right] \qquad (7\text{-}21)$$

7.4.2 广义时变信道模型

信道特性尤其是相频曲线的变化会影响差分相位测量的精度,影响信道相频特性的因素可能有:

(1) 器件稳定性、航天器空间运动等引起的信道相频特性随时间的变化,相频特性函数为 $\Phi(\omega, t)$,其中, ω 为信号带宽内的角频率。

(2) 多普勒变化引起信号中心频率在信道带内位置的变化,使所经过的信道特性发生变化。此种情况的相频特性函数为 $\Phi(\omega, \Delta\omega_0(t))$,由于多普勒变化也是时间的函数,因此也可以变化为 $\Phi(\omega, t)$。

综上,广义的时变信道的相频函数可以定义为 $\Phi(\omega, t)$。那么不同时刻相频曲线的变化可以表示为

$$\varphi(\omega, t_2 - t_1) = \Phi(\omega, t_2) - \Phi(\omega, t_1) \qquad (7\text{-}22)$$

为简单起见,假设在一段时间内(一个采样间隔或积分间隔)射频信号经过的信道相频特性函数产生的变化量为 $\varphi(\omega)$,并设初始相位附加值为 0。然后分析这个变化量对不同形式信号的载波相位测量的影响。

对于大多数情况,信道相频特性短时间内的变化都是一个小量,因此这

里假设 $\varphi(\omega)$ 是一个小量；另外，这里假设相频特性的变化在整个频带上不具备单调性或说固定的趋势性，即在整个带内不是同时变大或变小，而是部分变大部分变小，$\varphi(\omega)$ 有正有负，具有一定的随机性。

图 7.30 是时变的相频特性曲线在两个不同时刻的示意图，$\varphi(\omega)$ 就是两个曲线的差值。扩频序列信号在频域上是离散谱，考虑到 $\omega = \omega_0 + n\omega_N$，因此可以将 $\varphi(\omega)$ 在射频宽带信号各频率分量上的影响转换为离散值 m 的函数：$\varphi(\omega) = \varphi(\omega_0 + m\omega_N) = \varphi(m) \ll 2\pi$，其中同样是一个随机的小量。可设相位附加值矩阵为

$$\boldsymbol{\varphi} = [\cdots, \varphi(-2), \varphi(-1), \varphi(0), \varphi(1), \varphi(2), \cdots] \tag{7-23}$$

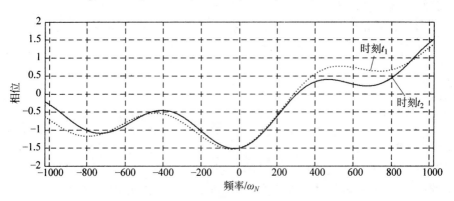

图 7.30　时变相频曲线示意图

7.4.3　时变信道对扩频信号载波相位的影响

上文中得到 $s(t)$ 的傅里叶级数展开为

$$s(t) = \sum_{m=-h}^{+\infty} \left[A_m \sin(m\omega_N + \omega_0)t + B_m \cos(m\omega_N + \omega_0)t \right] \tag{7-24}$$

扩频信号经过 7.4.2 节定义的时变信道后，该信号在不同频点受到不同相位附加值的影响，经过信道后的射频信号变为

$$s'(t) = \sum_{m=-h}^{+\infty} \{ A_m \sin[(m\omega_N + \omega_0)t + \varphi(m)] + B_m [\cos(m\omega_N + \omega_0)t + \varphi(m)] \}$$

$$= \sum_{m=-h}^{+\infty} \cos\varphi(m) [A_m \sin(m\omega_N + \omega_0)t + B_m \cos(m\omega_N + \omega_0)t] +$$

$$\sum_{m=-h}^{+\infty} \sin\varphi(m) [A_m \cos(m\omega_N + \omega_0)t - B_m \sin(m\omega_N + \omega_0)t] \tag{7-25}$$

　　根据上文中的前提假设，因为 $\varphi(m)$ 是一个小量，即 $\varphi(m) \to 0$，因此 $\sin\varphi(m) \approx \varphi(m)$，$\cos\varphi(m) \approx 1 - \dfrac{1}{2}\varphi^2(m)$，代入式(7-25)推导得：

$$
\begin{aligned}
s'(t) = &\sum_{m=-h}^{+\infty} [A_m \sin(m\omega_N + \omega_0)t + B_m \cos(m\omega_N + \omega_0)t] + \\
&\sum_{m=-h}^{+\infty} \varphi(m)[A_m \cos(m\omega_N + \omega_0)t - B_m \sin(m\omega_N + \omega_0)t] - \\
&\sum_{m=-h}^{+\infty} \frac{1}{2}\varphi^2(m)[A_m \sin(m\omega_N + \omega_0)t + B_m \cos(m\omega_N + \omega_0)t] \\
= &s(t) + \sum_{m=-h}^{+\infty} \varphi(m)[A_m \cos(m\omega_N + \omega_0)t - B_m \sin(m\omega_N + \omega_0)t] - \\
&\sum_{m=-h}^{+\infty} \frac{1}{2}\varphi(m)^2[A_m \sin(m\omega_N + \omega_0)t + B_m \cos(m\omega_N + \omega_0)t] \\
= &s(t) + \sum_{m=-h}^{+\infty} \varphi(m)[A_m \cos(m\omega_N + \omega_0)t - B_m \sin(m\omega_N + \omega_0)t] + o(\varphi^2)
\end{aligned}
$$

$$(7\text{-}26)$$

其中，$s'(t)$ 是经过时变信道之后的信号。为获得时变信号对载波相位误差的影响，需要对该信号进行解扩处理，利用原扩频伪码解扩，不考虑信号与伪码的时间同步误差，得：

$$
\begin{aligned}
s'(t)c(t) = &s(t)c(t) + c(t)\sum_{m=-h}^{+\infty} \varphi(m)[A_m \cos(m\omega_N + \omega_0)t - \\
&B_m \sin(m\omega_N + \omega_0)t] - c(t)\sum_{m=-h}^{+\infty} \frac{1}{2}\varphi^2(m) \times \\
&[A_m \sin(m\omega_N + \omega_0)t + B_m \cos(m\omega_N + \omega_0)t]
\end{aligned}
$$

$$(7\text{-}27)$$

其中，由于 $s(t)c(t) = \cos(\omega_0 t)$，因此可得解扩后信号与原信号的差值为

$$
\begin{aligned}
\Delta s(t,\varphi) &= s'(t)c(t) - s(t)c(t) \\
&= c(t)\sum_{m=-h}^{+\infty} \varphi(m)[A_m \cos(m\omega_N + \omega_0)t - B_m \sin(m\omega_N + \omega_0)t] + o^2(\varphi) \\
&\approx c(t)\sum_{m=-h}^{+\infty} \varphi(m)[A_m \cos(m\omega_N + \omega_0)t - B_m \sin(m\omega_N + \omega_0)t] \\
&= \left\{ a_0 + \sum_{n=1}^{+\infty} [2A_n \sin(n\omega_N t) + 2B_n \cos(n\omega_N t)] \right\} \times
\end{aligned}
$$

$$\left\{-\varphi(0)\frac{1}{N}\sin\omega_0 t + \sum_{\substack{m=-h \\ m \neq 0}}^{+\infty}\varphi(m)[A_m\cos(m\omega_N+\omega_0)t - B_m\sin(m\omega_N+\omega_0)t]\right\}$$

$$(7\text{-}28)$$

因为主要关注时变信道对载波信号相位的影响,所以有

$$\Delta s(t,\varphi)_{\omega_0} = \left\{a_0 + \sum_{n=1}^{+\infty}(2A_n\sin(n\omega_N t) + 2B_n\cos(n\omega_N t)]\right\} \times$$

$$\left\{-\varphi(0)\frac{1}{N}\sin\omega_0 t + \sum_{\substack{m=-h \\ m \neq 0}}^{+\infty}\varphi(m) \times\right.$$

$$\left. [A_m\cos(m\omega_N+\omega_0)t - B_m\sin(m\omega_N+\omega_0)t]\right\}$$

$$= -\frac{1}{N^2}\varphi(0)\sin(\omega_0 t) - \sum_{\substack{m=-h \\ m \neq 0}}^{+\infty}(A_m^2 + B_m^2)\varphi(m)\sin(\omega_0 t)$$

$$= -\left[\frac{1}{N^2}\varphi(0) + \sum_{\substack{m=-h \\ m \neq 0}}^{+\infty}\frac{(N+1)}{N^2}\left(\text{sinc}\frac{\pi m}{N}\right)^2\varphi(m)\right]\sin(\omega_0 t)$$

$$\approx -\frac{1}{N^2}\left[\varphi(0) + (N+1)\sum_{\substack{m=-h \\ m \neq 0}}^{h}\left(\text{sinc}\frac{\pi m}{N}\right)^2\varphi(m)\right]\sin(\omega_0 t)$$

$$(7\text{-}29)$$

设 $\Delta\varphi(t) = \frac{1}{N^2}\left[\varphi(0) + (N+1)\sum_{\substack{m=-h \\ m \neq 0}}^{h}\left(\text{sinc}\frac{\pi m}{N}\right)^2\varphi(m)\right]$,它是时间 t

的函数,因为 $\varphi(m)$ 是时间 t 的函数,上文中做了简化。

设 w 为加权系数矩阵,则:

$$w = \frac{1}{N^2}\left[\cdots, (N+1)\cdot\text{sinc}^2\left(\frac{-2\pi}{N}\right), (N+1)\cdot\text{sinc}^2\left(\frac{-\pi}{N}\right), 1, (N+1)\cdot\right.$$

$$\left.\text{sinc}^2\left(\frac{\pi}{N}\right), (N+1)\cdot\text{sinc}^2\left(\frac{2\pi}{N}\right), \cdots\right]$$

$$(7\text{-}30)$$

而相位附加值矩阵为

$$\boldsymbol{\varphi} = \left[\cdots, \varphi(-2), \varphi(-1), \varphi(0), \varphi(1), \varphi(2), \cdots\right] \qquad (7\text{-}31)$$

因此,$\Delta\varphi(t) = w \cdot \boldsymbol{\varphi}^{\text{T}}$。可以看出加权系数矩阵只与序列长度 N 有关,且系数矩阵 w 的每个元素都大于零,即

$$w(m) = \begin{cases} \dfrac{1}{N^2}, & m = 0 \\[3mm] \dfrac{N+1}{N^2}\operatorname{sinc}^2\left(\dfrac{m\pi}{N}\right), & m \neq 0 \end{cases} \quad > 0 \qquad (7\text{-}32)$$

且矩阵各元素求和的极限为 1,即

$$\lim_{h\to\infty}\sum_{\substack{m=-h \\ m\neq 0}}^{h} w(m) = \lim_{h\to\infty}\left[\frac{N+1}{N^2}\sum_{\substack{m=-h \\ m\neq 0}}^{h}\left(\operatorname{sinc}\frac{\pi m}{N}\right)^2 + \frac{1}{N^2}\right] = 1 \quad (7\text{-}33)$$

将其代入式(7-34)得:

$$\Delta\varphi = \boldsymbol{w} \cdot \boldsymbol{\varphi}^{\mathrm{T}} = \sum_{m=-h}^{h}\left[w(m)\cdot\varphi(m)\right]$$

$$\leqslant \left[\sum_{m=-h}^{h} w(m)\right]\cdot\max|\varphi(m)|\leqslant\max|\varphi(m)| \qquad (7\text{-}34)$$

由于所有 $\varphi(m)$ 都为小量,因此 $\Delta\varphi$ 也为小量。代入式(7-27)得:

$$s'(t)c(t) = s(t)c(t) + \Delta s(t,\varphi) = \cos(\omega_0 t) - \Delta\varphi\sin(\omega_0 t)$$

$$\approx \cos(\omega_0 t)\cos\Delta\varphi - \sin(\omega_0 t)\sin\Delta\varphi$$

$$= \cos[\omega_0 t + \Delta\varphi(t)] \qquad (7\text{-}35)$$

上述推导通过复分析也可以得到相同的结果,假设信道的系统频率特性函数为

$$H(\mathrm{j}\omega) = \mathrm{e}^{\mathrm{j}\varphi(\omega)} \qquad (7\text{-}36)$$

设伪码基带信号的傅里叶展开为

$$c(t) = \sum_{-\infty}^{+\infty} g_n \mathrm{e}^{\mathrm{j}\frac{2n\pi}{NT_\mathrm{c}}t} = \sum_{-\infty}^{+\infty} g_n \mathrm{e}^{\mathrm{j}n\omega_N t} \qquad (7\text{-}37)$$

其中,

$$g_n = \frac{1}{NT_\mathrm{c}}\int_0^{NT_\mathrm{c}} c(t)\mathrm{e}^{-\mathrm{j}\frac{2n\pi}{NT_\mathrm{c}}t}\,\mathrm{d}t$$

$$= \frac{1}{N}\operatorname{sinc}\left(\frac{n\pi}{N}\right)\sum_{k=0}^{N-1} c_k \mathrm{e}^{\mathrm{j}\frac{n\pi}{N}(2k+1)} \qquad (7\text{-}38)$$

将基带信号上变频到射频信号为

$$s(t) = \sum_{-\infty}^{+\infty} g_m \mathrm{e}^{\mathrm{j}\left(\omega_0 + \frac{2m\pi}{NT_\mathrm{c}}\right)t} = \sum_{-\infty}^{+\infty} g_m \mathrm{e}^{\mathrm{j}(\omega_0 + m\omega_N)t} \qquad (7\text{-}39)$$

射频信号经过广义时变信道后为

$$s'(t) = s(t)H(\mathrm{j}\omega) = \mathrm{e}^{\mathrm{j}\varphi(\omega)}\sum_{-\infty}^{+\infty} g_m \mathrm{e}^{\mathrm{j}(\omega_0 + m\omega_N)t} = \sum_{-\infty}^{+\infty} g_m \mathrm{e}^{\mathrm{j}[(\omega_0 + m\omega_N)t + \varphi(m)]}$$

$$(7\text{-}40)$$

相关解扩后得：

$$s'(t) \cdot \overline{c(t)}_{\omega_0} = \sum_{-\infty}^{+\infty} g_m e^{j[(\omega_0 + m\omega_N)t + \varphi(m)]} \cdot \overline{\sum_{-\infty}^{+\infty} g_m e^{jn\omega_N t}}$$

$$= \sum_{-\infty}^{+\infty} g_m \cdot \overline{g_m} e^{j[(\omega_0 + m\omega_N)t + \varphi(m)]} e^{-jm\omega_N t}$$

$$= \sum_{-\infty}^{+\infty} |g_m|^2 e^{j[\omega_0 t + \omega(m)]}$$

$$= \sum_{-\infty}^{+\infty} |g_m|^2 e^{j\omega(m)} e^{j\omega_0 t}$$

$$\approx e^{j\sum_{-\infty}^{+\infty} |g_m|^2 \varphi(m)} e^{j\omega_0 t}$$

$$= e^{j\left[\omega_0 t + \sum_{-\infty}^{+\infty} |g_m|^2 \varphi(m)\right]} \tag{7-41}$$

将 g_n 表达式代入式(7-41)得：

$$\Delta\varphi = \frac{1}{N^2}\left[\varphi(0) + (N+1)\sum_{\substack{m=-h \\ m\neq 0}}^{h}\left(\mathrm{sinc}\,\frac{\pi m}{N}\right)^2 \varphi(m)\right] \tag{7-42}$$

与上文分析的结果相同。

下面以 $N=127, 1023, 2047$ 为例，不同长度序列的加权系数矩阵元素值序列的曲线如图 7.31 所示，其中，主瓣正好是扩频码的带宽，即伪码速率的两倍 $2R_c$。

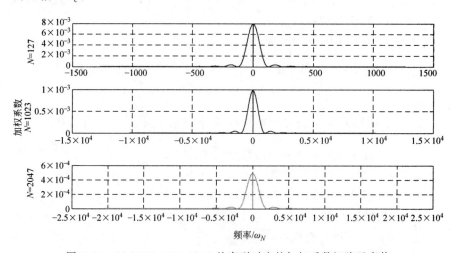

图 7.31　$N=127, 1023, 2047$ 的序列对应的加权系数矩阵元素值

另外从图 7.31 也可以看出,加权系数的大值主要集中在主瓣范围 $(h=N)$ 以内。当 $N=127$ 时,$\dfrac{N+1}{N^2}\displaystyle\sum_{\substack{m=-h \\ m\neq 0}}^{h}\left(\text{sinc}\ \dfrac{\pi m}{N}\right)^2+\dfrac{1}{N^2}\overset{h=N}{\approx}0.9$;当 $N=$

1023 时,$\dfrac{N+1}{N^2}\displaystyle\sum_{\substack{m=-h \\ m\neq 0}}^{h}\left(\text{sinc}\ \dfrac{\pi m}{N}\right)^2+\dfrac{1}{N^2}\overset{h=N}{\approx}0.97$。而且加权系数类似于窗

函数,其元素都大于零,其主瓣包络如图 7.32 所示。

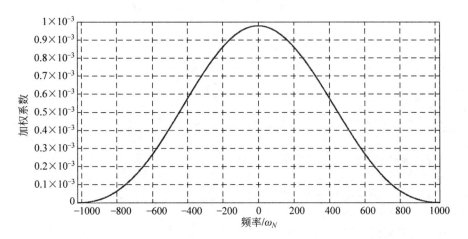

图 7.32 加权系数矩阵的主瓣包络图

如上文中分析,$\varphi(m)$ 的各个元素是一组随机的小量,可正可负,因此,从宏观上看,整个带宽内的相位附加值相互之间抵消掉一部分,最终使得载波上的相位误差 $\Delta\varphi$ 减小。

综上所述,扩频信号在载波上的相位误差可表示为

$$\Delta\varphi_{\text{ss}}=\boldsymbol{w}\cdot\boldsymbol{\varphi}^{\text{T}}=\frac{1}{N^2}\left[\varphi(0)+(N+1)\sum_{\substack{m=-h \\ m\neq 0}}^{h}\left(\text{sinc}\ \frac{\pi m}{N}\right)^2\varphi(m)\right] \quad (7\text{-}43)$$

7.4.4 不同模式在正态分布时变信道下对载波相位测量的影响

本部分将分析在正态分布的时变信道中,混合模式(单频信号)和扩频模式(扩频信号)上行信号对载波相位测量的影响。

上文中假设 $\varphi(m)$ 是一个随机变化的值,通过定性分析推断扩频信号对载波相位的影响更小。为了定量分析,需要知道时变信道的相位附加值函数 $\varphi(m)$,由于该函数具有一定随机性,那么不妨假设其服从标准正态分布函数,即 $\varphi(m)\sim N(0,1)$。

对于混合模式（单频信号），其载波相位误差等于载波频率上的相位附加值：$\Delta\varphi_0 = \varphi(0)$。其方差为 $\sigma^2 = 1$，绝对值期望为 $E|\Delta\varphi_0| = \sqrt{\dfrac{2}{\pi}} \approx 0.8$。

对于扩频信号，其载波相位的误差等于带宽内各频点相位附加值的加权平均：$\Delta\varphi_{ss} = \dfrac{1}{N^2}\left[\varphi(0) + (N+1)\displaystyle\sum_{\substack{m=-h \\ m\neq 0}}^{h}\left(\operatorname{sinc}\dfrac{\pi m}{N}\right)^2 \varphi(m)\right]$，以 $N = 1023$ 为例，根据标准正态分布的性质，不同的 $\varphi(m)$ 都服从正态分布，因此其加权求和得到的 $\Delta\varphi_{ss}$ 也是正态分布的，可得均值 $E(\Delta\varphi_{ss}) = 0$。其方差表示如下：

$$\sigma^2 = \mathrm{Var}(\Delta\varphi_{ss}) = |\bar{w}|^2 = \sum w^2(m)$$
$$= \frac{1}{N^4}\left[1 + (N+1)^2 \sum_{\substack{m=-h \\ m\neq 0}}^{h}\left(\operatorname{sinc}\frac{\pi m}{N}\right)^4\right] \tag{7-44}$$

当 $\dfrac{h}{N} \geqslant 3$ 时，$\sigma^2 = 6.5 \times 10^{-4}$。由于 $\displaystyle\sum_{-\infty}^{+\infty} w(m) = 1$ 且 $w(m) > 0$，所以 $\sum w^2(m)$ 的极限存在，而且主要集中在主瓣范围内。

其概率分布函数为

$$f(x) = \frac{1}{\sigma\sqrt{2\pi}}e^{-\frac{x^2}{2\sigma^2}} \tag{7-45}$$

推导可得：

$$E|\Delta\varphi_{ss}| = \int_{-\infty}^{+\infty}|x|f(x)\mathrm{d}x = \int_{-\infty}^{+\infty}|x|\frac{1}{\sigma\sqrt{2\pi}}e^{-\frac{x^2}{2\sigma^2}}\mathrm{d}x$$
$$= 2\int_{0}^{+\infty}x\frac{1}{\sigma\sqrt{2\pi}}e^{-\frac{x^2}{2\sigma^2}}\mathrm{d}x$$
$$= -\frac{2\sigma}{\sqrt{2\pi}}e^{-\frac{x^2}{2\sigma^2}}\Big|_{0}^{+\infty}$$
$$= \sqrt{\frac{2}{\pi}}\sigma \approx 0.02$$
$$= \frac{1}{40}E|\Delta\varphi_0| \tag{7-46}$$

因此，对于扩频模式，其载波相位误差的方差为 $\sigma_{ss}^2 = 6.5 \times 10^{-4}$，绝对

值期望为 $E|\Delta\varphi_{ss}|=0.02$。可以得出结论,扩频信号对载波相位的影响更小,性能更优,并且随着序列长度的增加,性能更优。

7.4.5 基于 JPL 实测信道分析两种信号对载波相位测量的影响

同波束多目标干涉测量需要对不同目标进行载波相位差分测量,实际信道不可能是完全符合正态分布的,需要在实测信道下分析不同模式的性能,因此构建如下仿真场景:

首先设定有 A,B 两个着陆器,着陆器 A 的接收频率固定,着陆器 B 对接收频率进行扫频,完成捕获。由于着陆器 A,B 位置不同,它们相对地面站具有不同的多普勒,因而接收频率不同,并且随着相对运动而不断变化。

此外,着陆器 A,B 有不同的上行信道。如图 7.33 所示,选用 JPL 某实测前端信道模型,其相频曲线如图 7.33 和图 7.34 所示[8]。图 7.33 和图 7.34 是根据 JPL 文章中的实测数据进行拟合后得到的相频曲线。

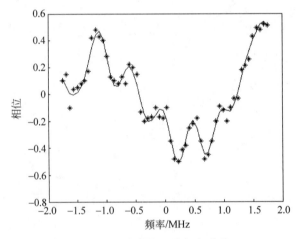

图 7.33 着陆器 A 的相频曲线

将着陆器 A 的接收频率固定不变(对应载波中心频率为 0),使着陆器 B 的接收频率在一定多普勒范围内变化,针对混合模式和扩频模式两种体制,评估载波相位误差的均值和方差。因此,相应的变量有接收中心频率、多普勒范围及伪码序列长度,此外,伪码速率为 1.5Mchip/s。

下面分别分析不同中心频率、多普勒范围和伪码长度等条件下,混合模式和扩频模式的载波相位差分测量值的均值和方差情况。

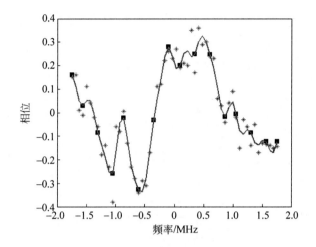

图 7.34　着陆器 B 的相频曲线

1. 不同中心频率

表 7.9 为不同中心频率下的仿真计算结果。

表 7.9　不同中心频率下的仿真计算结果

序号	条件				相位差分误差均值	附加相位差分误差方差	模式
	中心频率(相对值)/MHz	多普勒范围/kHz	数据计算点步进/kHz	伪码序列长度			
1	0	±20	0.4	1023	0.36	1.1×10^{-4}	混合
					3.5×10^{-5}	8.5×10^{-6}	扩频
2	0.15	±20	0.4	1023	0.68	7.2×10^{-5}	混合
					4.5×10^{-5}	3.5×10^{-6}	扩频
3	−0.15	±20	0.4	1023	0.39	1.8×10^{-4}	混合
					1.9×10^{-5}	1.3×10^{-5}	扩频

　　从表 7.9 可以看出,在各中心频率处,扩频模式的相位差分误差的方差均优于混合模式;对于不同频率处的均值,扩频模式均在 0 附近,且变化很小,而混合模式变化较大,如图 7.35 和图 7.36 所示。显然,扩频模式更有利于相位差分测量。

2. 不同多普勒范围

表 7.10 为不同多普勒范围的仿真计算结果。

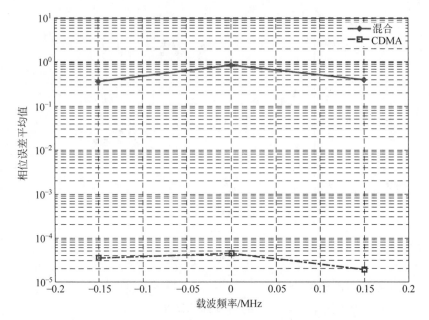

图 7.35 相位误差均值对比(多普勒范围:20kHz,PN=1023)

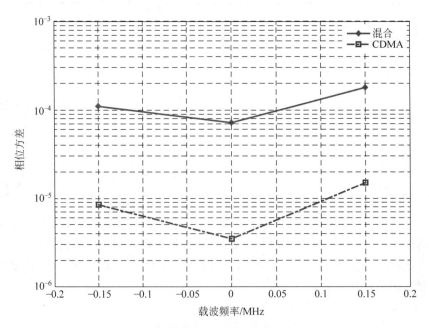

图 7.36 相位误差方差对比(多普勒范围:20kHz,PN=1023)

表 7.10 不同多普勒范围的仿真计算结果

序号	条件				相位差分误差均值	附加相位差分误差方差	模式
	中心频率（相对值）/MHz	多普勒范围/kHz	数据计算点步进	伪码序列长度			
1	0	±20	0.4k	1023	0.36	1.1×10^{-4}	混合
					3.5×10^{-5}	8.5×10^{-6}	扩频
2	0	±50	1k	1023	0.36	5.7×10^{-4}	混合
					2.2×10^{-4}	5.3×10^{-5}	扩频
3	0	±100	2k	1023	0.37	1.3×10^{-3}	混合
					8.8×10^{-4}	2.1×10^{-4}	扩频
4	0	±200	4k	1023	0.38	1.1×10^{-3}	混合
					3.5×10^{-3}	8.3×10^{-4}	扩频

从表 7.10 可以看出,在不同多普勒范围下,扩频模式的相位差分误差的方差均优于混合模式;对于不同频率处的相位差分的均值,扩频模式均在 0 附近,且变化很小,而混合模式变化相对较大,如图 7.37 和图 7.38 所示。

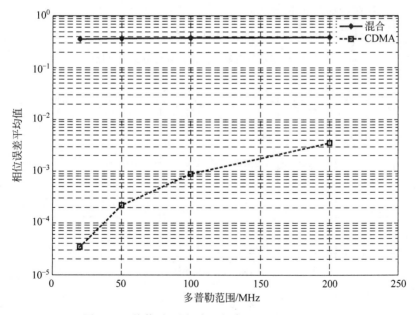

图 7.37 均值对比图(中心频率:0Hz,PN=1023)

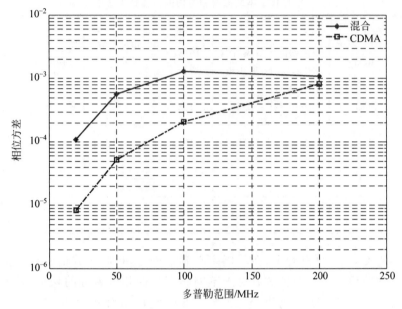

图 7.38 方差对比图(中心频率:0Hz,PN=1023)

3. 不同伪码序列长度

表 7.11 为不同伪码长度的仿真计算结果。

表 7.11 不同伪码长度的仿真计算结果对比

序号	条件				相位差分误差均值	附加相位差分误差方差	模式
	中心频率(相对值)/MHz	多普勒范围/kHz	数据计算点步进	伪码序列长度			
1	0	±20	0.4k	1023	0.36	1.1×10^{-4}	混合
					3.5×10^{-5}	8.5×10^{-6}	扩频
2	0	±20	0.4k	261888	0.36	1.1×10^{-4}	混合
					3.4×10^{-5}	8.6×10^{-6}	扩频
3	0	±50	1k	1023	0.36	5.7×10^{-4}	混合
					2.2×10^{-4}	5.3×10^{-5}	扩频
4	0	±50	1k	261888	0.36	5.7×10^{-4}	混合
					2.1×10^{-4}	5.4×10^{-5}	扩频
5	0	±100	2k	1023	0.37	1.3×10^{-3}	混合
					8.8×10^{-4}	2.1×10^{-4}	扩频

续表

序号	条件				相位差分误差均值	附加相位差分误差方差	模式
	中心频率（相对值）/MHz	多普勒范围/kHz	数据计算点步进	伪码序列长度			
6	0	±100	2k	261888	0.37	1.3×10^{-3}	混合
					8.6×10^{-4}	2.1×10^{-4}	扩频
7	0	±200	4k	1023	0.38	1.1×10^{-3}	混合
					3.5×10^{-3}	8.3×10^{-4}	扩频
8	0	±200	4k	261888	0.38	1.1×10^{-3}	混合
					3.4×10^{-3}	8.3×10^{-4}	扩频

从表 7.11 可以看出，在其他变量相同的条件下，不同伪码序列长度下扩频模式的相位差分误差的方差均优于混合模式，且不同伪码长度对计算结果的影响不大。这是因为当伪码序列达到一定长度时，其主瓣内的系数达到一定的密度，而相邻频点的相频特性不会有很大变化，过多的加权系数相当于过采样，并不会减小方差。另一个原因可能是使用的相频曲线是利用实测数据差值拟合生成的，因此相邻的数据点有相关性。

从上述仿真分析可以看出，扩频模式在载波相位差分测量方面的性能更优，而且通过上行信号共用同一伪码的方式可以解决扩频模式发射信号非恒包络的问题，因此综合来看优先选择扩频模式。

7.5　小结

本章主要介绍基于码分多址的深空同波束干涉测量体制研究的最新进展，提出了同波束干涉测量体制信号设计的初步设想，分析了同波束干涉测量体制的应用工作场景和科学探测需求，并据此设计了扩频测量模式和混合测量模式两种信号设计体制，对两种信号体制的主要参数进行了初步设计，对两种体制的测量实现方法和工程应用前景进行了比较分析。以混合体制为例，对多目标载波频率捕获策略进行初步分析，介绍了深空数字应答机内载波锁相跟踪与频率变换的基本流程及基于傅里叶变换和 NCO 频率扫描的频率捕获方法。初步分析了信号相频特性对扩频载波相位的影响，用于仿真单载波信号和扩频信号经过不同信道模型的载波相位特性，具体分析了 FIR 和 IIR 滤波器的相频特性对载波相位的影响，并通过若干典型参数对滤波器载波相位特性进行了仿真分析。对扩频信号进行了频域分析,定义了广义时变信道模型和相位附加值矩阵,并理论推导得出了时变信道对扩频信号载波相位影响的数学表达式;分析了两种模式在正态分布理论时变信道模型下的载波相位差分测量性能,结果表明扩频模式明显优于混合模式;基于 JPL 实测时变信道,比较分析了不同中心频率、多普勒范围和伪码码长条件下两种模式的载波差分测量性能,结果表明扩频模式均明显优于混合模式。

参考文献

[1] CCSDS. Pseudo-noise(PN) ranging systems: CCSDS 414. 1-B-2[R]. Washington DC: [s. n.],2014.

[2] CCSDS. Data transmission and PN ranging for 2 GHZ CDMA link via data relay satellite: CCSDS 415. 0-G-1[R]. Washington DC: [s. n.],2011.

[3] COMPARINI M C,DE TIBERIS F,NOVELLO R,et al. Advances in Deep-Space Transponder Technology[J]. Proceedings of the IEEE,2007,95(10): 1994-2008.

[4] KUMAR R. Fast frequency acquisition via adaptive least squares algorithm[J]. IEEE Proceedings F(Radar and Signal Processing),1986,136(4): 155-160.

[5] SIMON M K. Spread spectrum communications: Volume III [M]. [S. l.]: Computer Science Press,1989.

[6] AGUIRRE S,BROWN D H,HURD W J. Phase lock acquisition for sampled data PLLs using the sweep technique[J]. TDA PR,1986,42-86: 95-102.

[7] OPPENHEIM A V,SCHAFER R W,BUCK J R. Discrete-time signal processing [M]. 2nd ed. Upper Saddle River: Prentice Hall,1999.

[8] LOWE S T. A measurement of X-band front-end phase dispersion for delta-differenced one-way range(DDOR) experiments[J]. IPN Progress Report,2011: 42-184.

附录A

CPF的极大似然估计原理及
序贯CPF的统计特性

CPF 函数的本质是将一段原始数据由中间对分,对折相乘,从而消除频率项,保留频率变化率项,进而通过谱估计得出对瞬时频率变化率的估计。可根据频率变化率的极大似然估计原理,导出 CPF 函数证明如下。

假设原始信号的相位中不包括频率项,只包括相位和频率变化率项,即有

$$\theta(t) = \theta_0 + 2\pi \times \left(\frac{\dot{f}}{2} \times t^2 \right) \tag{A-1}$$

其中,θ_0 为初始相位,$\dot{f}$ 为频率变化率。

包含噪声的原始信号复包络为

$$\tilde{r}(t) = \tilde{s}(t) + \tilde{n}(t) \tag{A-2}$$

其中,信号的复包络 $\tilde{s}(t)$ 为

$$\tilde{s}(t) = A e^{j\theta(t)} \tag{A-3}$$

$\tilde{n}(t)$ 为高斯白噪声的复包络,且有

$$n(t) = \mathrm{Re}\{\sqrt{2}\,\tilde{n}(t)\,e^{j\omega_c t}\} \tag{A-4}$$

其中,N_0 为 $\tilde{n}(t)$ 的双边谱密度,$n(t)$ 的双边谱密度为 $N_0/2$。

在具体的信号处理过程中,接收信号中的载波通常与一个频率为载波的本振信号进行复混频,得出同相和正交信号分量。通常混频后的信号以很高的速率进行采样(采样率通常为 MHz 量级),然后输入到数字积分器。可以将积分器的输出看作复采样点,并且可以建模为

$$\tilde{r}_i = \frac{1}{T_s} \int_{iT_s}^{(i+1)T_s} \tilde{r}(t)\,\mathrm{d}t = \tilde{s}_i + \tilde{n}_i \tag{A-5}$$

因此,复噪声序列 $\tilde{n}_i$ 的方差为

$$E(\tilde{n}_i \tilde{n}_k^*) = \frac{N_0}{T_s} \delta_{ik} \tag{A-6}$$

信号 $\tilde{s}(t)$ 的幅度 A、初始相位 θ_0 和频率变化率 $\dot{f}$ 均未知,下面根据 MLE 原理进行求解。待估参数集为 $(A, \theta_0, \dot{f})$。观测向量在待估参数集下的条件概率密度函数为

$$p(\tilde{r} \mid \tilde{s}) = \left(\frac{\pi N_0}{T_s} \right)^{-N} \exp\left[-\sum_{i=-N/2}^{(N/2)-1} |\tilde{r}_i - \tilde{s}_i|^2 \bigg/ \left(\frac{N_0}{T_s} \right) \right] \tag{A-7}$$

待估参数集 $(A, \theta_0, \dot{f})$ 中各个参数的 MLE 估计是这些参数的取值同时使得条件概率密度函数最大化。对式(A-7)取自然对数,并舍弃不包含待估参数的项,进而可得:

$$\Lambda(\tilde{r}) = \left(\frac{T_s}{N_0}\right)\left[2\mathrm{Re}\left(\sum_{i=-N/2}^{(N/2)-1}\tilde{r}_i \times \tilde{s}_i^{\,*}\right) - \sum_{i=-N/2}^{(N/2)-1}|\tilde{s}_i|^2\right] \quad (A\text{-}8)$$

注意到，

$$\tilde{s}_i = A\mathrm{e}^{j\theta_0}\mathrm{e}^{2\pi\left(\frac{\dot{f}}{2}t_i^2\right)} \quad (A\text{-}9)$$

将式(A-9)代入式(A-8)，有

$$\Lambda(\tilde{r}) = \left(\frac{T_s}{N_0}\right)\left(2\mathrm{Re}\left\{\sum_{i=-N/2}^{(N/2)-1}\tilde{r}_i \times \left[A\mathrm{e}^{-j\theta_0}\mathrm{e}^{-2\pi\left(\frac{\dot{f}}{2}t_i^2\right)}\right]\right\} - \sum_{i=-N/2}^{(N/2)-1}\left|A\mathrm{e}^{j\theta_0}\mathrm{e}^{2\pi\left(\frac{\dot{f}}{2}t_i^2\right)}\right|^2\right)$$

$$= \left(\frac{T_s}{N_0}\right)\left(2\mathrm{Re}\left\{A\mathrm{e}^{-j\theta_0}\sum_{i=-N/2}^{(N/2)-1}\left[\tilde{r}_i \times \mathrm{e}^{-2\pi\left(\frac{\dot{f}}{2}t_i^2\right)}\right]\right\} - NA^2\right)$$

$$(A\text{-}10)$$

式(A-10)即为需要最大化进而得到待估参数集$(A,\theta_0,\dot{f})$极大似然估计的函数。

首先确定 θ_0 的极大似然估计，由于 NA^2 始终为正数，因此需要找到 θ_0 使

$$\mathrm{Re}\left\{A\mathrm{e}^{-j\theta_0}\sum_{i=-N/2}^{(N/2)-1}\left[\tilde{r}_i \times \mathrm{e}^{-2\pi\left(\frac{\dot{f}}{2}t_i^2\right)}\right]\right\} \quad (A\text{-}11)$$

最大化。注意到对于任意复数 x，当 $\theta_0 = \arg(x)$ 时，$\mathrm{Re}[\exp(-j\theta_0)x]$ 相对于 θ_0 取得最大值 $|x|$（几何解释：$\mathrm{Re}[\exp(-j\theta_0)x]$ 表示矢量 x 旋转 $-\theta_0$ 角度之后的实部分量，因此让矢量 x 完全旋转到实轴时实部取得最大值）。因此，参数 θ_0 的极大似然估计为

$$\hat{\theta}_0 = \arg\left\{\sum_i\left[\tilde{r}_i \times \mathrm{e}^{-2\pi\left(\frac{\dot{f}}{2}t_i^2\right)}\right]\right\} \quad (A\text{-}12)$$

将式(A-12)代入式(A-10)可得：

$$\max_{\hat{\theta}_0}\Lambda(\tilde{r}) = \left(\frac{T_s}{N_0}\right)\left\{2A\left|\sum_{i=-N/2}^{(N/2)-1}\left[\tilde{r}_i \times \mathrm{e}^{-2\pi\left(\frac{\dot{f}}{2}t_i^2\right)}\right]\right| - NA^2\right\} \quad (A\text{-}13)$$

下面导出幅度 A 的极大似然估计。将式(A-13)对 A 求偏导数，偏导数为 0 时求得极值，可得：

$$\frac{\partial\max_{\hat{\theta}_0}\Lambda(\tilde{r})}{\partial A} = \left(\frac{T_s}{N_0}\right)\left\{2\left|\sum_{i=-N/2}^{(N/2)-1}\left[\tilde{r}_i \times \mathrm{e}^{-2\pi\left(\frac{\dot{f}}{2}t_i^2\right)}\right]\right| - 2NA\right\} = 0 \quad (A\text{-}14)$$

因此可得 A 的极大似然估计为

$$\hat{A} = \frac{1}{N} \left| \sum_i \left(\tilde{r}_i \times \mathrm{e}^{-2\pi \left(\frac{\dot{f}}{2} t_i^2 \right)} \right) \right| \tag{A-15}$$

将式(A-15)代入式(A-13),可得:

$$\max_{\hat{\theta}_0, \hat{A}} \Lambda(\tilde{r}) = \left(\frac{T_s}{N_0} \right) \left\{ 2 \frac{1}{N} \left| \sum_{i=-N/2}^{(N/2)-1} \left[\tilde{r}_i \times \mathrm{e}^{-2\pi \left(\frac{\dot{f}}{2} t_i^2 \right)} \right] \right|^2 - \right.$$

$$\left. N \frac{1}{N^2} \left| \sum_{i=-N/2}^{(N/2)-1} \left[\tilde{r}_i \times \mathrm{e}^{-2\pi \left(\frac{\dot{f}}{2} t_i^2 \right)} \right] \right|^2 \right\}$$

$$= \left(\frac{T_s}{N_0} \right) \frac{1}{N} \left| \sum_{i=-N/2}^{(N/2)-1} \left[\tilde{r}_i \times \mathrm{e}^{-2\pi \left(\frac{\dot{f}}{2} t_i^2 \right)} \right] \right|^2 \tag{A-16}$$

使式(A-16)最大化的数值即为 $\dot{f}$ 的极大似然估计。对于时标 t_i,有 $t_i = (i+1/2)T_s$,代入式(A-16),并忽略常数项系数,则最大化的函数为

$$\max_{\dot{f}} L(\dot{f}) = \max_{\dot{f}} \left| \sum_{i=-N/2}^{(N/2)-1} \left[\tilde{r}_i \times \mathrm{e}^{-2\pi \left(\frac{\dot{f}}{2} t_i^2 \right)} \right] \right|^2 \tag{A-17}$$

上述函数的最大化与 CPF 的最大化等价,即 CPF 为瞬时频率变化率 $\dot{f}$ 的极大似然估计。

根据式(4-39)的定义,序贯 CPF 的统计量为

$$| \mathrm{CP}^*(\Omega) |^2 \tag{A-18}$$

其中,$\mathrm{CP}^*(n,\Omega) = \sum_N r(n+m) \hat{s}(n-m) \mathrm{e}^{-\mathrm{j}\Omega m^2}$。下面对 $| \mathrm{CP}^*(\Omega) |^2$ 的统计特性进行分析。

记包含噪声的原始信号 $r(n)$ 为

$$r(n) = A \exp[\mathrm{j}(a_0 + a_1 n + a_2 n^2)] + \omega(n) \tag{A-19}$$

其中,$\omega(n)$ 为噪声方差 $2\sigma^2$ 的复高斯噪声。因此 $r(n)$ 的 I 和 Q 分量分别服从如下高斯分布:

$$I_r \sim N(A \cdot \cos(\mathrm{j} \cdot \phi_n), \sigma^2) \tag{A-20}$$

$$Q_r \sim N(A \cdot \sin(\mathrm{j} \cdot \phi_n), \sigma^2) \tag{A-21}$$

其中,$\phi_n = a_0 + a_1 n + a_2 n^2$。因此 $r(n)$ 的单点信噪比 SNR 为

$$\mathrm{SNR} = \frac{A^2 \cdot \cos^2(\mathrm{j} \cdot \phi_n) + A^2 \cdot \sin^2(\mathrm{j} \cdot \phi_n)}{\sigma^2 + \sigma^2} = \frac{A^2}{2\sigma^2} \tag{A-22}$$

根据 $\mathrm{CP}^*(n,\Omega)$ 的定义,有

$$CP^*(n,\Omega) = A\exp[j \times 2(a_0 + a_1 n + a_2 n^2)] \times \sum_N \exp[j \times (2a_2 - \Omega)m^2] +$$

$$\sum_N \omega(n)\hat{s}(n-m)e^{-j\Omega m^2} \tag{A-23}$$

当满足 $\Omega = 2a_2$ 时，即频率变化率窗格内既包含信号又包含噪声时，$CP^*(n,\Omega)$ 的 I 和 Q 分量分布服从如下高斯分布：

$$I_{CP^*} \sim N(N \cdot A\cos(j\varphi_n), N\sigma^2) \tag{A-24}$$

$$Q_{CP^*} \sim N(N \cdot A\sin(j\varphi_n), N\sigma^2) \tag{A-25}$$

其中，$\varphi_n = 2(a_0 + a_1 n + a_2 n^2)$。对 I_{CP^*} 和 Q_{CP^*} 进行噪声功率的归一化，归一化的 I 和 Q 分量概率分布特性为

$$\widetilde{I}_{CP^*} \sim N\left(\frac{\sqrt{N} \cdot A\cos(j\varphi_n)}{\sigma}, 1\right) \tag{A-26}$$

$$\widetilde{Q}_{CP^*} \sim N\left(\frac{\sqrt{N} \cdot A\sin(j\varphi_n)}{\sigma}, 1\right) \tag{A-27}$$

由于 $|CP^*(\Omega)|^2 = (\widetilde{I}_{CP^*})^2 + (\widetilde{Q}_{CP^*})^2$，满足非中心卡方分布的数学定义，因此统计量 $|CP^*(\Omega)|^2$ 服从非中心参数为 λ、自由度为 2 的非中心卡方分布，其 PDF 为

$$f(x \mid H_1) = \frac{1}{2}\exp\left[-\frac{1}{2}(x+\lambda)\right]I_0(\sqrt{\lambda x}) \tag{A-28}$$

其中，非中心参数 λ 为

$$\lambda = \left[\frac{\sqrt{N} \cdot A\cos(j\varphi_n)}{\sigma}\right]^2 + \left[\frac{\sqrt{N} \cdot A\sin(j\varphi_n)}{\sigma}\right]^2 = N\frac{A^2}{\sigma^2} \tag{A-29}$$

由于 $A^2/\sigma^2 = 2 \times SNR$，因此有

$$\lambda = 2 \times N \times SNR \tag{A-30}$$

当 $\Omega \neq 2a_2$ 时，即频率变化率窗格内仅包含噪声无信号时，噪声功率归一化后 $CP^*(n,\Omega)$ 的 I 和 Q 分量分布服从如下高斯分布：

$$\widetilde{I}_{CP^*} \sim N(0,1) \tag{A-31}$$

$$\widetilde{Q}_{CP^*} \sim N(0,1) \tag{A-32}$$

由于 $|CP^*(\Omega)|^2 = (\widetilde{I}_{CP^*})^2 + (\widetilde{Q}_{CP^*})^2$，满足中心卡方分布的数学定义，因此统计量 $|CP^*(\Omega)|^2$ 服从自由度为 2 的中心卡方分布。

附录B

航天器载波及DOR音信号
信道参数估计的CRLB

　　航天器发射的下行信号中包括载波和对载波调相的多个 DOR 音,载波和 DOR 音均为正弦波信号,各个信号间的发射频率不同,频率间隔约为几兆至几十兆赫兹。地面天线设施采用开环记录的方式将各个信号记录在以各信号分量发射标称频率为中心频率、带宽为几十至几百千赫兹(记录带宽取决于航天器信号动态)的多个独立的记录通道内。设载波和 DOR 音共有 M 个分量,每个通道记录的原始数据可以表示为

$$r_i(t) = A_i \cos[2\pi f_i(t - \tau_0 - \dot\tau \times t)] + n_i(t), \quad i = 1, 2, \cdots, M$$

(B-1)

其中,f_i 为第 i 个信号分量的标称发射频率,A_i 为信号的接收幅度,τ_0 为记录起始时刻航天器到达地面测站所对应的传输时延,$\dot\tau$ 为时延的一阶变化率。由于 M 个分量的信号均在同一地面接收机内进行采样记录,因此各个通道内的热噪声 $n_i(t)$ 具有相同的噪声功率谱密度,记为 N_0。

　　因此,对信道参数 τ_0 和 $\dot\tau$ 估计的方差下界可由如下对数似然函数导出:

$$l(\theta) = -\frac{1}{N_0} \int_0^T \sum_{i=0}^{M-1} \{r_i(t) - A_i \cos[2\pi f_i(t - \tau_0 - \dot\tau \times t)]\}^2 \mathrm{d}t \quad \text{(B-2)}$$

τ_0 的一阶偏导数为

$$\frac{\partial l}{\partial \tau_0} = \frac{2\pi}{N_0} \int_0^T \sum_{i=0}^{M-1} 2f_i \{r_i(t) - A_i \cos[2\pi f_i(t - \tau_0 - \dot\tau \times t)]\} \times$$

$$A_i \sin[2\pi f_i(t - \tau_0 - \dot\tau \times t)] \mathrm{d}t \quad \text{(B-3)}$$

其二阶偏导数为

$$\frac{\partial^2 l}{\partial \tau_0^2} = \frac{2\pi}{N_0} \int_0^T \sum_{i=0}^{M-1} 2f_i A_i \sin[2\pi f_i(t - \tau_0 - \dot\tau \times t)] 2\pi f_i \times$$

$$(-1) A_i \sin[2\pi f_i(t - \tau_0 - \dot\tau \times t)] \mathrm{d}t +$$

$$\frac{2\pi}{N_0} \int_0^T \sum_{i=0}^{M-1} 2f_i \{r_i(t) - A_i \cos[2\pi f_i(t - \tau_0 - \dot\tau \times t)]\} \times$$

$$A_i \cos[2\pi f_i(t - \tau_0 - \dot\tau \times t)] 2\pi f_i \times (-1) \mathrm{d}t \quad \text{(B-4)}$$

注意到,

$$n_i(t) = r_i(t) - A_i \cos[2\pi f_i(t - \tau_0 - \dot\tau \times t)]$$

$$\Rightarrow E\{r_i(t) - A_i \cos[2\pi f_i(t - \tau_0 - \dot\tau \times t)]\} = E[n_i(t)] = 0$$

(B-5)

因此有

$$-E\left(\frac{\partial^2 l}{\partial \tau_0^2}\right) = \frac{(2\pi)^2}{N_0}\int_0^T\sum_{i=0}^{M-1}2f_i^2A_i^2\sin^2[2\pi f_i(t-\tau_0-\dot{\tau}\times t)]\mathrm{d}t$$

$$= \frac{(2\pi)^2}{N_0}\int_0^T\sum_{i=0}^{M-1}2f_i^2A_i^2\frac{1}{2}\{1-\cos[4\pi f_i(t-\tau_0-\dot{\tau}\times t)]\}\mathrm{d}t$$

$$= \frac{(2\pi)^2}{N_0}\sum_{i=0}^{M-1}f_i^2A_i^2\int_0^T\mathrm{d}t$$

$$= \frac{(2\pi)^2}{N_0}\sum_{i=0}^{M-1}f_i^2A_i^2T \tag{B-6}$$

故对 τ_0 估计的方差下界为

$$\mathrm{Var}(\hat{\tau}_0) \geqslant \frac{1}{-E\left(\dfrac{\partial^2 l}{\partial \tau_0^2}\right)} = \frac{1}{\dfrac{(2\pi)^2}{N_0}\displaystyle\sum_{i=0}^{M-1}f_i^2A_i^2T} \tag{B-7}$$

$\dot{\tau}$ 的一阶偏导数为

$$\frac{\partial l}{\partial \dot{\tau}} = \frac{2\pi}{N_0}\int_0^T\sum_{i=0}^{M-1}2f_it\{r_i(t)-A_i\cos[2\pi f_i(t-\tau_0-\dot{\tau}\times t)]\}\times$$

$$A_i\sin[2\pi f_i(t-\tau_0-\dot{\tau}\times t)]\mathrm{d}t \tag{B-8}$$

其二阶偏导数为

$$\frac{\partial^2 l}{\partial \dot{\tau}^2} = \frac{2\pi}{N_0}\int_0^T\sum_{i=0}^{M-1}2f_itA_i\sin[2\pi f_i(t-\tau_0-\dot{\tau}\times t)]2\pi f_i\times$$

$$(-t)A_i\sin[2\pi f_i(t-\tau_0-\dot{\tau}\times t)]\mathrm{d}t +$$

$$\frac{2\pi}{N_0}\int_0^T\sum_{i=0}^{M-1}2f_it\{r_i(t)-A_i\cos[2\pi f_i(t-\tau_0-\dot{\tau}\times t)]\}\times$$

$$A_i\cos[2\pi f_i(t-\tau_0-\dot{\tau}\times t)]2\pi f_i\times(-t)\mathrm{d}t \tag{B-9}$$

同样注意到 $E\{r_i(t)-A_i\cos[2\pi f_i(t-\tau_0-\dot{\tau}\times t)]\}=0$，因此式(B-9)
在取期望运算后的第二项为 0，故有

$$-E\left(\frac{\partial^2 l}{\partial \dot{\tau}^2}\right) = \frac{(2\pi)^2}{N_0}\int_0^T\sum_{i=0}^{M-1}2f_i^2A_i^2t^2\sin^2[2\pi f_i(t-\tau_0-\dot{\tau}\times t)]\mathrm{d}t$$

$$= \frac{(2\pi)^2}{N_0}\int_0^T\sum_{i=0}^{M-1}2f_i^2A_i^2t^2\frac{1}{2}\{1-\cos[4\pi f_i(t-\tau_0-\dot{\tau}\times t)]\}\mathrm{d}t$$

$$= \frac{(2\pi)^2}{N_0}\int_0^T\sum_{i=0}^{M-1}f_i^2A_i^2t^2\mathrm{d}t$$

$$= \frac{(2\pi)^2}{N_0} \sum_{i=0}^{M-1} f_i^2 A_i^2 \int_0^T t^2 \, \mathrm{d}t$$

$$= \frac{(2\pi)^2}{N_0} \sum_{i=0}^{M-1} f_i^2 A_i^2 \frac{T^3}{3} \tag{B-10}$$

故对 $\dot{\tau}$ 估计的方差下界为

$$\mathrm{Var}(\dot{\tau}) \geqslant \frac{1}{-E\left(\dfrac{\partial^2 l}{\partial \dot{\tau}^2}\right)} = \frac{1}{\dfrac{(2\pi)^2}{N_0} \displaystyle\sum_{i=0}^{M-1} f_i^2 A_i^2 \dfrac{T^3}{3}} \tag{B-11}$$